精通 AutoCAD 工程设计视频讲堂

精通 AutoCAD 2013 机械设计

李 波 辛 雄 主编

电子工业出版社
Publishing House of Electronics Industry
北京·BEIJING

内 容 简 介

本书讲述利用 AutoCAD 2013 进行机械设计的全过程,共分 14 章,分别讲解 AutoCAD 2013 基础、机械制图标准及样板文件的创建、机械图形二维表达方法、螺纹件及操作件、链轮及带轮、齿轮及蜗杆、弹簧、板类、转子及块类零件、轴套类零件、盘盖类零件、叉架类零件、箱体类零件、机械零件轴测图、机械三维模型图等绘制方法。此外,全书包括 75 个注意提示与技巧、50 个软件知识、40 个专业技能,能有效提高读者的阅读效率。

本书内容全面、条理清晰、实例丰富、讲解详细、图文并茂,附视频学习 DVD 光盘 1 张,配有近 13 小时的操作视频讲解文件,以及本书的所有素材文件、实例文件和模板文件。

本书可作为广大工程技术人员的 AutoCAD 自学教程和参考书,也可作为大中专院校学生和各类培训学校学员的 CAD 教材及上机实训教材。

未经许可,不得以任何方式复制或抄袭本书之部分或全部内容。
版权所有,侵权必究。

图书在版编目(CIP)数据

精通 AutoCAD 2013 机械设计 / 李波,辛雄主编. —北京:电子工业出版社,2013.6
(精通 AutoCAD 工程设计视频讲堂)
ISBN 978-7-121-20116-5

Ⅰ. ①精… Ⅱ. ①李… ②辛… Ⅲ. ①机械设计-计算机辅助设计-AutoCAD 软件 Ⅳ. ①TH122

中国版本图书馆 CIP 数据核字(2013)第 068001 号

责任编辑:许存权   特约编辑:刘海霞 王 燕
印   刷:北京盛通商印快线网络科技有限公司
装   订:北京盛通商印快线网络科技有限公司
出版发行:电子工业出版社
         北京市海淀区万寿路 173 信箱 邮编 100036
开   本:787×1 092 1/16 印张:24.25 字数:582 千字
版   次:2013 年 6 月第 1 版
印   次:2021 年 2 月第 2 次印刷
定   价:59.80 元(含 DVD 光盘 1 张)

凡所购买电子工业出版社图书有缺损问题,请向购买书店调换。若书店售缺,请与本社发行部联系,联系及邮购电话:(010)88254888,88258888。

质量投诉请发邮件至 zlts@phei.com.cn,盗版侵权举报请发邮件至 dbqq@phei.com.cn。
本书咨询联系方式:(010)88254484,xucq@phei.com.cn。

前 言

AutoCAD 是由美国 Autodesk 公司于 20 世纪 80 年代初为微机上应用 CAD 技术（Computer Aided Design，计算机辅助设计）而开发的绘图程序软件包，经过不断的完善，现已经成为国际上广为流行的绘图工具。该公司于 2012 年 3 月推出了最新版本 AutoCAD 2013。AutoCAD 被广泛应用于机械、电子、建筑、装修、航天、造船、石油化工、土木工程、地质、气象、轻工、商业等领域。

本书以机械零件设计为主线，以 AutoCAD 2013 软件为蓝本进行设计，逐一将 AutoCAD 2013 软件基础、机械制图规范、机械图的表达方式、螺纹件、链轮、带轮、齿轮、蜗轮、弹簧、板、杆、块、轴套、盘盖、叉架、箱体、机械轴测图、三维模型图等进行流线性讲解。全书共分 14 章 5 个部分，75 个注意提示与技巧，50 个软件知识，40 个专业技能。其讲解的内容大致如下。

第 1 部分（第 1 章），讲解 AutoCAD 2013 软件的基础入门，包括 AutoCAD 2013 软件的安装和操作界面、图形文件的管理、捕捉与栅格功能的设置、图形对象的选择、图层与特性的设置等。

第 2 部分（第 2~3 章），讲解机械制图规范与机械图形的表达方式，包括图纸幅面、比例、字体、线型、机械标注实例、机械样板文件的创建、粗糙度符号图块的创建、机械视图的基本表示方法、剖视图与断面图的表示方法、局部放大图的表示方法和机械工程图的综合实例分析等。

第 3 部分（第 4~12 章），按照机械图的特性采用 AutoCAD 软件来绘制其二维平面图形，包括螺纹件、链轮、带轮、齿轮、蜗轮、弹簧、板、杆、块、轴套、盘盖、叉架、箱体等机械图。

第 4 部分（第 13 章），讲解机械等轴测图的绘制方法，包括轴测图中直线的绘制、平行线的绘制、圆的绘制、螺纹件的绘制、等轴测图的尺寸标注等。

第 5 部分（第 14 章），讲解机械三维模型图的创建方法，包括圆柱头螺钉、曲柄实体、深沟球轴承实体、法兰盘实体和蜗杆轴实体的创建等。

本书内容全面、条理清晰、实例丰富、讲解详细、图文并茂，可作为广大工程技术人员的 AutoCAD 自学教程和参考书，也可作为大中专院校学生和各类培训学校学员的 CAD/CAM 课程上课及上机练习教材。本书附视频学习 DVD 光盘一张，包含制作了近 13 小时的操作视频录像文件，另外还附有本书所有的素材文件、实例文件和模板文件。

本书由李波、辛雄主编，刘升婷、郝德全、倪雨龙、师天锐、王任翔、汤一超、刘冰、吕开平、何娟、王红令、姜先菊、朱从英等也参与了本书的编写与整理工作。感谢读者选择本书，希望我们的努力对读者的工作和学习有所帮助，也希望读者对本书的意见和建议告诉我们，邮箱是 Helpkj@163.com。此外，书中难免有疏漏与不足之处，敬请专家与读者批评指正。

注：书中未做特殊说明之处的尺寸单位均默认为毫米（mm）。

目录

第1章 AutoCAD 2013 基础入门

1.1 初步认识 AutoCAD 2013 / 2
   1.1.1 AutoCAD 2013 的安装方法 / 2
   1.1.2 AutoCAD 2013 的注册方法 / 3
   1.1.3 AutoCAD 2013 的启动与退出 / 5
   1.1.4 AutoCAD 2013 的工作界面 / 5
1.2 图形文件的管理 / 12
   1.2.1 图形文件的创建 / 12
   1.2.2 图形文件的打开 / 12
   1.2.3 图形文件的保存 / 13
   1.2.4 图形文件的关闭 / 14
1.3 设置绘图单位和界限 / 14
   1.3.1 设置图形单位 / 15
   1.3.2 设置图形界限 / 15
1.4 设置绘图辅助功能 / 16
   1.4.1 设置捕捉和栅格 / 16
   1.4.2 设置正交模式 / 16
   1.4.3 设置对象的捕捉方式 / 17
   1.4.4 设置自动与极轴追踪 / 18
1.5 图形对象的选择 / 19
   1.5.1 设置选择的模式 / 19
   1.5.2 选择对象的方法 / 19
   1.5.3 对象的快捷选择 / 22
   1.5.4 对象的编组操作 / 22
1.6 设置图层和特性 / 23
   1.6.1 利用对话框设置图层 / 23
   1.6.2 图层的创建 / 24
   1.6.3 图层的删除 / 24
   1.6.4 设置当前图层 / 25
   1.6.5 设置图层特性 / 25
   1.6.6 设置对象颜色 / 25
   1.6.7 设置对象线型 / 26
   1.6.8 设置对象线宽 / 28
   1.6.9 改变对象所在的图层 / 29
   1.6.10 通过"特性匹配"来改变图形特性 / 30

第2章 机械制图标准及样板文件的创建

2.1 机械制图的基本规定 / 32
   2.1.1 图纸幅面和标题栏 / 32
   2.1.2 制图比例 / 34
   2.1.3 字体 / 35
   2.1.4 图线 / 35
   2.1.5 尺寸标注 / 37
2.2 机械样板文件的创建实例 / 41
   2.2.1 设置图形界限和单位 / 41
   2.2.2 进行图层规划 / 42
   2.2.3 设置文字标注样式 / 43
   2.2.4 设置尺寸标注样式 / 44
   2.2.5 定义粗糙度符号图块 / 45

第3章 机械图样的表达方法

3.1 视图的表示方法 / 50
   3.1.1 基本视图 / 50

3.1.2 向视图 / 50
3.1.3 局部视图 / 51
3.1.4 斜视图 / 52
3.2 剖视图的表示方法 / 53
　3.2.1 剖视图的形成 / 53
　3.2.2 剖视图的画法和步骤 / 53
　3.2.3 剖视图的标注方法 / 54
3.3 断面图的表示方法 / 55
　3.3.1 断面图的表示画法 / 55
　3.3.2 断面的分类和画法 / 55
3.4 局部放大图的表示方法 / 58
3.5 图形表达方法综合应用 / 58
　3.5.1 图形的分析 / 58
　3.5.2 形体的分析 / 59

第 4 章 螺纹件及操作件的绘制

4.1 微调螺杆 / 61
4.2 连接螺母 / 64
4.3 操作手柄 / 68
4.4 操作扳手 / 69
4.5 操作手轮 / 74

第 5 章 链轮及带轮的绘制

5.1 链轮的绘制 / 79
5.2 平带轮的绘制 / 82
5.3 塔轮的绘制 / 86
5.4 V 形带轮的绘制 / 92

第 6 章 齿轮及蜗杆的绘制

6.1 斜齿轮的绘制 / 98
6.2 齿条的绘制 / 102
6.3 蜗杆的绘制 / 109
6.4 圆锥齿轮的绘制 / 113

第 7 章 弹簧的绘制

7.1 碟形弹簧的绘制 / 123
7.2 拉伸弹簧的绘制 / 127
7.3 扭转弹簧的绘制 / 136
7.4 压缩弹簧的绘制 / 141

第 8 章 板类、转子及块类零件的绘制

8.1 旋钮的绘制 / 149
8.2 压块的绘制 / 153
8.3 转子的绘制 / 157
8.4 滑动板的绘制 / 161
8.5 V 形导轨的绘制 / 166
8.6 挡板的绘制 / 173

第 9 章 轴套类零件的绘制

9.1 传动轴的绘制 / 178
9.2 空心传动轴的绘制 / 182
9.3 齿轮轴的绘制 / 190
9.4 传动丝杠的绘制 / 194
9.5 矩形花键轴的绘制 / 200
9.6 双键套的绘制 / 205
9.7 连接套的绘制 / 211
9.8 锁紧套的绘制 / 214

第 10 章 盘盖类零件的绘制

10.1 定位盘的绘制 / 221
10.2 泵盖的绘制 / 226
10.3 传动箱盖的绘制 / 231
10.4 端盖的绘制 / 238
10.5 固定圈的绘制 / 244
10.6 法兰盘的绘制 / 247

10.7 偏心盘的绘制 / 252　　　　　　10.8 扇形摆轮的绘制 / 256

第 11 章　叉架类零件的绘制

11.1 托架的绘制 / 264　　　　　　11.4 脚踏杆的绘制 / 279
11.2 弧形连杆的绘制 / 269　　　　　11.5 轴架的绘制 / 290
11.3 吊钩的绘制 / 274　　　　　　11.6 导向支架的绘制 / 299

第 12 章　箱体类零件的绘制

12.1 蜗轮箱的绘制 / 308　　　　　　12.3 升降机箱体的绘制 / 321
12.2 尾座的绘制 / 315　　　　　　　12.4 变速箱下箱体的绘制 / 327

第 13 章　机械零件轴测图的绘制

13.1 轴测图中直线的绘制 / 336　　　13.4 轴测图中螺纹的绘制 / 344
13.2 轴测图中平行线的绘制 / 338　　13.5 轴测图的尺寸标注 / 347
13.3 轴测图中圆的绘制 / 341

第 14 章　机械三维模型实体的创建

14.1 圆柱头螺钉的创建 / 353　　　　14.4 法兰盘实体的创建 / 367
14.2 曲柄实体的创建 / 355　　　　　14.5 蜗杆轴实体的创建 / 372
14.3 深沟球轴承实体的创建 / 363

第1章

AutoCAD 2013基础入门

本章导读

随着计算机辅助绘图技术的不断普及和发展，用计算机绘图全面代替手工绘图将成为必然趋势，只有熟练的掌握计算机图形的生成技术，才能够灵活自如的在计算机上表现自己的设计才能和天赋。

AutoCAD软件具有七大特点：①具有完善的图形绘制功能；②有强大的图形编辑功能；③可以采用多种方式进行二次开发和用户定制；④可以进行多种图形格式的转换，具有较强的数据交换能力；⑤支持多种硬件设备；⑥支持多种操作平台；⑦具有通用性、易用性，适用于各类用户。

主要内容

- ☑ 掌握 AutoCAD 2013 的安装与注册方法
- ☑ 掌握 AutoCAD 2013 的操作界面与文件的管理
- ☑ 掌握栅格与捕捉模式的设置方法
- ☑ 掌握自动与极轴追踪的设置方法
- ☑ 掌握图形对象的选择和编组方法
- ☑ 掌握图层和特性的设置方法

效果预览

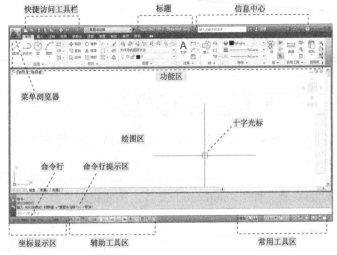

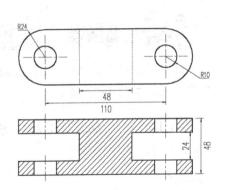

1.1 初步认识 AutoCAD 2013

AutoCAD 2013 软件是美国 Autodesk 公司开发的产品，是目前世界上应用最广泛的 CAD 软件之一。它已经在机械、建筑、航天、造船、电子、化工等领域得到了广泛的应用，并且取得了硕大的成果和巨大的经济效益。目前，AutoCAD 的最新版本为 AutoCAD 2013。

1.1.1 AutoCAD 2013 的安装方法

美国的 Autodesk 公司于 2012 年 3 月将其 AutoCAD 2013 最新版本推出，其安装方法同前面 2009—2012 版本的安装方法大致相同，下面就简要介绍一下其安装方法。

（1）用户可打开浏览器软件，在地址栏中输入网址 http://www.baidu.com 并按回车键，打开"百度"网站，在搜索文本框中输入关键字"AutoCAD 2013 中文版 注册码"，并单击"百度一下"按钮，此时将搜索到相关的下载网络链接，单击并打开进行下载即可，如图 1-1 所示。

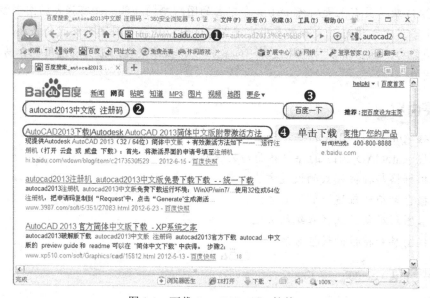

图 1-1 下载 AutoCAD 2013 软件

（2）当用户通过相关的下载软件将 AutoCAD 2013 软件下载并解压后，即可看到所包含的相关文件及文件夹对象，如图 1-2 所示。

用户可以打开其中的"install.txt"文件，从而可以看到 AutoCAD 2013 软件的安装步骤和方法，如图 1-3 所示。

（3）用户双击 AutoCAD 2013 软件的安装文件"Setup.exe"文件，按照提示一步一步进行安装即可。

第①章　AutoCAD 2013 基础入门

图 1-2　AutoCAD 2013 的相关文件

图 1-3　"install.txt"文件

1.1.2　AutoCAD 2013 的注册方法

当首次安装好 AutoCAD 2013 软件安装过后，如果是试用版本软件，这时允许用户试用 30 天的时间；如果用户有相应的注册软件（用户可以在网上下载），这时应对其软件进行注册后方能正常使用。下面将依次讲解 AutoCAD 2013 软件的注册方法。

（1）在桌面上双击已经安装好的 AutoCAD 2013 程序文件，则即可显示欢迎界面，并显示"Autodesk 许可"窗口，如图 1-4 所示。

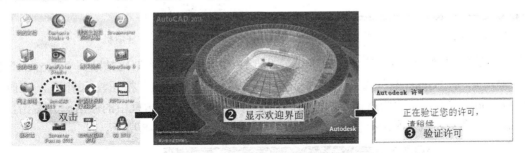

图 1-4　初次启动 AutoCAD 2013 软件

（2）稍后将会提示产品需要激活，如果不激活，那就只能试用 30 天。单击"激活"按钮，将会弹出"产品注册与激活"窗口，由于之前所输入的序列号只是试用的，所以应单击"下一步"按钮重新注册激活，如图 1-5 所示。

（3）这时就会出现产品许可激活选项，为了获得激活码，应使用注册机来获取。在"申请号"后将显示出本计算机的一些代码，使用鼠标选择这些代码文本，并右击鼠标，选择"复制"命令，或者是选择代码后按"Ctrl+C"组合键，如图 1-6 所示。

（4）在 AutoCAD 2013 的安装文件夹位置，双击"AutoCAD_2013_Crack"压缩文件，将弹出其压缩包内的相关文件信息，根据用户的 AutoCAD 2013 版本，使用 32 位或 64 位注册机并运行，如图 1-7 所示。

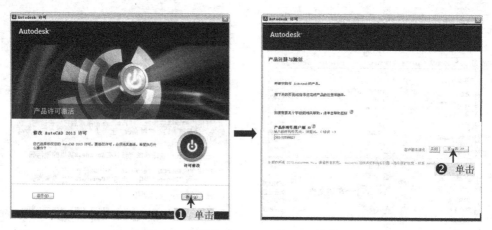

图 1-5 初次启动 AutoCAD 2013 软件

图 1-6 复制申请号

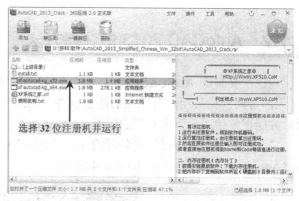

图 1-7 运行注册机

（5）这时将弹出注册机的运行程序，按"Ctrl+V"组合键将申请码粘贴到"Request"文本框中，单击"Generate"按钮来生成激活码，并单击"Patch"按钮注入补丁，这时在"Activation"文本框中即为所需要的激活码，使用鼠标选择该文本框中的激活码并右击，选择"复制"命令，或者是选择代码后按"Ctrl+C"组合键，如图 1-8 所示。

图 1-8 获取激活码

（6）返回到"产品许可激活选项"窗口中，选择"我具有 Autodesk 提供的激活码"单选按钮，则其下的文本框即可输入相应的激活码，将鼠标置于第一个文本框中，并按"Ctrl+V"组合键粘贴，则其 1～16 个文本框中即显示出激活码对象，单击"下一步"按钮，将提示 AutoCAD 2013 已成功激活，然后单击"完成"按钮即可，如图 1-9 所示。

（7）至此，其 AutoCAD 2013 软件已经被注册激活了，重新运行 AutoCAD 2013 即可。

图 1-9 粘贴激活码并成功

1.1.3　AutoCAD 2013 的启动与退出

（1）AutoCAD 的启动。成功安装好 AutoCAD 2013 软件后，可以通过以下任意一种方法来启动 AutoCAD 2013 软件。

◆ 依次选择"开始｜程序｜Autodesk｜AutoCAD 2013–简体中文（Simplified chinese）｜AutoCAD 2013"命令。

◆ 成功安装好 AutoCAD 2013 软件后，双击桌面上的 AutoCAD 2013 图标。

◆ 在目录下 AutoCAD 2013 的安装文件夹中，双击 acad.exe 图标 A 可执行文件。

◆ 打开任意一个扩展名为 dwg 的图形文件。

（2）AutoCAD 的退出。可以通过以下任意一种方法来退出 AutoCAD 2013 软件。

◆ 选择"文件｜退出"菜单命令。

◆ 在命令行输入"Exit"或"Quit"命令后，再按 Enter（回车）键。

◆ 在键盘上按 "Alt+F4"或"Ctrl+Q"组合键。

◆ 在 AutoCAD 2013 软件的环境下单击右上角的"关闭"按钮。

在退出 AutoCAD 2013 时，如果没有保存当前图形文件，此时将弹出如图 1-10 所示的对话框，提示用户是否对当前的图形文件进行保存操作。

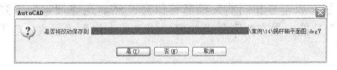

图 1-10 "提示是否保存文件"对话框

1.1.4　AutoCAD 2013 的工作界面

AutoCAD 软件从 2009 版本开始，其界面发生了比较大的改变，提供了多种工作空间模式,即"草图与注释"、"三维基础"、"三维建模"和"AutoCAD 经典"。当正常安装并首次启动 AutoCAD 2013 软件时,系统将以默认的"草图与注释"界面显示出来,如图 1-11 所示。

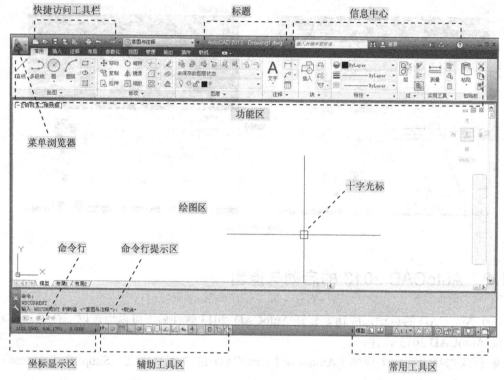

图 1-11 AutoCAD 2013 的"草图与注释"界面

由于本书主要采用 AutoCAD 2013 的"草图与注释"界面来贯穿全文进行讲解,下面将带领读者来认识该界面中的各个元素对象。

1. 标题栏

标题栏显示当前操作文件的名称。最左端依次为"新建"、"打开"、"保存"、"另存为"、"打印"、"放弃"和"重做"按钮;其次是"工作空间"列表,用于工作空间界面的选择;再次是软件名称、版本号和当前文档名称信息;然后是"搜索"、"登录"、"交换"按钮,并新增"帮助"功能;最右侧则是当前窗口的"最小化"、"最大化"和"关闭"按钮,如图 1-12 所示。

图 1-12 标题栏

2. 菜单浏览器和快捷菜单

在窗口的最左上角大"A"按钮为"菜单浏览器"按钮，单击该按钮会出现下拉菜单，如"新建"、"打开"、"保存"、"另存为"、"输出"、"打印"、"发布"等，另外还新增加了很多新的项目，如"最近使用的文档"、"打开文档"、"选项"和"退出AutoCAD"按钮，如图1-13所示。

当用户使用鼠标右击绘图区、状态栏、工具栏、模型或布局选项卡等区域时，系统会弹出一个快捷菜单，该菜单中显示的命令与右击对象及当前状态相关，会根据不同的情况出现不同的快捷菜单命令，如图1-14所示。

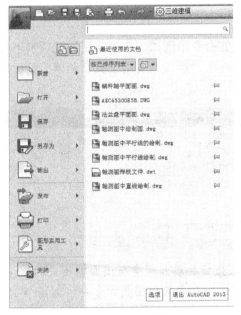

图 1-13　菜单浏览器

图 1-14　快捷菜单

> 在菜单浏览器中，其后面带有符号▶的命令表示还有级联菜单；如果命令为灰色，则表示该命令在当前状态下不可用。

3. 选项卡和面板

在使用 AutoCAD 命令的另一种方式就是应用选项卡上的面板，包括的选项卡有"常用"、"插入"、"注释"、"布局"、"参数化"、"视图"、"管理"、"输出"、"插件"和"联机"等，如图1-15所示。

图 1-15　面板

在"联机"右侧显示了一个倒三角,用户单击 按钮,将弹出快捷菜单,可以进行相应的单项选择,如图1-16所示。

图1-16 标签与面板

使用鼠标单击相应的选项卡,即可分别调用相应的命令。例如,在"常用"选项卡下包括有"绘图"、"修改"、"图层"、"注释"、"块"、"特性"、"组"、"实用工具"和"剪贴板"等面板,如图1-17所示。

图1-17 "常用"选项卡

有的面板下侧的按钮有一倒三角按钮▼,单击该按钮会展开所有与该面板相关的操作命令,例如,单击"修改"面板右侧的倒三角按钮▼,会展开其他相关的命令,如图1-18所示。

图1-18 展开后的"修改"面板

4. 菜单栏和工具栏

在AutoCAD 2013的环境中,默认状态下其菜单栏和工具栏处于隐藏状态,这也是与以往版本不同的地方。

在AutoCAD 2013的"草图与注释"工作空间状态下,如果要显示其菜单栏,那么在标题栏的"工作空间"右侧单击其倒三角按钮(即"自定义快速访问工具栏"列表),从弹出的列表框中选择"显示菜单栏",即可显示AutoCAD的常规菜单栏,如图1-19所示。

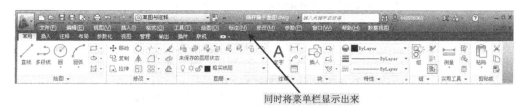

图 1-19 显示菜单栏

5. 绘图窗口

绘图窗口是用户进行绘图的工作区域，所有的绘图结果都反映在这个窗口中。在绘图窗口中不仅显示当前的绘图结果，而且还显示了用户当前使用的坐标系图标，表示了该坐标系的类型和原点、X 轴和 Z 轴的方向，如图 1-20 所示。

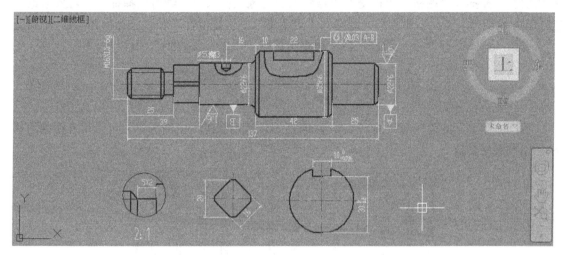

图 1-20 绘图窗口

6. 命令行与文本窗口

默认情况下，命令行位于绘图区的下方，用于输入系统命令或显示命令的提示信息。用户在面板区、菜单栏或工具栏中选择某个命令时，也会在命令行中显示提示信息，如图 1-21 所示。

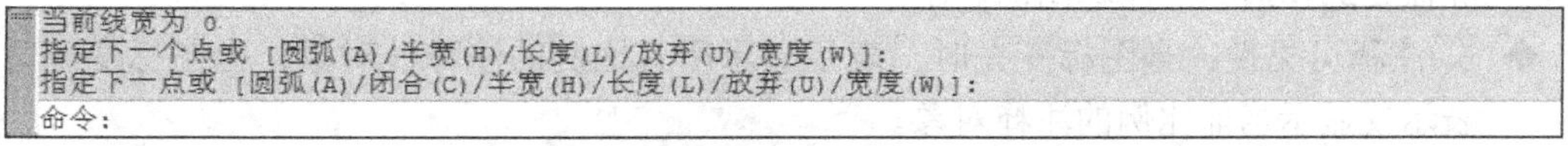

图 1-21 命令行

在键盘上按"F2"键时，会显示出"AutoCAD 文本窗口"，此文本窗口也称专业命令窗口，是用于记录在窗口中操作的所有命令。若在此窗口中输入命令，按下"Enter"键可以执行相应的命令。用户可以根据需要改变其窗口的大小，也可以将其拖动为浮动窗口，如图 1-22 所示。

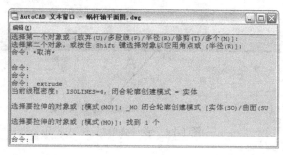

图 1-22　文本窗口

7. 状态栏

在 AutoCAD 2013 界面最底部左端，显示绘图区中光标定位点的坐标 x、y、z，从左往右依次有"捕捉"、"栅格"、"正交"、"极轴"、"对象捕捉"、"三维对象捕捉"、"对象追踪"、"允许/禁止动态"、"动态输入"、"线宽"、"透明度"、"快捷特性"和"选择循环" 12 个功能开关按钮，如图 1-23 所示。通过鼠标左键单击这些按钮可实现功能的开启与关闭。

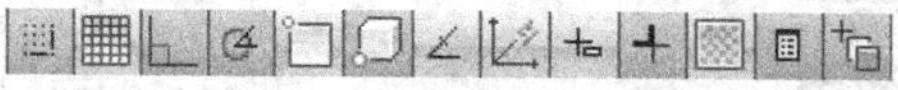

图 1-23　状态栏

状态右侧显示的是注释比例，如图 1-24 所示。运用状态栏中的图标，可以很方便的访问注释比例常用功能。

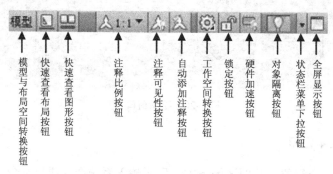

图 1-24　状态栏托盘工具

- ◆ 注释比例：鼠标左键单击注释比例右下角的三角图标，弹出注释比例列表，可根据实际需要选择适当的注释比例。
- ◆ 注释可见性：当图标变亮时，表示显示所有比例的注释性对象；当图标变暗时，表示仅显示当前比例的注释对象。
- ◆ 注释比例被更改时，自动添加到注释对象。
- ◆ 切换工作空间。单击该按钮弹出工作空间菜单，单击菜单内标签，可将工作空间在"草图与注释"、"三维建模""三维基础"和"AutoCAD 经典"之间切换，并可以将用户根据实际需要调整好的当前的工作空间，存为新的工作空间名称方便下次再次使用。
- ◆ 工具栏/窗口位置锁。可以控制是否对工具栏或窗口图形在图形界面上的位置进行锁定。右键单击位置锁定图标，系统弹出工具栏/窗口位置锁右键菜单，如图 1-25 所示。可以选择打开或锁定相关选项位置。

◆ 硬件加速开关。通过此图标按钮可实现软件在运行时的运行速度。

◆ 隔离对象。单击此图标可以将所选对象进行隔离或隐藏。

◆ 全屏显示。单击此按钮可以将 Windows 窗口中的标题栏、工具栏和选项版等界面元素全部隐藏，使 AutoCAD 的绘图窗口全屏显示。

8. AutoCAD 中工作空间的切换

不论新版的变化怎样，Autodesk 公司都为新老用户考虑到了 AutoCAD 的经典空间模式。在 AutoCAD 2013 的状态栏中，单击右下侧的 按钮，如图 1-26 所示，然后从弹出的菜单中选择"AutoCAD 经典"项，即可将当前空间模式切换到"AutoCAD 经典"空间模式，如图 1-27 所示。

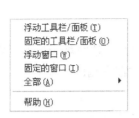

图 1-25　工具栏/窗口位置锁右键菜单

图 1-26　切换工作空间

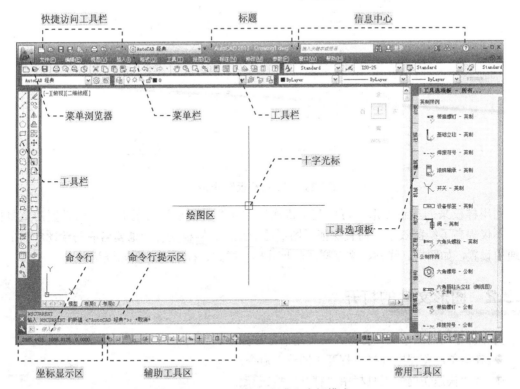

图 1-27　"AutoCAD 经典"空间模式

1.2 图形文件的管理

在 AutoCAD 2013 中，图形文件的管理能够快速对图形文件进行创建、打开、保存、关闭等操作。

1.2.1 图形文件的创建

通常用户在绘制图形之前，首先要创建新图的绘图环境和图形文件。可使用的方法如下。
- 在菜单浏览器中选择"新建｜图形"命令；
- 在"快速访问"工具栏中单击"新建"按钮；
- 按"Ctrl+N"组合键；
- 在命令行输入"New"命令并按 Enter 键。

以上任意一种方法都可以创建新的图形文件，此时将打开"选择样板"对话框，单击"打开"按钮，从中选择相应的样板文件来创建新图形，此时在右侧的"预览框"将显示出该样板的预览图像，如图 1-28 所示。

图 1-28 "选择样板"对话框

利用样板来创建新图形，可以避免每次绘制新图时需要进行的有关绘图设置的重复操作，不仅提高了绘图效率，而且保证了图形的一致性。样板文件中通常含有与绘图相关的一些通用设置，如图层、线性、文字样式、尺寸标注样式、标题栏、图幅框等。

1.2.2 图形文件的打开

要将已存在的图形文件打开，可使用的方法如下。
- 在菜单浏览器中选择"打开｜图形"命令；
- 在"快速访问"工具栏中"打开"按钮；
- 按"Ctrl+O"组合键；
- 在命令行输入"Oper"命令并按 Enter 键。

以上任意一种方法都可打开已存在的图形文件，将弹出"选择样板"对话框，选择指定路径下的指定文件，则在右侧的"预览"栏中显出该文件的预览图像，然后单击"打开"按钮，将所选择的图形文件打开，其步骤如图 1-29 所示。

图 1-29   "选择样板"对话框

单击"打开"按钮右侧的倒三角按钮[▼]，将显示打开文件的 4 种方式，如图 1-30 所示。

若选择"局部打开"方式，便于用户有选择地打开自己所需要的图形内容，来加快文件装载的速度。特别是大型工程项目中，一个工程师通常只负责一小部分的设计，使用局部打开功能，能够减少屏幕上显示的实体数量，从而大大提高工作效率。

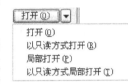

图 1-30   打开方式

1.2.3 图形文件的保存

要将当前视图中的文件进行保存，可使用的方法如下。
◆ 在菜单浏览器中选择"保存"命令；
◆ 在"快速访问"工具栏中单击"保存"按钮 ；
◆ 按"Ctrl+S"组合键；
◆ 在命令行输入"Save"命令并按 Enter 键。

通过以上任意一种方法，将以当前使用的文件名保存图形。如果在"快速访问"工具栏中单击"保存为"按钮 ，要求用户将当前图形文件以另外一个新的文件名称进行保存，其步骤如图 1-31 所示。

图 1-31   "图形另存为"对话框

精通 AutoCAD 2013 机械设计

在绘制图形时，可以设置为自动定时保存图形。选择"工具｜选项"菜单命令，在打开的"选项"对话框中选择"打开和保存"选项卡，勾选"自动保存"复选框，然后在"保存间隔分钟数"文本框中输入一个定时保存的时间（分钟），如图 1-32 所示。

图 1-32　自动定时保存图形文件

1.2.4　图形文件的关闭

要将当前视图中的文件进行关闭，可使用的方法如下。
◆ 在菜单浏览器中选择"关闭"命令；
◆ 在屏幕窗口的右上角单击"关闭"按钮 ；
◆ 按"Ctrl+Q"组合键；
◆ 在命令行输入"Quit"或"Exit"命令并按 Enter 键。

图 1-33　AutoCAD 警告窗口

通过以上任意一种方法，将可对当前图形文件进行关闭操作。如果当前图形有所修改而没有存盘，系统将打开 AutoCAD 警告对话框，询问是否保存图形文件，如图 1-33 所示。

单击"是（Y）"按钮或直接按 Enter 键，可以保存当前图形文件并将其关闭；单击"否（N）"按钮，可以关闭当前图形文件但不存盘；单击"取消"按钮，取消关闭当前图形文件操作，既不保存也不关闭。如果当前所编辑的图形文件没命名，那么单击"是（Y）"按钮后，AutoCAD 会打开"图形另存为"的对话框，要求用户确定图形文件存放的位置和名称。

1.3　设置绘图单位和界限

在绘制图形之前，用户应对绘图的环境进行设置，最主要的就是设置绘图单位和界限。

1.3.1 设置图形单位

在绘图窗口中创建的所有对象都是根据图形单位进行测量绘制的。由于 AutoCAD 可以完成不同类型的工作，因此，可以使用不同的度量单位。例如，一个图形单位的距离通常表示实际单位的 1mm。

要设置图形单位格式与精度，可在命令行中输入"Units"命令（快捷键"UN"），此时将弹出"图形单位"对话框，然后用户可以根据自己的需要设置长度、角度、单位、方向等，如图 1-34 所示。

图 1-34 "图形单位"对话框

1.3.2 设置图形界限

图形界限就是绘图区域，也称为图限，用于标明用户的工作区域和图纸边界。在命令行中输入"LIMITS"命令后，按照如下命令行提示来设置空间界限的左下角点和右上角点的坐标。

```
命令: _limits                                          \\ 执行"图形界限"命令
重新设置模型空间界限:
指定左下角点或 [开(ON)/关(OFF)] <0.0000,0.0000>:0, 0    \\ 设置绘图区域左下角坐标
指定右上角点 <12.0000,9.0000>:420, 297                 \\ 输入图纸大小
```

执行"图形界限"命令中，其命令行中各选项含义如下。

◆ 指定左下角点：设置图形界限左下角的坐标。
◆ 开(ON)：打开图形界限检查以防拾取点超出图形界限。
◆ 关(OFF)：关闭图形界限检查（默认设置），可以在图形界限之外拾取点。
◆ 指定右上角点：设置图形界限右上角的坐标。

在设置图形界限的命令提示行中，输入"开（ON）"后再按 Enter 键，AutoCAD 将打开图形界限的限制功能，此时用户则只能在设定的范围内绘图，一旦超出这个范围，AutoCAD 将不执行。

1.4 设置绘图辅助功能

在实际绘图中,用鼠标定位虽然方便快捷,但精度不高,绘制的图形很不精确,远不能够满足制图的要求,这时可以使用系统提供的绘图辅助功能。

用户可以在命令行中输入快捷键"SE"命令打开"草图设置"对话框,从而进行绘图辅助功能的设置。

1.4.1 设置捕捉和栅格

"捕捉"用于设置鼠标光标移动的间距,"栅格"是一些标定位的位置小点,使用它可以提供直观的距离和位置参照。

在"草图设置"对话框的"捕捉和栅格"选项卡中,可以启动或关闭"捕捉"和"栅格"功能,并设置"捕捉"和"栅格"的间距与类型,如图1-35所示。

图1-35 "草图设置"对话框

在状态栏中右击"捕捉模式"按钮■或"栅格显示"按钮■,在弹出的快捷菜单中选择"设置"命令,也可以打开"草图设置"对话框。

1.4.2 设置正交模式

"正交"的含义,是指在绘制图形时指定第一个点后,连续光标和起点的直线总是平行于 X 轴或 Y 轴。若捕捉设置为等轴测模式时,正交还迫使直线平行于第三个轴中的一个。在"正交"模式下,使用光标只能绘制水平直线或垂直直线,此时只要输入直线的长度就可。

用户可通过以下的方法来打开或关闭"正交"模式。

◆ 状态栏:单击"正交"按钮■。

- 快捷键：按 F8 键。
- 命令行：在命令行输入或动态输入"Ortho"命令，然后按 Enter 键。

1.4.3 设置对象的捕捉方式

在实际绘图过程中，有时经常需要找到已有图形的特殊点，如圆心点、切点、中点、象限点等，这时可以启动对象捕捉功能。

对象捕捉与捕捉的区别："对象捕捉"是把光标锁定在已有图形的特殊点上，它不是独立的命令，是在执行命令过程中结合使用的模式。而"捕捉"是将光标锁定在可见或不可见的栅格点上，是可以单独执行的命令。

在"草图设置"对话框中单击"对象捕捉"选项卡，分别勾选要设置的捕捉模式即可，如图 1-36 所示。

设置好捕捉选项后，在状态栏激活"对象捕捉"对话框，或按 F3 键，或者按"Ctrl+F"组合键即可在绘图过程中启用捕捉选项。

启用对象捕捉后，将光标放在一个对象上，系统自动捕捉到对象上所有符合条件的几何特征点，并显示出相应的标记。如果光标放在捕捉点达 3 秒钟以上，则系统将显示捕捉的提示文字信息。

在 AutoCAD 2013 中，也可以使用"对象捕捉"工具栏中的工具按钮随时打开捕捉，另外，按住 Ctrl 键或 Shift 键，并单击鼠标右键，将弹出对象捕捉快捷菜单，如图 1-37 所示。

图 1-36 "对象捕捉"选项卡

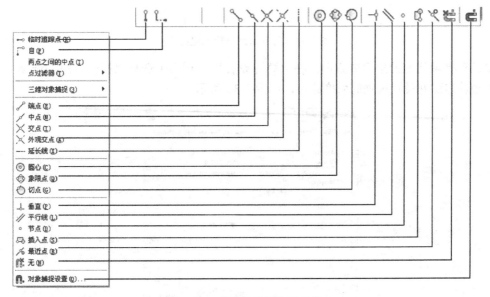

图 1-37 "对象捕捉"工具栏

"捕捉自（F）"工具并不是对象捕捉模式，但它却经常与对象捕捉一起使用。在使用相对坐标指定下一个应用点时，"捕捉自"工具可以提示用户输入基点，并将该点作为临时参考点，这与通过输入前辍"@"使用最后一个点作为参考点类似。

1.4.4 设置自动与极轴追踪

自动追踪实质上也是一种精确定位的方法，当要求输入的点在一定的角度线上，或者输入的点与其他的对象有一定关系时，可以非常方便地利用自动追踪功能来确定位置。

自动追踪包括两种追踪方式：极轴追踪和对象捕捉追踪。极轴追踪时按事先给定的角度增加追踪点；而对象追踪是按追踪与已绘图形对象的某种特定关系来追踪，这种特定的关系确定了一个用户事先并不知道的角度。

如果用户事先知道要追踪的角度（方向），即可以用极轴追踪；如果事先不知道具体的追踪角度（方向），但知道与其他对象的某种关系，则用对象捕捉追踪，如图 1-38 所示。

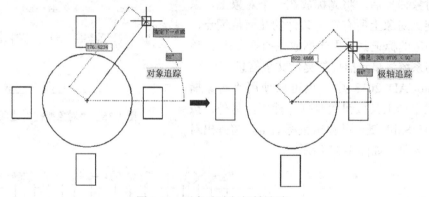

图 1-38　对象追踪与极轴追踪

要设置极轴追踪的角度或方向，在"草图设置"对话框中选择"极轴追踪"选项卡，然后启用极轴追踪并设置极轴的角度即可，如图 1-39 所示。

图 1-39　"极轴追踪"选项卡

1.5 图形对象的选择

在 AutoCAD 中，选择对象的方法很多，可以通过单击对象逐个拾取，也可利用矩形窗口或交叉窗口来选择；还可以选择最近创建的对象、前面的选择集或图形中的所有对象；也可以向选择集中添加对象或从中删除对象。

1.5.1 设置选择的模式

在对复杂的图形进行编辑时，经常需要同时对多个对象进行编辑，或在执行命令之前先选择目标对象，设置合适的目标选择方式即可实现这种操作。

在 AutoCAD 2013 中，选择"工具｜选项"菜单命令，在弹出的"选项"对话框中选择"选择集"选项卡，即可以设置拾取框大小、选择集模式、夹点大小、夹点颜色等，如图 1-40 所示。

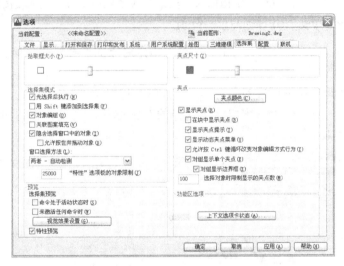

图 1-40 "选择集"选项卡

如果出现菜单命令模式（如上述的：选择"工具｜选项"菜单命令），则应用可以切换至"AutoCAD 经典"空间模式来进行操作。后面碰到类似的方法来执行某个命令操作时，也按照"AutoCAD 经典"空间模式来进行操作。

1.5.2 选择对象的方法

在绘图过程中，当执行到某些命令时（如复制、偏移、移动），将提示"选择对象："，此时出现矩形拾取光标□，将光标放在要选择的对象位置时，将亮显对象，单击则选择该对象（也可以逐个选择多个对象），如图 1-41 所示。

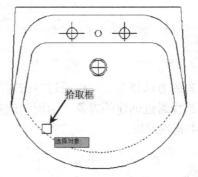

图 1-41 拾取选择对象

用户在选择图标对象时有多种方法，若要查看选择对象的方法，可在"选择对象："命令提示符下输入"？"，这时将显示如下所有选择对象的方法。

选择对象:?
无效选择
需要点或窗口(W)/上一个(L)/窗交(C)/框(BOX)/全部(ALL)/栏选(F)/圈围(WP)/圈交(CP)/编组(G)/添加(A)/删除(R)/多个(M)/前一个(P)/放弃(U)/自动(AU)/单个(SI)

根据上面提示，用户输入的大写字母，可以指定对象的选择模式。该提示中主要选项的具体含义如下。

- ◆ 需要点：可逐个拾取所需对象，该方法为默认设置。
- ◆ 窗口（W）：用一个矩形窗口将要选择的对象框住，凡是在窗口内的的目标均被选中，如图 1-42 所示。

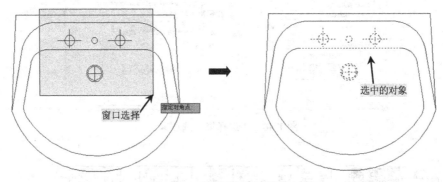

图 1-42 "窗口"方式选择

- ◆ 上一个（L）：此方式将用户最后绘制的图形作为编辑对象。
- ◆ 窗交（C）：选择该方式后，绘制一个矩形框，凡是在窗口内和与此窗口四边相交的对象都被选中，如图 1-43 所示。
- ◆ 框（BOX）：当用户所绘制矩形的第一角点位于第二角点的左侧，此方式与窗口（W）选择方式相同；当用户所绘制矩形的第一角点位于第二角点右侧时，此方式与窗交（C）方式相同。
- ◆ 全部（ALL）：图形中所有对象均被选中。
- ◆ 栏选（F）：用户可用此方式画任意折线，凡是与折线相交的图形均被选中，如图 1-44 所示。

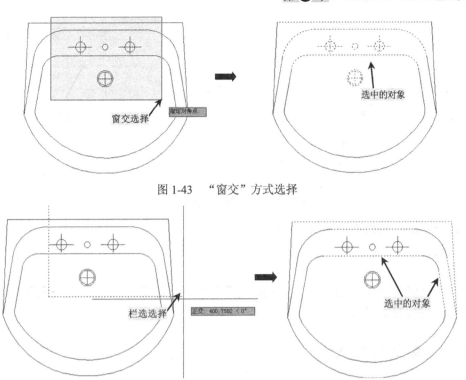

图 1-43 "窗交"方式选择

图 1-44 "栏选"方式选择

◆ 圈围(WP)：该选项与窗口（W）选择方式相似，但它可构造任意形状的多边形区域，包含在多边形窗口内的图形均被选中，如图 1-45 所示。

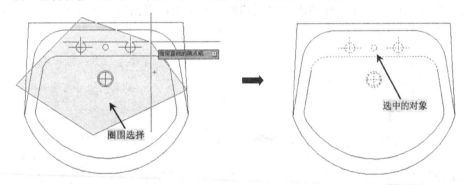

图 1-45 "圈围"方式选择

◆ 圈交（CP）：该选项与窗交（C）选择方式类似，但它可以构造任意形状的多边形区域，包含在多边形窗口内的图形或与该多边形窗口相交的任意图形均被选中，如图 1-46 所示。
◆ 编组（G）：输入已定义的选择集，系统将提示输入编组名称。
◆ 添加（A）：当用户完成目标选择后，还有少数没有选中时，可以通过此方法把目标添加到选择集中。
◆ 删除（R）：把选择集中的一个或多个目标对象移出选择集。
◆ 前一个（P）：此方法用于选中前一次操作所选择的对象。
◆ 多个（M）：当命令中出现选择对象时，鼠标变为一个矩形小方框，逐一点取要选中的目标即可（可选多个目标）。

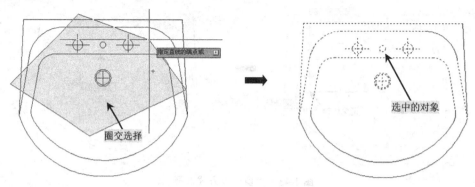

图 1-46 "圈交"方式选择

- 放弃（U）：取消上一次所选中的目标对象。
- 自动（AU）：若拾取框正好有一个图形，则选中该图形；反之，则用户指定另一角点以选中对象。
- 单个（SI）：当命令行中出现"选择对象"时，鼠标变为一个矩形小框口，点选要选中的目标对象即可。

1.5.3 对象的快捷选择

在 AutoCAD 中，当用户需要选择具有某些共有特性的对象时，可利用"快速选择"对话框根据对象的图层、线型、颜色、图案填充等特性和类型来创建选择集。

选择"工具｜快速选择"菜单命令，或者在视图的空白位置右击鼠标，从弹出的快捷菜单中选择"快速选择"命令，将弹出"快速选择"对话框，根据自己的需要来选择相应的图形对象，如图 1-47 所示。

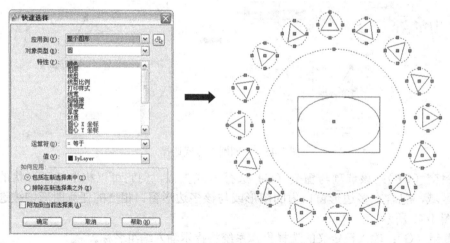

图 1-47 使用快速选择对象

1.5.4 对象的编组操作

（1）编组概述。编组是保存的对象集，可以根据需要同时选择和编辑这些对象，也可以分别进行。编组提供了以组为单位操作图形元素的简单方法。可以将图形对象进行编组以创建一种选择集,它随图形一起保存,且一个对象可以作为多个编组的成员。

(2)创建编组。除了可以选择编组的成员外,还可以为编组命名并添加说明。

要对图形对象进行编组,可在命令行输入 Group(其快捷键是"G"),并按 Enter 键;或者选择"工具 | 组"菜单命令,在命令行出现如下的提示信息。

命令: GROUP
选择对象或 [名称(N)/说明(D)]:n
输入编组名或 [?]: 123
选择对象或 [名称(N)/说明(D)]:指定对角点: 找到 3 个
选择对象或 [名称(N)/说明(D)]:
组"123"已创建。

(3)选择编组中的对象:选择编组的方法有几种,包括按名称选择编组或选择编组的一个成员。

(4)编辑编组:用户可以使用多种方式修改编组,包括更改其成员资格、修改其特性、修改编组的名称和说明及从图形中将其删除。

> 当用户执行了"编组"命令(G)过后,则编组过后对象任意不能成为一个整体。其解决办法如下:
> 在命令行中输入"OP"命令打开"选项"对话框,切换至"选择集"选项卡,在"选择集模式"选项组中勾选"对象编组"复选框,然后单击"确定"按钮即可。

1.6 设置图层和特性

设置图层是绘图环境的基本设置,也就是说把在设计概念上相关的一组对象创建并命名在一个图层中,为其指定一定的通用特性,图形中的对象将分类放到各自的图层中,图层可以使用户更加方便、有效地对图形进行编辑和管理。

在 AutoCAD 2013 中,每一图形中都包括多个图层,每一个图层都表示不同特性的图形对象,包括颜色、线型、线宽等。

1.6.1 利用对话框设置图层

图层的设置对图形文件中各类实体的分类管理和综合控制具有重要的意义,用户可以通过以下任意一种方式来打开"图层特性管理器"对话框进行设置和控制。

◆ 在"常用"选项卡的"图层"面板中单击"图层特性"按钮,如图 1-48 所示。

◆ 在命令行中输入"LAYER"命令(快捷键为"LA")。

图 1-48 单击"图层特性"按钮

执行上述命令行后，可弹出如图 1-49 所示的"图层特性管理器"面板，从而可以新建与删除图层，以及设置图层的颜色、线型、线宽等特性，并且还可以设置图层的显示与关闭等。

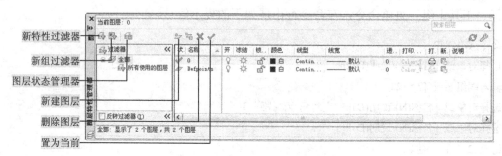

图 1-49 "图层特性管理器"面板

1.6.2 图层的创建

在"图层特性管理器"面板中，单击"新建图层"按钮，在图层的列表中将出现一个名称为"图层 1"的新图层。默认情况下，新建图层与当前图层的状态、颜色、线性及线宽等设置相同。如果要更改图层名称，可单击该图层名，或者按 F2 键，然后输入一个新的图层名并按 Enter 键即可。

要快速创建多个图层，可以选择用于编辑的图层名并用逗号隔开输入多个图层名。但在输入图层名时，图层名最长可达 255 个字符，可以是数字、字母或其他字符，但不能允许有>、<、|、\、""、:、、|、=等，否则系统将弹出如图 1-50 所示的警告框。

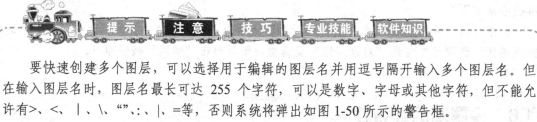

图 1-50 警告面板

1.6.3 图层的删除

用户在绘制图形过程中，若发现有一些没有使用的多余图层，这时可以通过"图层特性管理器"面板来删除图层。

要删除图层，在"图层特性管理器"面板中，使用鼠标选择需要删除的图层，然后单击"删除图层"按钮 或按"Alt+D"组合键即可。如果要同时删除多个图层，可以配合 Ctrl 键或 Shift 键来选择多个连续或不连续的图层。

在删除图层时,只能删除未参照的图层。参照图层包括"图层 0"及 Defpoints、包含对象(包括块定义中的对象)的图层、当前图层和依赖外部参照的图层。不包含对象(包括块定义中的对象)的图层、非当前图层和不依赖外部参照的图层都可以用 Purge 命令删除。

1.6.4 设置当前图层

在 AutoCAD 中绘制的图形对象,都是在当前图层中进行的,且所绘制图形对象的属性也将继承当前图层的属性。在"图层特性管理器"面板中选择一个图层,并单击"置为当前"按钮 ,即可将该图层置为当前图层,并在图层名称前面显示 标记,如图 1-51 所示。

使用鼠标选择指定的对象,然后在"图层"面板中单击 按钮,即可将选择的图形对象置为当前图层,如图 1-52 所示。

图 1-51 当前图层

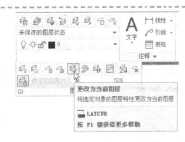

图 1-52 "图层"工具栏

1.6.5 设置图层特性

当用户新建图层对象时,除设置图层的名称过后,还需要设置图层的特性,包括图层的颜色、线型、线宽,以及设置图层是否显示/隐藏、锁定/解锁、冻结/解冻、打印/不打印等开关。

在新建图层过后,其图层名称的右侧显示出了一系列的特性及开关状态,用户直接单击某个图层名称后的按钮即可。例如,要设置图层的颜色,直接在该图层名称后单击"颜色"列下相应的按钮,即可弹出"选择颜色"对话框,设置好需要的颜色,单击"确定"按钮退出,即可设置好该图层的颜色;同样,单击"线型"列下的相应按钮,即可弹出"选择线型"对话框。

1.6.6 设置对象颜色

图层的颜色实际上是图层中图形对象的颜色,在绘制图形的过程中,可以将不同的组件、功能和区域用不同的颜色表示。这样，很容易就可以区分图形中的每一个部分。默认情况下，新创建的图层颜色被指定使用 7 号颜色（白色或黑色，由背景色决定）。

用户可以通过以下任意一种方式来打开"选择颜色"对话框进行对象颜色的设置。

◆ 在"常用"标签下的"特性"面板中，单击"颜色"后的倒三角按钮，从其下拉菜单中的"选择颜色"选项，如图 1-53 所示。

◆ 在命令行中输入"COLOR"命令（快捷键为"COL"）。

执行上述命令后，将弹出如图 1-54 所示的"选择颜色"对话框。

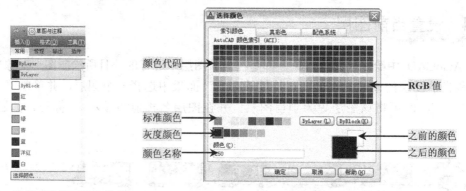

图 1-53　选择"选择颜色"选项　　　　图 1-54　"选择颜色"对话框

在"图层特性管理器"面板中，在某个图层名称的"颜色"列中单击，即可弹出"选择颜色"对话框，从而可以根据需要选择不同的颜色，然后单击"确定"按钮即可，如图 1-55 所示。

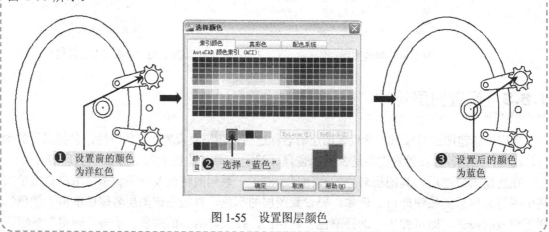

图 1-55　设置图层颜色

1.6.7　设置对象线型

线型是作为图形基本元素的线条的组成和显示方式，在绘制图形时，经常需要使用不同的线型来表示或区分不同图形对象的效果。

用户可以用以下任意一种方式来打开"线型管理器"对话框进行线型设置。

◆ 在"常用"标签下的"特性"面板中,单击"线型"后的倒三角按钮,从其下拉菜单中选择"其他"选项,如图 1-56 所示。

◆ 在命令行中输入"LINETYPE"(快捷键为"LT")。

执行以上操作后,会弹出"线型管理器"对话框,如图 1-57 所示。单击"加载"按钮,将弹出"加载或重载线型"对话框,如图 1-58 所示,从中选择线型,然后单击"确定"按钮返回。

图 1-56 选择"其他"选项

图 1-57 "线型管理器"对话框

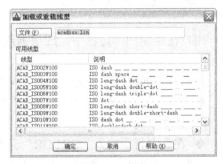

图 1-58 "加载或重载线型"对话框

在"图层特性管理器"面板中,在某个图层名称的"线型"列中单击,即可弹出"选择线型"对话框,从中选择相应的线型,然后单击"确定"按钮即可,如图 1-59 所示。

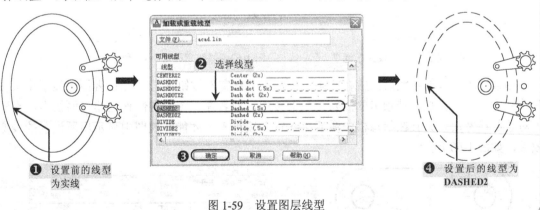

图 1-59 设置图层线型

针对同一种短划线、点划线,所设置的线型比例因子不同,所显示出来的效果也不同,如图 1-60 所示。

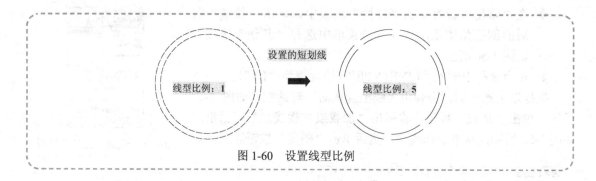

图 1-60 设置线型比例

1.6.8 设置对象线宽

用户在绘制图形过程中,应根据绘制的不同对象绘制不同的线条宽度,以区分不同对象的特性。

用户可以通过以下任意一种方式来打开"线宽设置"进行对象线宽的设置。

- ◆ 在"常用"标签下的"特性"面板中,单击"线宽" 后的倒三角按钮,选择下拉菜单中的"线宽设置"选项,如图 1-61 所示。
- ◆ 在命令行中输入"COLOR"命令(快捷键为"COL")。

执行上述命令后,将弹出如图 1-62 所示的"线宽设置"对话框,从而可以设置线宽的单位、线宽的显示比例、默认线宽等。

图 1-61 选择"线宽设置"选项

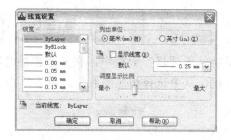
图 1-62 "线宽设置"对话框

当设置了线型的线宽后,应在状态栏中激活"线宽"按钮 ,才能在视图中显示出所设置的线宽。在"常规"选项卡的"特性"面板中,或者在"图层特性管理器"面板中,设置了对象的线宽后,并且在状态栏中激活"线宽"按钮 ,才能在视图中显示出所设置的线宽效果,如图 1-63 所示。

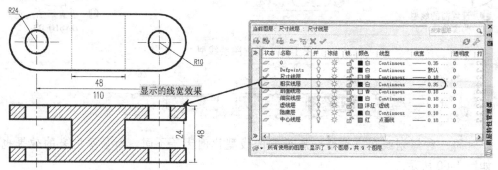

图 1-63 设置线型宽度

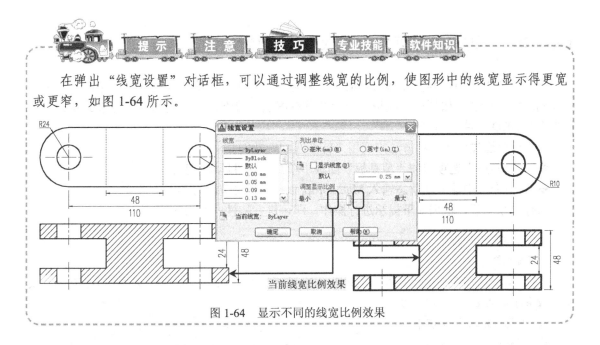

在弹出"线宽设置"对话框,可以通过调整线宽的比例,使图形中的线宽显示得更宽或更窄,如图1-64所示。

图1-64 显示不同的线宽比例效果

1.6.9 改变对象所在的图层

用户在绘制图形时,经常可能会碰到所绘制的图形对象没有在指定的图层,那么这里只须选择该图形对象,然后在"图层"工具栏的图层下拉列表框中选择相应的图层。如果所绘制的图形对象的特性均设置为Bylayer(随层),那么改变对象后的特性也将会发生改变。

例如,当前绘制的图形对象在"粗实线"图层,其颜色为黑色,线宽为 0.3mm,线型为粗实线;如果将绘制的图形对象改变为"辅助线"图层,则此时的图形对象颜色为洋红色,线宽为默认,线型为细实线,如图1-65所示。

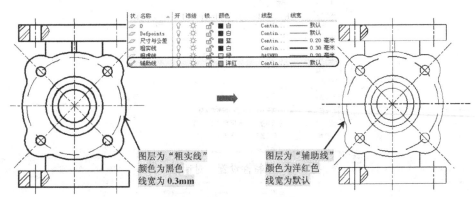

图1-65 改变对象所在的图层

用户在选择图形对象时,可以同时选择多个不同图层的对象,而这时将多个不同图层特性的对象设置为另外一种图层时,则这些图形对象的特性将为所改变的图层特性。

1.6.10 通过"特性匹配"来改变图形特性

在 AutoCAD 中,其实图形对象的特性也可以像复制对象那样来进行复制操作,但是它只复制对象的特性,如颜色、线型、线宽及所在图层的特性,而不复制图形对象的本身,这相当于 WORD 软件中的"格式刷"功能。

用户可以通过以下几种方法来调用"特性匹配"功能。

◆ 在"常用"选项卡的"剪贴板"面板中单击"特性匹配"按钮 。
◆ 在命令行中输入或动态输入 Matchprop 命令(其快捷键为 MA)。

执行该命令后,根据如下提示进行操作,即可进行特性匹配操作。

命令:MATCHPROP
选择源对象:
当前活动设置: 颜色 图层 线型 线型比例 线宽 透明度 厚度 打印样式 标注 文字 图案填充 多段线 视口 表格材质 阴影显示 多重引线
选择目标对象或 [设置(S)]:
选择目标对象或 [设置(S)]:

> 如果在进行特性匹配操作的过程中,选择"设置(S)"选项,将弹出"特性设置"对话框,通过该对话框,可以选择在特性匹配过程中有哪些特性可以被复制;相反,如果不需要复制的一些特性,也可以取消相应的复选框,如图 1-66 所示。

图 1-66 "特性设置"对话框

第 2 章

机械制图标准及样板文件的创建

本章导读

  CAD（计算机辅助设计）一个很重要的应用领域就是机械图形的绘制。由于 CAD 在绘图过程中具有便于修改图形、图形处理速度快、操作容易掌握、图形管理功能强大等优点，使越来越多的机械设计人员、工程人员用 CAD 绘图代替手工绘图，从而大大地提高了设计效率和信息的更新速度。

  为了更好地学习机械制图的 CAD 技术，在本章中首先讲解机械制图的标准，然后讲解通过 AutoCAD 2013 软件来创建机械样板文件的方法，为今后绘制机械图形的快速提高打下坚实的基础。

主要内容

- ☑ 掌握机械制图的基本规定
- ☑ 掌握机械尺寸标注规则和示例
- ☑ 讲解机械样板文件的创建实例

效果预览

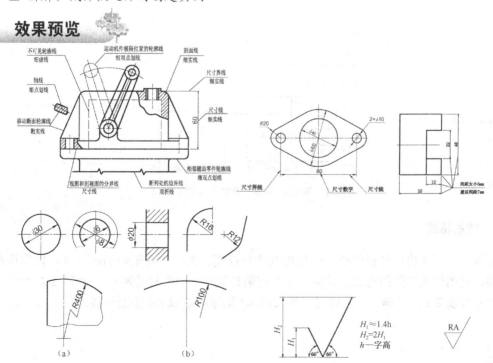

2.1 机械制图的基本规定

国家标准《机械制图》是我国颁布的一项重要技术指标，它统一规定了生产和设计部门所共同遵守的画图规则，每个工程技术人员在绘制工程图样时必须严格遵守这些规定。

2.1.1 图纸幅面和标题栏

无论采用何种标准（GB、ISO 等），机械制图都要求采用标准幅面的图纸，因为图纸（包括电脑打印纸和传统的手工制图纸）都是按标准幅面生产的。

1．图纸幅面

绘制图样时，应优先采用表 2-1 中规定的基本幅面。必要时，也允许采用加长幅面，其尺寸是由相应基本幅面的短边成整数倍增加后得出的，如图 2-1 所示。图中粗实线所示为基本图幅。

表 2-1　基本幅面及尺寸

幅面代号	A0	A1	A2	A3	A4
B×L	841×1189	594×841	420×594	297×420	210×297
a	25				
c	10			5	
e	20		10		

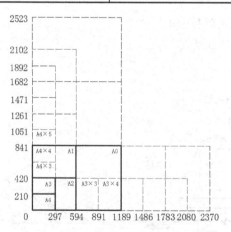

图 2-1　图纸基本幅面及加长幅面尺寸

2．图框格式

图纸的图框由内、外框组成，外框用细实线绘制，大小为图纸幅面的尺寸；内框用粗实线绘制，是图样上绘图的边线。其格式分为留装订边和不留装订边两种，如表 2-2 所示。图框的尺寸按表 2-1 所示确定，装订时一般采用 A3 幅面横装或 A4 幅面竖装。

表 2-2 常用图纸格式

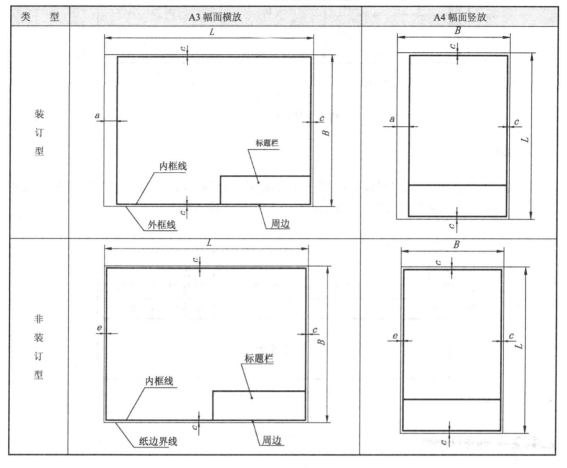

3. 标题栏

每张图样上都必须画出标题栏，标题栏用来表达零部件及其管理内容等信息，其格式和尺寸如图 2-2 所示，一般位于图纸的右下角，并使其底边和右边分别与下图框线和右图框线重合，标题栏中的文字方向通常为看图方向。练习用的标题栏可简化，制图作业的标题栏建议采用如图 2-3 所示的格式。

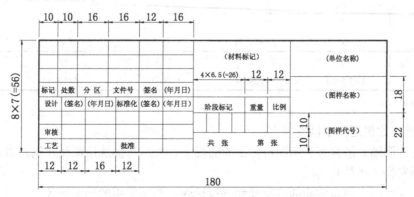

图 2-2 标题栏和明细栏的格式及尺寸

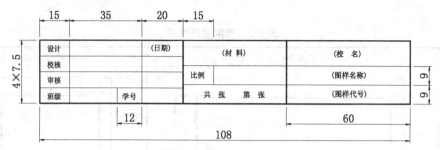

图 2-3 练习用的标题栏格式及尺寸

4．明细栏

明细栏用来表达组成装配体的各种零部件的数量、材料等信息,其格式和尺寸如图 2-4 所示,一般配置在标题栏的上方,并使其底边与标题栏的顶边重合。

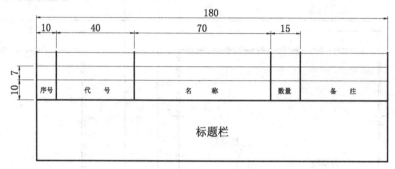

图 2-4 明细栏格式及尺寸

2.1.2 制图比例

比例是图中图形与其实物相应要素的线性尺寸之比。图样中的比例分为原值比例(比值为 1)、放大比例(比值大于 1)、缩小比例(比值小于 1)三种,如表 2-3 所示。

表 2-3 国家标准中推荐供优先选用的比例

种 类	比 例				
原值比例	1:1				
放大比例	2:1	2.5:1	4:1	5:1	10:1
	$2 \times 10^n:1$	$2.5 \times 10^n:1$	$4 \times 10^n:1$	$5 \times 10^n:1$	$1 \times 10^n:1$
缩小比例	1:1.5	1:2.5	1:3	1:4	1:6
	$1:1.5 \times 10^n$	$1:2.5 \times 10^n$	$1:3 \times 10^n$	$1:4 \times 10^n$	$1:6 \times 10^n$

注:n 为正整数。

国家标准对比例还作了以下规定:
- ◆ 在表达清晰、能合理利用图纸幅面的前提下,应尽可能选用原值比例,以便从图样上得到实物大小的真实感。
- ◆ 标注尺寸时,应按实物的实际尺寸进行标注,与所采用的比例无关,如图 2-5 所示。

第 2 章 机械制图标准及样板文件的创建

(a) 实物

(b) 1:2

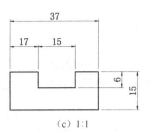
(c) 1:1

图 2-5 按实物的实际尺寸进行标注

◆ 绘制同一机件的各个视图时,应尽可能采用相同的比例,并在标题栏比例栏中填写。
◆ 当某个视图需要采用不同比例时,可在该视图名称的下方或右侧标注比例,例如:

$$\frac{\text{I}}{2:1} \qquad \frac{\text{A 向}}{1:100} \qquad \frac{\text{B-B}}{2.5:1}$$

2.1.3 字体

图样上除了图形外,还需要用文字、符号、数字对机件的大小、技术要求等加以说明。因此,字体是图样的一个重要组成部分,国家标准对图样中的字体的书写规范作了规定。

书写字体的基本要求是:字体工整,笔画清楚,间隔均匀、排列整齐。具体规定如下。

(1)字高。字体高度代表字体的号数。字号有 8 种,即 1.8mm、2.5mm、3.5mm、5mm、7mm、10mm、14mm、20mm。如需要书写更大的字时,其字体高度应按 $\sqrt{2}$ 的比率递增。

(2)汉字。字应写长仿宋体,并采用国家正式公布的简化字。汉字的高度不应小于 3.5mm,其宽度一般为字高的 1/10。如图 2-6 所示为汉字的书写示例。

国家标准《机械制图》是我国颁布的一项重要技术指标
国家标准《机械制图》是我国颁布的一项重要技术指标
国家标准《机械制图》是我国颁布的一项重要技术指标
国家标准《机械制图》是我国颁布的一项重要技术指标
国家标准《机械制图》是我国颁布的一项重要技术指标

图 2-6 长仿宋体汉字示例

(3)字母与数字。字母和数字分 A 型和 B 型两类,可写成斜体或直体,一般采用斜体。斜体字字头向右倾斜,与水平基准线成 75°。字母和数字的示例如图 2-7 所示。

```
ABCDEFGHIJKLMN
OPQRSTUVWXYZ
1234567890
abcdefghijklmnopqrstuvwxyz
ABCDR abcdemxy
1234567890Φ
```

图 2-7 字母与数字示例

2.1.4 图线

在进行机械制图时,其图线的绘制也应符合《机械制图》的国家标准。

1. 线型

绘制图样时，不同的线型起不同的作用，表达不同的内容。国家标准规定了在绘制图样时，可采用的 15 种基本线型。表 2-4 给出了机械制图中常用的 8 种线型示例及其一般应用。

表 2-4 常用的图线名称及主要用途

图线名称	图线形式	图线宽度	主要用途
粗实线	——————	d	可见轮廓线、可见的过渡线
细实线	——————	$d/2$	尺寸线、尺寸界线、剖面线、辅助线、重合断面的轮廓线、引出线
波浪线	～～～～	$d/2$	断裂处的边界线、视图和剖视的分界线
双折线	—/\—/\—	$d/2$	断裂处的边界线
虚线	- - - - 12d - - 3d - -	$d/2$	不可见的轮廓线、不可见的过渡线
细点画线	—·—·— 24d —·— 6.5d —·—	$d/2$	轴线、对称中心线、轨迹线 齿轮的分度圆及分度线
粗点画线	—·—·—·—	d	有特殊要求的线或表面的表示线
双点画线	—··—··—	$d/2$	相邻辅助零件的轮廓线、极限位置的轮廓线、假想投影轮廓线

2. 线宽

机械图样中的图线分粗线和细线两种。图线宽度应根据图形的大小和复杂程度在 0.13～2mm 之间选择。图线宽度的推荐系列为 0.13mm、0.18mm、0.25mm、0.35mm、0.5mm、0.7mm、1mm、1.4mm、2mm。

3. 图线画法

用户在绘制图形时，应遵循以下原则。

◆ 同一图样中，同类图线的宽度应基本一致。
◆ 虚线、点画线及双点画线的线段长度和间隔应各自大致相等。
◆ 两条平行线（包括剖面线）之间的距离应不小于粗实线宽度的两倍，其最小距离不得小于 0.7mm。
◆ 点画线、双点画线的首尾，应是线段而不是短画；点画线彼此相交时应该是线段相交，而不是短画相交；中心线应超过轮廓线，但不能过长。在较小的图形上画点画线、双点画线有困难时，可采用细实线代替。
◆ 虚线与虚线、虚线与粗实线相交应以线段相交；若虚线处于粗实线的延长线上时，粗实线应画到位，而虚线在相连处应留有空隙。
◆ 当几种线条重合时，应按粗实线、虚线、点画线的优先顺序画出。

如图 2-8 所示为图线的画法示例。

第 2 章　机械制图标准及样板文件的创建

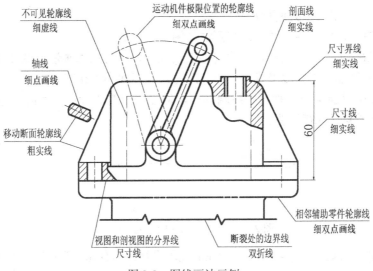

图 2-8　图线画法示例

2.1.5　尺寸标注

图形只能表达机件的形状，而机件的大小是通过图样中的尺寸来确定的，因此，标注尺寸是一项极为重要的工作，必须严格遵守国家标准中的有关规定。

1. 尺寸的组成

从图 2-9 中可以看出，其尺寸由尺寸界线、尺寸线和尺寸数字组成。

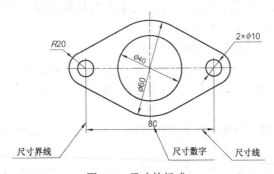

图 2-9　尺寸的组成

2. 尺寸界线

◆ 尺寸界线用细实线绘制，并应由图形的轮廓线、轴线或对称中心线处引出，也可以利用轮廓线、轴线或对称中心线作尺寸界线。

◆ 尺寸界线一般与尺寸线垂直，并超出尺寸线 2～3mm。当尺寸界线贴近轮廓线时，允许尺寸界线与尺寸线倾斜。

3. 尺寸线

尺寸线用细实线单独绘制，不能用其他图线代替，一般也不得与其他图线重合或画在其延长线上。其终端可以有下列两种形式。
- ◆ 箭头：箭头适用于各类图样，其画法如图 2-10（a）所示。
- ◆ 斜线：常用于土建类图样，斜线用细实线绘制，其方向和画法如图 2-10（b）所示。尺寸线的终端采用斜线形式时，尺寸线与尺寸界线必须相互垂直。

同一张图样中只能采用一种尺寸终端形式，但当采用箭头标注尺寸时，位置不够的情况下，可采用圆点或斜线代替箭头。

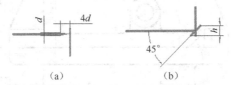

图 2-10　尺寸线末端的不同形式

- ◆ 标注线性尺寸时，尺寸线必须与所注的线段平行。当有几条互相平行的尺寸线时，其间隔要均匀，间距约 7mm。并将大尺寸注在小尺寸外面，以免尺寸线与尺寸界线相交。
- ◆ 圆的直径和圆弧的半径的尺寸线终端应画成箭头，尺寸线或其延长线应通过圆心。

4. 尺寸标注的基本规则

用户在进行尺寸标注时，应遵循以下的基本规则。

- ◆ 尺寸界线表示所注尺寸的起止范围，用细实线绘制应由图形的轮廓线，轴线或对称中心线引出。也可以利用轮廓线、轴线或对称中心线作尺寸界线。尺寸界线应超出尺寸线 2~5mm。一般情况下尺寸界线与尺寸线垂直。
- ◆ 尺寸线用细实线绘制，相同方向的各尺寸线之间的距离要均匀，间隔应大于 5mm。尺寸线不能由图上的其他图线代替，也不能与其他图线重合而且应避免尺寸线之间交叉，尺寸线与其他尺寸界线交叉。
- ◆ 尺寸终端可以有两种形式，即箭头（箭头尖端与尺寸界线接触不得超出或离开。机械样中常采用箭头的形式）和斜线（当尺寸线与尺寸界线垂直时终端可用斜线。斜线用 45°细实线绘制，建筑图纸中常采用斜线作为尺寸终端。同一张图样中只能采用一种终端形式）。
- ◆ 标注尺寸时，应尽可能使用符号和缩写词，从而表示不同类型的尺寸，表 2-5 所示为常用的符号和缩写词。
- ◆ 图纸上水平方向尺寸其数字写在尺寸线的上方，图纸上竖直方向尺寸，其数字写在尺寸线的左方，字头朝左。其他方向的线性尺寸数字标注如表 2-6 所示，并尽可能避免在图示 30°范围内注写尺寸，无法避免时，可以引出标注。

表 2-5　常用的符号和缩写词

名称	直径	半径	球面	45°倒角	厚度	均　布	正方形	深度	埋头孔	沉孔或锪平
符号或缩写词	φ	R	S	C	T	EQS	□	↧	∨	⊔

5. 尺寸的标注示例

如表 2-6 所示是各种尺寸的标注示例，用户在学习过程中遇到各种类型的尺寸时，可以通过列出示例,了解各种尺寸的规定标注方法。

表 2-6 各种尺寸标注示例

类型	说　　明	示　　例
尺寸线	1. 尺寸线用细实线绘制,不能用其他图线代替,一般情况下,也不得与其他图线重合或画在其他线的延长线上。 2. 标注尺寸时,尺寸线与所标注的线段平行。 3. 互相平行的尺寸线,小尺寸在里,大尺寸在外,依次排列整齐	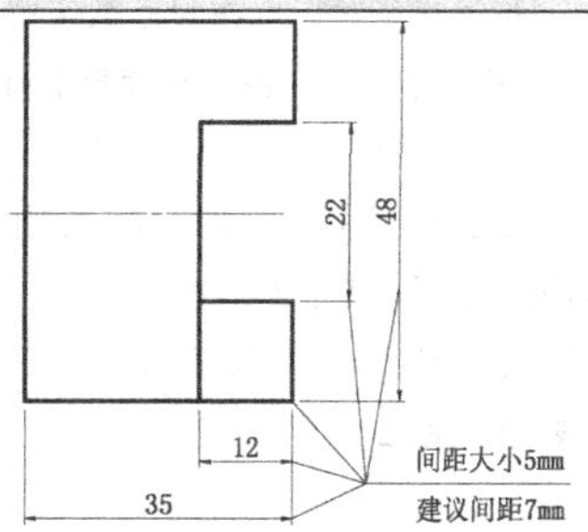
尺寸界线	1. 尺寸界线用细实线绘制,由图形的轮廓线、轴线或对称中心线处引出。也可直接利用它们作尺寸界线。 2. 尺寸界线一般应与尺寸线垂直。当尺寸界线贴近轮廓线时,允许与尺寸线倾斜,可以画成 60°夹角。 3. 在光滑过渡处标注尺寸时,必须用细实线将轮廓线延长,从它们的交点处引出尺寸界线	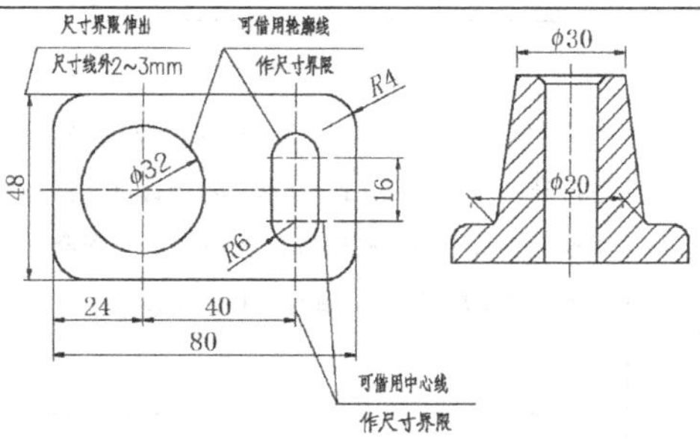 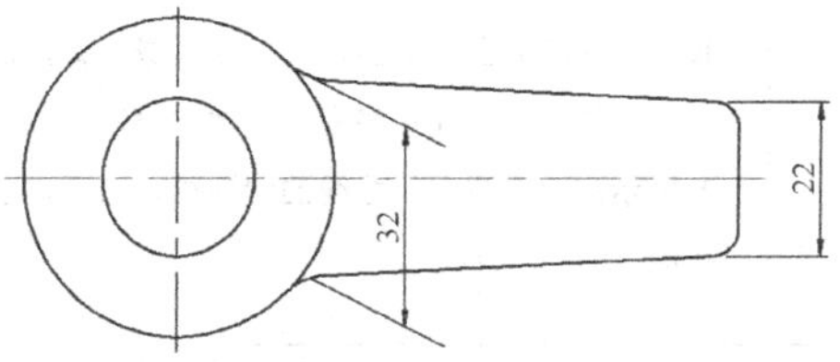
尺寸数字	1. 尺寸数字一般应标注在尺寸线的上方,也允许标注在尺寸线的中断处。 2. 数字应按图所示的方向标注,并尽可能避免在图示 30°范围内标注,若无法避免时,也可引出标注。 3. 尺寸数字不可被任何图线所通过,否则必须将该图线断开	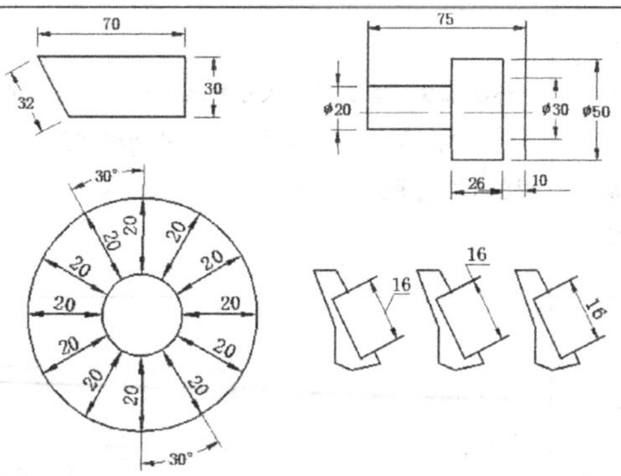
尺寸线终端	1. 尺寸线终端有箭头和斜线两种形式,机械图样一般用箭头形式。 2. 箭头尖端与尺寸界线接触,不得超出也不得分开。尺寸线终端采用斜线形式时,尺寸线与尺寸界线必须垂直	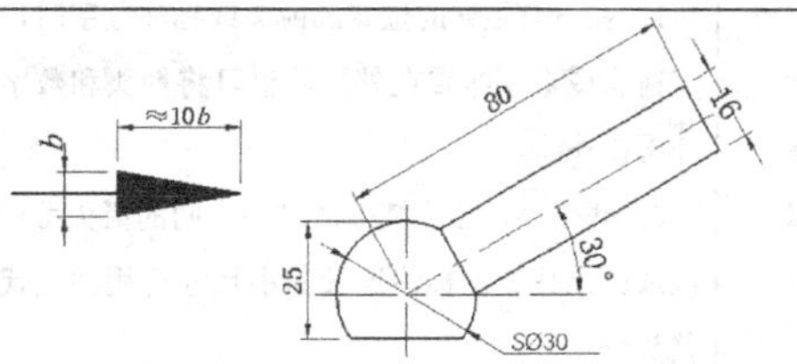 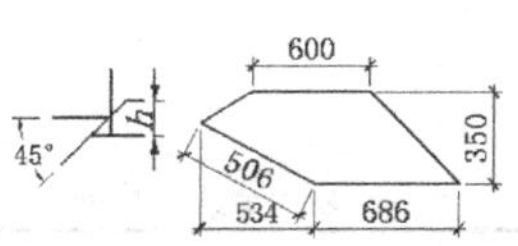

续表

类型	说　明	示　例
直径与半径	1. 标注直径时，应在尺寸数字前加注符号"ϕ"；标注半径时，应在尺寸数字前加注符号"R"。 2. 当圆弧的半径过大或在图纸范围内无法注出其圆心位置时，可按图（a）形式标注；若不需要标出其圆心位置时，可按图（b）形式标注，但尺寸线应指向圆心	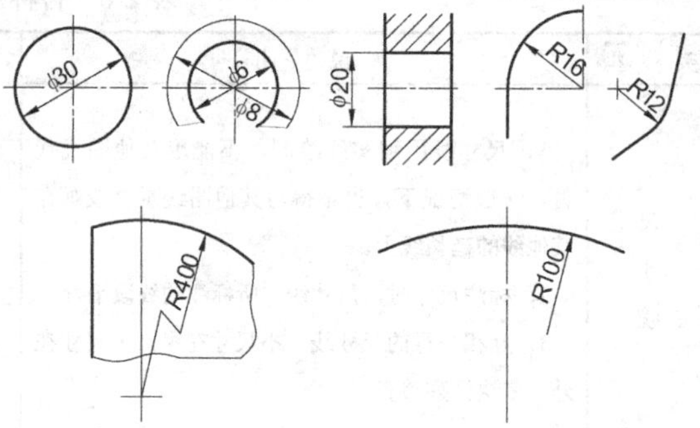 （a）　　（b）
球面直径与半径	标注球面直径或半径时，应在符号ϕ或R前加注符号"S"，如图（a）所示。对于螺钉、铆钉的头部、轴和手柄的端部等，在不致引起误会的情况下，可省略符号S，如图（b）所示	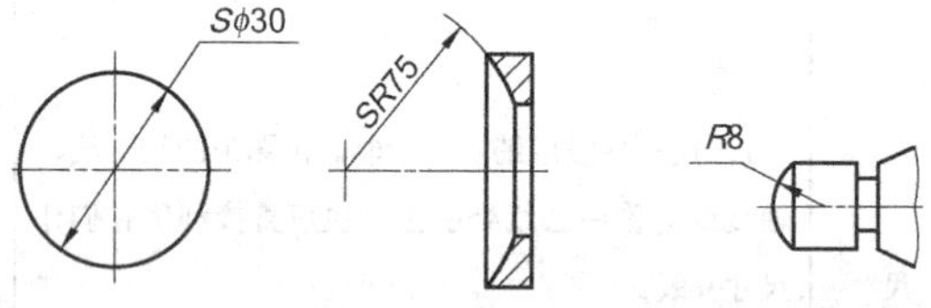 （a）　　（b）
角度	尺寸界线应沿径向引出，尺寸线画成圆弧，圆心是角的顶点，尺寸数字应一律水平书写，如图（a）所示；一般注在尺寸线的中断处，必要时也可按图（b）形式标注	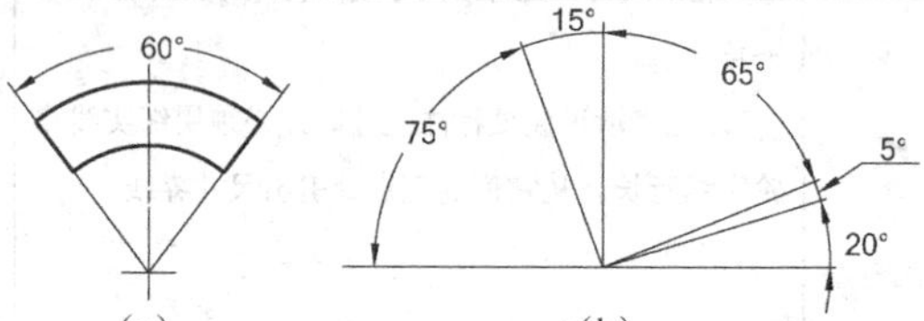 （a）　　（b）
弦长与弧长	标注弦长和弧长时，尺寸界线应平行于弦的垂直平分线；标注弧长尺寸时，尺寸线用圆弧，并应在尺寸数字上方加注符号"⌒"	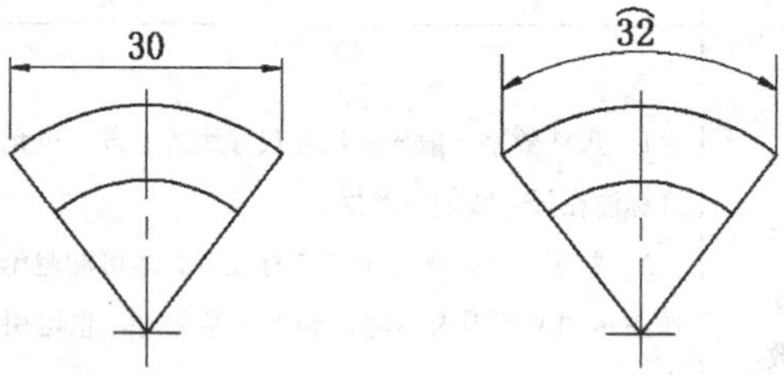
狭小部位	1. 在没有足够的位置画箭头或标注数字时，可将箭头或数字布置在外面，也可将箭头和数字都布置在外面。 2. 几个小尺寸连续标注时，中间的箭头可用斜线或圆点代替。标注连续的小尺寸可用圆点代替箭头	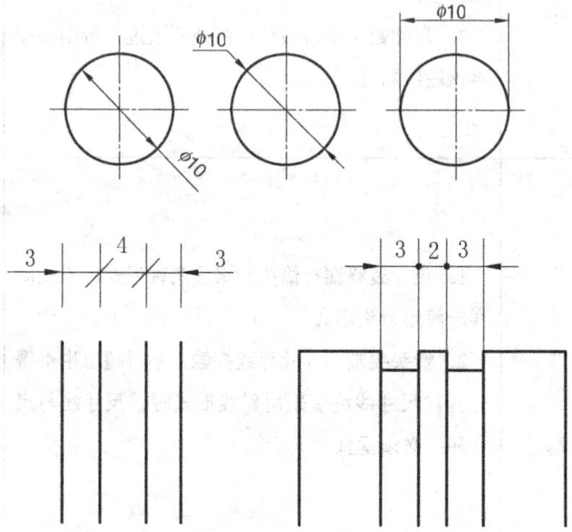

续表

类　型	说　明	示　例
对称机件	当对称机件的图形只画出一半或略大于一半时，尺寸线应略超过对称中心线或断裂处的边界线，并在尺寸线一端画出箭头	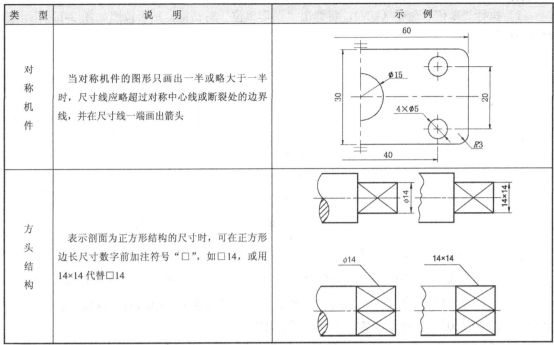
方头结构	表示剖面为正方形结构的尺寸时，可在正方形边长尺寸数字前加注符号"□"，如□14，或用14×14 代替□14	

2.2 机械样板文件的创建实例

视频\02\机械样板的创建.avi
案例\02\机械样板.dwg

在本实例中，以 A4 图纸为实例，具体讲解如何利用 AutoCAD 2013 软件来创建属于自己的机械样板文件。

> 所谓样板文件，就是一个为某个特定的用途建好格式的空文件，使用这种方法可以不用每次花时间在建立一个新文件时重新设定格式。在 AutoCAD 中，样板就是一个绘图文件，其默认的样板图都存储在系统的 Template 文件夹中（当然，用户也可以将其样板文件保存在自己所需要的位置，以便随时调用），如 ISO、ANSI、DIN、JIS 等绘图格式的样板。用户可根据需要直接使用它们，也可按自己的风格设定自己的样板图。
> 样板文件是工程图纸的初始化，常包括以下部分：图幅比例、单位类型和精度、图层、标题栏、绘图辅助命令、文字标注样式、尺寸标注样式、常用图形符号图块（如表面粗糙度、标准件等）等。

2.2.1 设置图形界限和单位

（1）启动 AutoCAD 2013 软件，在"快速访问工具栏"中单击"另存为" 按钮，将弹出"图形另存为"对话框，在"文件类型"下拉列表框中选择"AutoCAD 图形样板（*.dwt）"项，在"保存于"下拉列表框中选择"案例\02"路径，然后在"文件名"文本框中输入文件名为"机械样板",最后单击"保存"按钮,如图 2-11 所示。

(2)执行"单位"命令(UN),将弹出"图形单位"对话框,然后按照如图 2-12 所示来设置图形单位。

图 2-11 图形另存为对话框

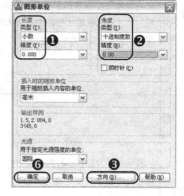

图 2-12 设置图形单位

(3)执行"图形界限"命令(limits),依照提示,设定图形界限的左下角为(0,0),右上角为(297,210),从而设定横向 A4 幅面的界限。

(4)执行"视图"命令(Z),在键盘上按"空格"键,再选择"全部(A)"选项,使输入的图形界限区域全部显示在图形窗口内。

2.2.2 进行图层规划

在绘制机械图形时,根据绘制图形的线型要求,有粗实线、粗虚线、中心线、细实线、细虚线、剖面线和辅助线,另外还有尺寸与公差、文本等标注对象,那么在建立图层对象时就可以按照这些要求来建立图层。

在"常用"标签下的"图层"面板中单击"图层特性"按钮 (其快捷键为 LA),弹出"图层特性管理器"面板,根据机械制图的实际需要,按照如表 2-7 所示建立图层,建立好的图层面板效果如图 2-13 所示。

表 2-7 机械图层规划

序 号	图 层 名	颜 色	线 型	线 宽
1	0	白色	Continuous	默认
2	粗实线	白色	Continuous	0.30mm
3	粗虚线	绿色	Dashed	0.30mm
4	中心线	红色	Center	0.20mm
5	细虚线	绿色	Dashed	0.20mm
6	尺寸与公差	蓝色	Continuous	0.20mm
7	细实线	白色	Continuous	0.20mm
8	文本	白色	Continuous	0.20mm
9	剖面线	白色	Continuous	0.20mm
10	辅助线	洋红	Continuous	默认

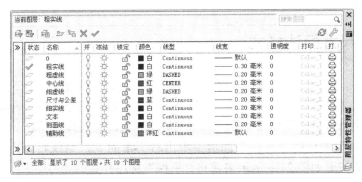

图 2-13　设置的图层

2.2.3　设置文字标注样式

根据机械制图的要求，可以采用两种文字，即"标注"和"注释"文字。"标注"文字对象是直接进行尺寸标注时所采用的字体，可以采用标准的"Times News Roman"字体，其高度值可以通过标注样式中的字高来进行设置；"注释"文字对象是对图形中的注释说明和技术要求进行标注的，其字高以 3.5 为基准，宽度为 0.75。

（1）在"注释"面板的"文字"面板中单击右下角的 ↘，将弹出"文字样式"对话框，按照如图 2-14 所示新建"标注"文字样式。

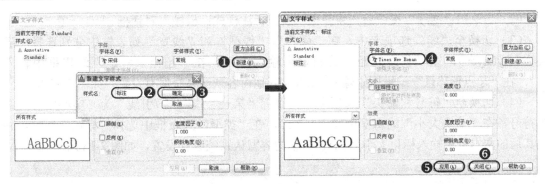

图 2-14　建立"标注"样式

（2）同样，再单击"新建"按钮，新建"注释"文字样式，如图 2-15 所示。

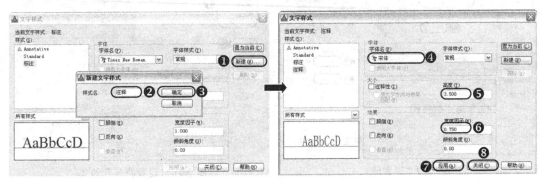

图 2-15　建立"注释"样式

2.2.4 设置尺寸标注样式

在机械制图中,其尺寸标注样式的设置要求,用户可以参照前面 2.1.5 小节的基本规则来进行设置,即尺寸界线应超出尺寸线 2～5mm,尺寸线在相同方法的间隔应大于 5mm,尺寸终端常采用箭头符号等。下面来建立"机械"标注样式,其操作步骤如下。

(1) 在"注释"面板的"标注"面板中单击右下角的 ↘ ,系统将弹出"标注样式管理器"对话框,然后按照如图 2-16 所示来建立"机械"标注样式。

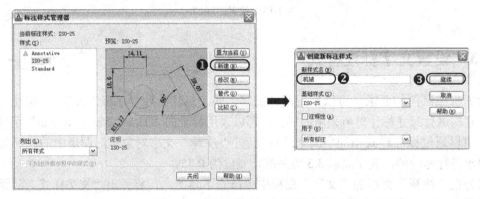

图 2-16 新建"机械"标注样式

(2) 当单击"继续"按钮后,将弹出"新建标注样式:机械"对话框。

(3) 切换至"线"选项卡中,在"颜色"、"线型"和"线宽"列表框中分别选择"随层"(ByLayer),在"基线间距"编辑框中输入"7",在"超出尺寸线"编辑框中输入"2",在"起点偏移量"编辑框中输入"2", 其他内容默认系统原有设置,如图 2-17 所示。

(4) 切换至"符号和箭头"选项卡中,设置"第一个/第二个/引线"为"实心闭合"箭头符号,在"箭头大小"编辑框中输入"2.5",在"类型"列表框中选择"标记"选项,并在其后的文本框中输入标记大小为 2.5,其他内容默认系统原有设置,如图 2-18 所示。

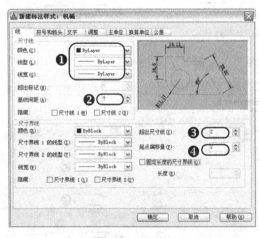

图 2-17 设置线

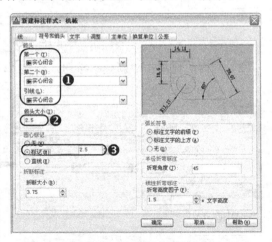

图 2-18 设置符号和箭头

(5) 切换至"文字"选项卡中,在"文字样式"列表框中选择"标注"文字样式,在"文字高度"编辑框中输入"3.5",然后在"垂直"编辑框中选择"外部"选项,在"水平"

列表框中选择"居中",在"文字对齐"区域选择"ISO 标准"项,其余内容默认系统原有设置,如图 2-19 所示。

(6)切换至"主单位"选项卡中,在"精度"列表框中选择"0.0",在"小数分隔符"列表框中选择".(句点)",其余内容默认系统原有设置,如图 2-20 所示。

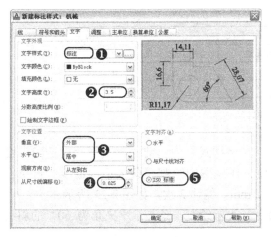 

图 2-19 设置文字　　　　　　　　　　图 2-20 设置主单位

(7)单击"确定"按钮,然后单击"标注样式管理器"对话框的"关闭"按钮,完成对尺寸标注样式的设置。

(8)对于有些尺寸是有公差标注的,这时应在"机械"标注样式的基础上来建立"机械-公差"标注样式,并在"公差"选项卡中设置公差的样式和偏差值,如图 2-21 所示。

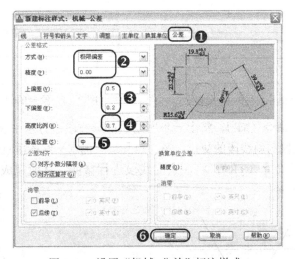

图 2-21 设置"机械-公差"标注样式

2.2.5 定义粗糙度符号图块

由于在 AutoCAD 中没有表面粗糙度的尺寸标注命令,而该项标注又是机械图样中必不可少的重要内容,因此,可将其设置为一个图块,利用图块的插入命令来进行标注。

表面粗糙度符号的画法。在绘制表面粗糙度符号时，其基本符号的画法是有一定规定的，如图2-22所示。

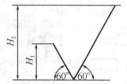

数字与字母高度	2.5	3.5	5	7	10
符号的线宽	0.25	0.35	0.5	0.7	1
高度 H_1	3.5	5	7	10	14
高度 H_2	8	11	15	21	30

图 2-22　粗糙度符号的画法

（1）将"0"图层置为当前图层，将"注释"文字样式置为当前；再执行"构造线"命令（XL），根据命令行提示，选择"水平(H)"项，在视图中绘制一条水平构造线；再执行"偏移"命令（O），将水平构造线分别向上偏移 3.5mm，偏移 2 次，如图 2-23 所示。

（2）再执行"直线"命令（L），根据如下命令行提示绘制一条与水平夹角为 60° 的斜线段，如图 2-24 所示。

```
命令：LINE                          \\ 执行"直线"命令
指定第一点:                         \\ 确定下侧水平线段的中点
指定下一点或 [放弃(U)]: @10<60      \\ 确定第 2 点
指定下一点或 [放弃(U)]:             \\ 按回车键结束
```

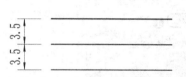
图 2-23　绘制并偏移的水平线段

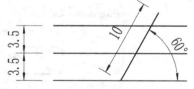
图 2-24　绘制的斜线段

（3）执行"镜像"命令（MI），将上一步所绘制的斜线段进行水平复制镜像操作，其镜像的第一点为下侧水平线段与斜线段的交点，第二点与最上侧水平线段垂直，如图 2-25 所示。

（4）执行"修剪"命令（TR），将多余的线段进行修剪，从而完成粗糙度符号的绘制，如图 2-26 所示。

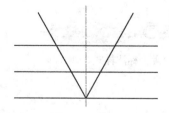
图 2-25　镜像的斜线段

图 2-26　绘制好的粗糙度符号

（5）在"常用"选项卡的"块"面板中单击"定义属性"按钮，将弹出"属性定义"对话框，在"属性"区域中设置好相应的标记与提示，再设置对正方式为"中下"，文字样式为"注释"，然后单击"确定"按钮，再指定符号的最下侧点作为基点，如图 2-27 所示。

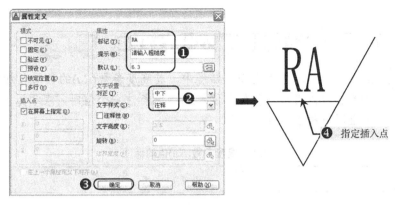

图 2-27 设置属性定义

(6) 在"常用"选项卡的"块"面板中单击"创建"按钮，在弹出的"块定义"对话框中设置好块的名称，再选择块的对象和基点位置，然后单击"确定"按钮，如图 2-28 所示。

图 2-28 块定义操作

(7) 此时将弹出"编辑属性"对话框，并显示出当前所有的属性提示，输入新的值，然后单击"确定"按钮，在视图中的图块对象的高度参数值则发生了变化，如图 2-29 所示。

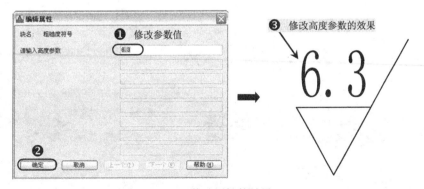

图 2-29 修改属性的效果

(8) 粗糙度符号的属性图块就已经创建好了，在今后绘制图形时，可直接执行"插入块(I)"的方法使用就可以了。

高度参数(Ra)值的标注。常用表面粗糙度中，其高度参数(Ra)的数值与加工方法，如表 2-8 所示。表面粗糙度高度参数值的单位是μm。只标注一个值时，表示为上限值；标注两个值时，表示为上限值和下限值。

表 2-8 高度参数(Ra)值的标注

代　号	意义与说明
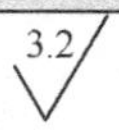 3.2 ∇	用任何方法获得的表面，Ra 的上限值为 3.2μm
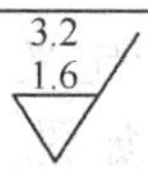 3.2 1.6 ∇	用去除材料的方法获得的表面，Ra 的上限值为 3.2μm，下限值为 1.6μm
 3.2 ∇	用不去除材料的方法获得的表面，Ra 的上限值为 3.2μm
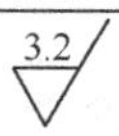 3.2 ∇	用去除材料的方法获得的表面，Ra 的上限值为 3.2μm

第3章

机械图样的表达方法

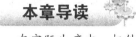 **本章导读**

　　在实际生产中，机件的形状是千变万化的，仅用三面投影图往往不能将机件的内外形状和结构表达清楚。简单的机件可用一两个视图就能表达清楚，但是形状复杂的机件画出其三视图也不能清楚地表达出来。为了使画出来的图样完整、清晰，而且制图简便，国家标准《机械制图》中规定了视图、剖视、剖面图及其他各种表达方法。

　　为了更好地学习机械制图的 CAD 技术，在本章中首先讲解视图、剖视图、断面图、局部放大图的表示方法等，然后讲解图形表达方法的应用实例等。

主要内容

- ☑ 掌握视图的基本表示方法
- ☑ 掌握剖视图和断面图的表示方法
- ☑ 掌握局部放大图的表示方法
- ☑ 掌握图形表达方法的应用实例

效果预览

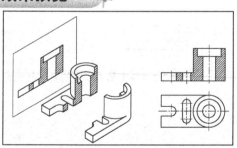
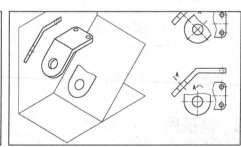
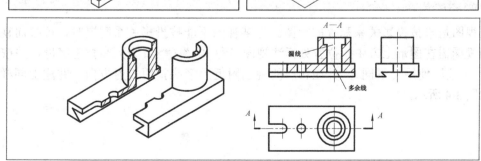

3.1 视图的表示方法

任何物体的一个投影,只能反映物体一个方面的形状。为了表达物体的形状和大小,选取互相垂直的三个投影面,如图3-1所示。

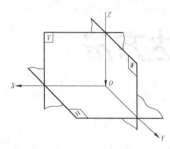

图 3-1 三面投影体系

三个投影面的名称和代号如下。

正立投影面,简称正面,用字母 V 表示;水平投影面,简称水平面,用字母 H 表示;侧平投影面,简称侧平面,用字母 W 表示;任意两投影面的交线称投影轴,正立投影面(V)与水平投影面(H)的交线称为 OX 轴,简称 X 轴,代表长度方向;水平投影面(H)与侧投影面(W)的交线称为 OY 轴简称 Y 轴,代表宽度方向;正立投影面(V)与侧投影面(W)的交线称为 OZ 轴简称 Z 轴,代表高度方向。X、Y、Z 三轴的交点 O 称为原点。

3.1.1 基本视图

用正六面体的六个面作为基本投影面,各投影面的展开方法如图 3-2 所示。各个基本视图的名称和配置如图 3-3 所示。

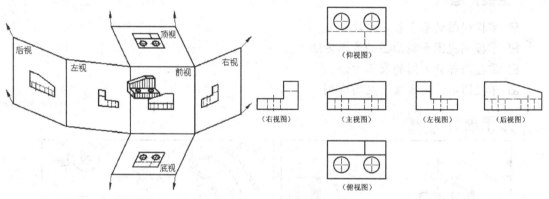

图 3-2 各投影面的展开方法　　　　　图 3-3 各个基本视图的名称和配置

3.1.2 向视图

向视图是未按投影关系配置的视图。当某视图不能按投影关系配置时,可按向视图绘制。向视图需在图形上方中间位置处标注视图名称"×"("×"为大写拉丁字母,并按 A、B、C……顺次使用,下同),并在相应的视图附近用箭头指明投射方向,并注上同样的字母,如图3-4所示。

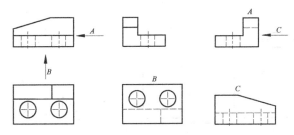

图 3-4　向视图的名称与配置

3.1.3　局部视图

为重点表达形体的某一局部复杂部位，可以将这一部分向基本投影面进行投影，所得到的视图称为局部视图。

在机械图样中，局部视图可按以下三种形式配置，并进行必要的标注。

（1）按基本视图的配置形式配置。当与相应的另一视图之间没有其他图形隔开时，则不必标注。局部视图与斜视图的表示法如图 3-5 所示。

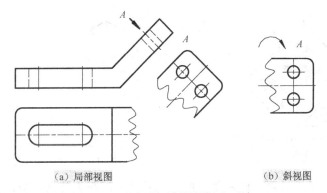

（a）局部视图　　　　　　　（b）斜视图

图 3-5　局部视图及斜视图的表示法

（2）按向视图的配置形式配置和标注，如图 3-6 所示的局部视图 B。

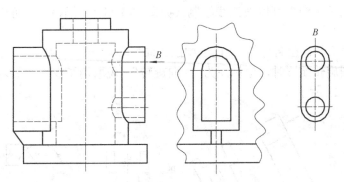

图 3-6　局部视图的配置及标注

（3）按第三角画法配置在视图上所需表示的局部结构的附近，并用细点画线将两者相连。如图 3-7 和图 3-8 所示。

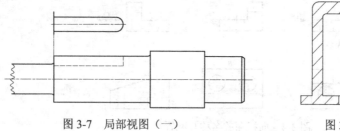 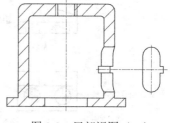

图 3-7　局部视图（一）　　　　　图 3-8　局部视图（二）

3.1.4　斜视图

斜视图是物体向不平行于基本投影面的平面投射所得的视图，如图 3-9 所示。斜视图一般按照正常投影关系配置，用带大写字母的箭头表示投影方向，并在对应的斜视图上方标明相同的字母。必要时，斜视图也可以配置在其他适当位置，并允许将图形摆正，并在图的上方画出旋转符号，如图 3-10 所示。

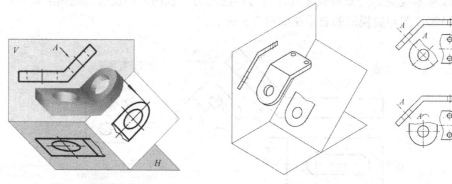

图 3-9　斜视图效果　　　　　图 3-10　斜视图投影图

绘制斜视图时，通常只画出倾斜部分的局部外形，而断去其余部分，并按向视图的配置形式配置和标注，如图 3-5（b）所示。

新标准与 GB/T 4458.1－1984 的规定相比，新标准有如下三点不同。

（1）斜视图的断裂边界可用波浪线绘制（如图 3-5（b）所示），也可用双折线绘制（如图 3-11 所示）；

（2）取消了表示斜视图名称的"×向"中的"向"字；

（3）当斜视图旋转配置时，原标注为"×向旋转"，现取消了汉字"旋转"二字，启用了旋转符号，如图 3-11 所示。

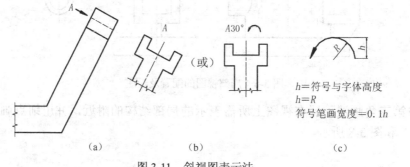

图 3-11　斜视图表示法

3.2 剖视图的表示方法

视图主要用来表示机件的外部结构和形状，而其内部结构和形状要用虚线画出，当机件的内部结构和形状比较复杂时，图形上的虚线较多，这样不利于读图和标注尺寸，如图 3-12 所示。因此，有关标准规定，机件的内部结构和形状可采用剖视图表示。

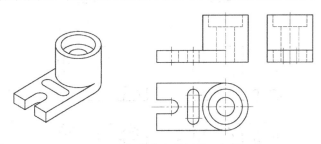

图 3-12　机件的立体图和三视图

3.2.1　剖视图的形成

假想用剖切面剖开机件，将位于剖切面与观察者之间的部分移走，将剩下的部分向投影面进行投影，这样所得到的图形称为剖视图，如图 3-13 所示。

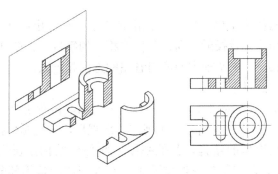

图 3-13　剖视图的形成

3.2.2　剖视图的画法和步骤

现以如图 3-14 所示的支架为例介绍画剖视图的方法和步骤。

（1）画出机件的主、俯视图，如图 3-15（a）所示。

（2）首先确定哪个视图取剖视，然后确定剖切面的位置。剖切面应通过机件的对称面或轴线，且平行于剖视图所在的投影面。这里用通过两孔的轴线且平行于 V 面的剖切面剖切机件，画出断面区域，并在断面区域内画上断面符号，如图 3-15（b）所示。

（3）画出剖切面后边的可见部分的投影，如图 3-15（c）所示。

（4）根据国标规定的标注方法对剖视图进行标注，如图 3-15（d）所示。

图 3-14　支架

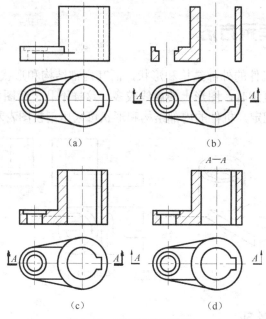

图 3-15　剖视图画图步骤

3.2.3　剖视图的标注方法

剖视图一般应用大写拉丁字母"X—X"在剖视图上方标注出剖视图的名称,在相应的视图上用剖切符号表示剖切位置及投射方向,并标注相同的字母,如图 3-16 所示。但是剖切符号不要和图形的轮廓线相交,箭头的方向应与看图的方向相一致。

在画剖视图时,应注意以下事项。

① 剖视图中剖开机件是假想的,因此,当一个视图取剖视之后,其他视图仍按完整的物体画出,也可取剖视。如图 3-13 所示,主视图取剖视后,俯视图仍按完整机件画出。

② 剖视图上已表达清楚的结构,其他视图上此部分结构投影为虚线时,一律省略不画,如图 3-13 所示的俯、左视图的虚线均不画。对未表达清楚的部分,虚线必须画出,如图 3-15 所示,主视图中的虚线表示底板的高度。如果省略了该虚线,底板的高度就不能表达清楚,这类虚线应画出。

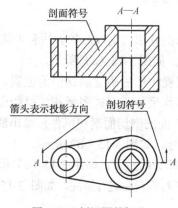

图 3-16　剖视图的标注

③ 同一机件各个断面区域和断面图上的断面线倾斜方向应相同，间距应相等。
④ 不要漏线和多线，如图 3-17 所示。

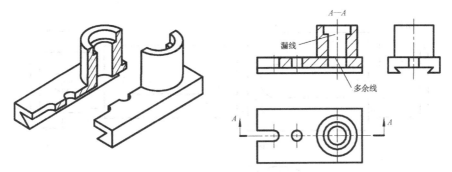

图 3-17　剖视图中常见的错误

3.3　断面图的表示方法

假想用剖切平面将形体的某处剖开，仅画出断面的图形称为断面图。断面图与剖视图的区别：断面图仅画出机件与剖切面接触部分的断面图形；而剖视图是要将假想剖切后剩余的可见部分全部向投影面进行投影。

3.3.1　断面图的表示画法

如图 3-18（a）所示的轴，为了表示键槽的深度和宽度，假想在键槽处用垂直于轴线的剖切面将轴切断，只画出断面的形状，在断面上画出断面线，如图 3-18（b）所示。

画断面图时，应特别注意断面图与剖视图的区别，断面图仅画出机件被切断处的断面形状，而剖视图除了画出断面形状外，还必须画出剖切面以后的可见轮廓线，如图 3-18（c）所示。

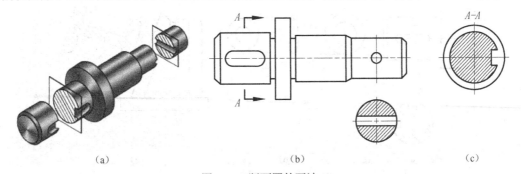

(a)　　　　　　　　　　(b)　　　　　　　　　　(c)

图 3-18　断面图的画法

断面通常用来表示零件上某一局部的断面形状。例如，零件上的筋板、轮辐，轴件上的键槽和孔等。

3.3.2　断面的分类和画法

断面分为移出断面和重合断面两种。

1)移出断面

画在视图处的断面称为移出断面,如图 3-19 所示。

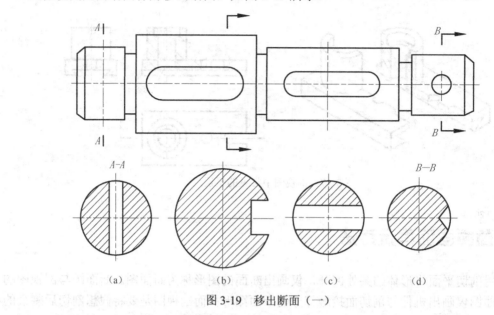

图 3-19 移出断面(一)

(1)画移出断面时的注意事项

① 移出断面的轮廓线用粗实线绘制。

② 为了看图方便,移出断面应尽量配置在剖切符号或剖切平面的延长线上如图 3-19(b)、(c)所示。必要时可将移出断面配置在其他适当位置,如图 3-19(d)所示。

③ 剖切平面一般应垂直于被剖切部分的主要轮廓线。当遇到如图 3-20 所示的肋板结构时,可用两个相交的剖切面,分别垂直于左、右肋板进行剖切,这样画出的断面图,中间应用波浪线断开。

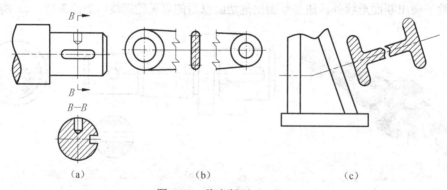

图 3-20 移出断面(二)

④ 当剖切平面通过回转面形成如图 3-21 所示的孔、如图 3-19(d)所示的 B—B 断面的凹坑,或当剖切平面通过非圆孔会导致出现完全分离的几部分时,这些结构应按剖视绘制,如图 3-22 所示的 A—A 断面。

(2)移出断面的标注

① 配置在剖切线的延长线上的不对称移出断面,须用粗短画线表示剖切面位置,在粗短画线两端用箭头表示投射方向,省略字母,如图 3-19(b)所示;如果断面图是对称图

形，画出剖切线，其余省略，如图 3-19（c）所示。

② 没有配置在剖切线延长线上的移出断面，无论断面图是否对称，都应画出剖切面位置符号，用字母标出断面图名称"×—×"，如图 3-19（a）所示。如果断面图不对称，还须用箭头表示投射方向，如图 3-19（d）所示。

③ 按投影关系配置的移出断面，可省略箭头，如图 3-23 所示。

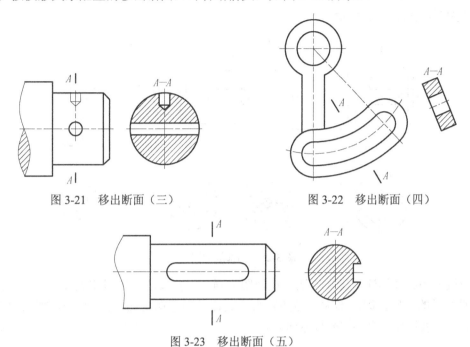

图 3-21 移出断面（三）　　　　　　图 3-22 移出断面（四）

图 3-23 移出断面（五）

2）重合断面

画在视图内的断面称为重合断面，如图 3-24 所示。

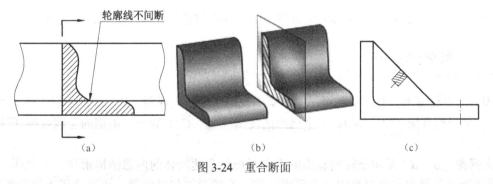

图 3-24 重合断面

（1）重合断面的轮廓线

重合断面的轮廓线用细实线绘制。当视图中的轮廓线与重合断面的图形重迭时，视图中的轮廓线仍应连续画出，不可间断。

（2）重合断面的标注

不对称重合断面，须画出剖切面位置符号和箭头，可省略字母，如图 3-24（a）所示。对称的重合断面，可省略全部标注，如图 3-24（c）所示。

3.4 局部放大图的表示方法

针对机件中一些细小的结构相对于整个视图较小,无法在视图中清晰地表达出来,或无法标注尺寸、添加技术要求,将机件的部分结构用大于原图形比例所画出的图形,这种图称为局部放大图,如图 3-25 所示。

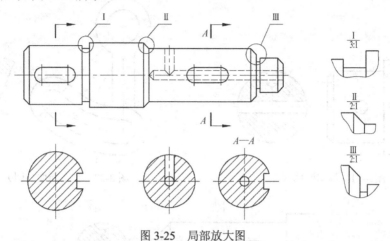

图 3-25 局部放大图

局部放大图必须标注,标注方法:在视图上画一细实线圆,标明放大部位,在放大图的上方注明所用的比例,即图形大小与实物大小之比(与原图上的比例无关),如果放大图不止一个时,还要用罗马数字编号以示区别。

3.5 图形表达方法综合应用

下面以如图 3-26 所示的阀体表达方案为例,说明该机件表达方法的综合运用。

3.5.1 图形的分析

阀体的表达方案共有五个图形:两个基本视图(全剖主视图"B—B"、全剖俯视图"A—A")、一个局部视图("D"向)、一个局部剖视图("C—C")和一个斜剖的全剖视图("E—E 旋转")。

主视图"B—B"采用旋转剖画出的全剖视图,表达阀体的内部结构形状;俯视图"A—A"采用阶梯剖画出的全剖视图,着重表达左、右管道的相对位置,还表达了下连接板的外形及 4×ϕ5mm 小孔的位置。

"C—C"局部剖视图,表达左端管连接板的外形及其上 4×ϕ4mm 孔的大小和相对位置;"D"向局部视图,相当于俯视图的补充,表达了上连接板的外形及其上 4×ϕ6mm 孔的大小和位置。

因右端管与正投影面倾斜 45°,所以采用斜剖画出"E—E"全剖视图,以表达右连接板的形状。

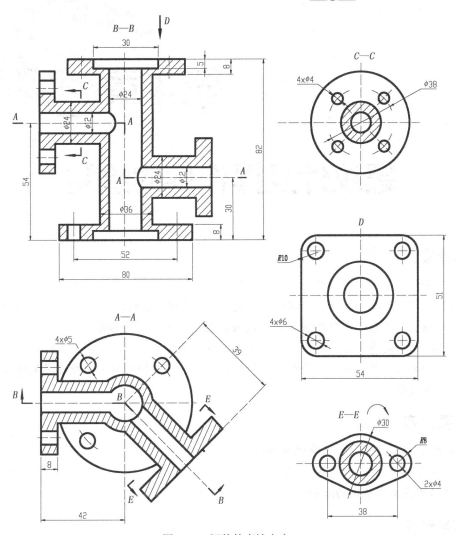

图 3-26 阀体的表达方案

3.5.2 形体的分析

通过前面图形分析中可以看出，阀体的构成大体可分为管体、上连接板、下连接板、左连接板、右连接板五个部分。

管体的内外形状通过主、俯视图已表达清楚，它是由中间一个外径为 36mm、内径为 24mm 的竖管，左边一个距底面 54mm、外径为 24mm、内径为 12mm 的横管，右边一个距底面 30mm、外径为 24mm、内径为 12mm、向前方倾斜 45°的横管三部分组合而成。三段管子的内径互相连通，形成有四个通口的管件。

阀体的上、下、左、右四块连接板形状大小各异，这可以分别由主视图以外的四个图形看清它们的轮廓，它们的厚度为 8mm。

通过形体分析，想象出各部分的空间形状，再按它们之间的相对位置组合起来，便可想象出阀体的整体形状。

第4章

螺纹件及操作件的绘制

本章导读

在机器和设备上,常用螺纹来实现两零件间的连接及传动。根据其用途,可将螺纹分为连接螺纹和传动螺纹两大类。常用螺纹的形式有普通螺纹、米制锥螺纹、管螺纹、梯形螺纹、矩形螺纹及锯齿形螺纹,前3种主要用于连接,后3种主要用于传动。

螺纹连接结构简单、连接可靠、装拆方便,在机械结构中广泛使用。操作件是用来操纵仪器及设备的常用零件,如各类手柄、手轮及扳手等,它们的结构和外形应满足操作方便、安全及美观等要求。

主要内容

- ☑ 熟练掌握微调螺杆和连接螺母的绘制
- ☑ 熟练掌握操作手柄和扳手的绘制
- ☑ 熟练掌握操作手轮的绘制

效果预览

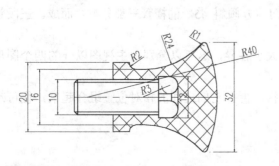
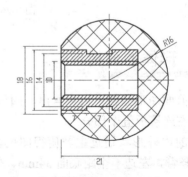
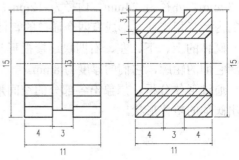

4.1 微调螺杆

视频\04\微调螺杆的绘制.avi
案例\04\微调螺杆.dwg

首先绘制水平中心基线，再绘制圆；其次绘制三个矩形，再执行偏移、倒角、圆角、修剪、删除等操作命令完成对侧视图的绘制；最后进行尺寸标注，完成微调螺杆的绘制，如图 4-1 所示。

（1）启动 AutoCAD 2013 软件，在"快速访问工具栏"中单击"打开"按钮，将"案例\04\机械样板.dwt"文件打开，再单击"另存为"按钮，将其另存为"案例\04\微调螺杆.dwg"文件。

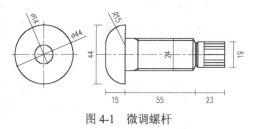

图 4-1 微调螺杆

（2）在"常用"选项卡的"图层"面板中，选择"图层控制"列表框中的"中心线"图层，使之成为当前图层。

（3）执行"直线"命令（L），分别绘制长 50mm 和高 50mm 互相垂直的基准线，如图 4-2 所示。

用户可以使用"构造线"命令（XL），来绘制一水平和垂直的构造线；以此构造线的交点来绘制直径为 60mm 的圆；然后将圆以外的构造线进行修剪，以及删除所绘制的圆对象，从而得到互相垂直的基准线。

（4）将"粗实线"图层置为当前图层，执行"圆"命令（C），捕捉交点，绘制直径为 44mm 和 14mm 的同心圆，如图 4-3 所示。

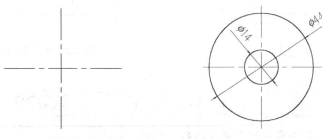

图 4-2 绘制作图基准线　　　　图 4-3 绘制同心圆

（5）切换到"中心线"图层，执行"直线"命令（L），在右侧绘制长度为 100mm 的水平基准线，与图形中线对齐，如图 4-4 所示。

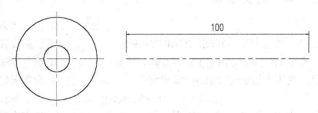

图 4-4 绘制水平基准线

（6）执行"矩形"命令（REC），绘制三个分别为 15mm×44mm、55mm×24mm 和 23mm×19mm 的矩形，并依次与轴线居中对齐，如图 4-5 所示。

> 在将三个矩形对象与轴线居中对齐时，应使用"移动"命令（M），分别捕捉矩形左侧垂线段的中点来进行对齐操作。

（7）执行"圆角"命令（F），根据命令行提示选择"半径（R）"选项，输入"半径"为 15mm，分别对左侧矩形左上角和左下角进行倒圆角处理，如图 4-6 所示。

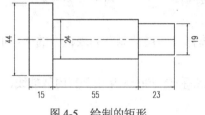
图 4-5　绘制的矩形

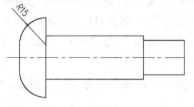
图 4-6　倒圆角处理

（8）执行"分解"命令（X），将中间矩形分解。

（9）执行"偏移"命令（O），将左侧垂直的线段向右各偏移 7mm、3mm 和 43mm，如图 4-7 所示。

（10）执行"偏移"命令（O），将上、下两侧的水平线段分别向内偏移 1.5mm；再执行"直线"命令（L），捕捉相应的交点进行连接，如图 4-8 所示。

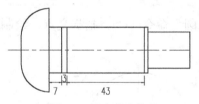
图 4-7　垂直线段偏移

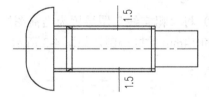
图 4-8　水平线段偏移

> 用户可以通过以下任意一种方式来执行"偏移"命令。
> ◆ 在"常用"选项卡的"修改"面板中单击"偏移"按钮。
> ◆ 在命令行中输入"OFFSET"(其快捷键"O")。
>
> 执行"偏移"后，命令行提示如下。

```
命令: OFFSET                                                          \\ 执行"偏移"命令
当前设置: 删除源=否   图层=源   OFFSETGAPTYPE=0                        \\ 当前设置
指定偏移距离或 [通过(T)/删除(E)/图层(L)] <1.0000>: 1.5                 \\ 输入偏移的距离
选择要偏移的对象，或 [退出(E)/放弃(U)] <退出>:                        \\ 选择要偏移的图形对象
指定要偏移的那一侧上的点，或 [退出(E)/多个(M)/放弃(U)] <退出>:\\ 指定偏移的方向
选择要偏移的对象，或 [退出(E)/放弃(U)] <退出>:                        \\ 按空格键结束
```

第 4 章 螺纹件及操作件的绘制

> 在执行"偏移"命令时,各选项内容的功能与含义如下。
> ◆ "指定偏移距离":选择要偏移的对象后,输入偏移对象以复制对象。
> ◆ "通过(T)":选择对象后,通过指定一个通过点来偏移对象,这样偏移复制出的对象经过通过点。
> ◆ "删除(E)":用于确定是否在偏移后删除源对象。
> ◆ "图层(L)":选择此项,命令行提示"输入偏移对象的图层选项[当前(C)/源(S)]<当前>:",确定偏移对象的图层特性。

(11) 执行"修剪"命令(TR),修剪得到的结果如图 4-9 所示。

(12) 执行"分解"命令(X),分解最右边的矩形。

(13) 执行"偏移"命令(O),将分解对象上、下侧水平线段分别向内偏移 1mm;左侧线段向右偏移 1mm。如图 4-10 所示。

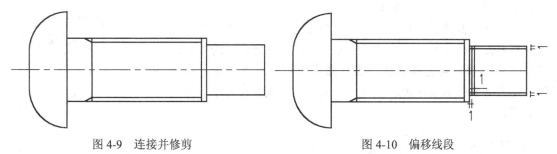

图 4-9　连接并修剪　　　　　　　　图 4-10　偏移线段

(14) 执行"直线"命令(L),捕捉相应的交点进行连接,绘制斜线,如图 4-11 所示。

(15) 执行"修剪"命令(TR),修剪多余线条,结果如图 4-12 所示。

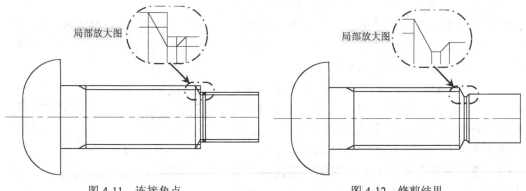

图 4-11　连接角点　　　　　　　　图 4-12　修剪结果

(16) 执行"偏移"命令(O),把最右边的垂直线段向左偏移 16mm,执行"直线"命令(L),连接两条线的中点,如图 4-13 所示。

(17) 执行"偏移"命令(O),将连接的线段分别向上、下侧各偏移 4mm、2mm 和 2mm。如图 4-14 所示。

(18) 切换到"尺寸线"图层,对图形进行"线型标注(DLI)"、"半径标注(DRA)"命令,最终结果如图 4-1 所示。

(19) 至此,该微调螺杆绘制完成,按"Ctrl+S"组合键对其文件进行保存。

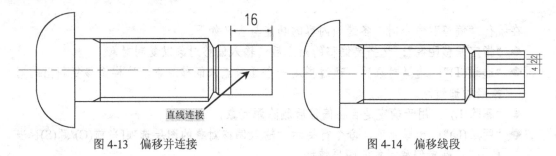

图 4-13 偏移并连接　　　　　图 4-14 偏移线段

螺杆是外表面切有螺旋槽的圆柱或者切有锥面螺旋槽的圆锥。螺杆具有不同的头，像如图 4-15 所示中的头称为外六角螺杆，还有其他，例如，大扁螺杆、内六角螺丝等。

螺杆是在高温、一定腐蚀、强烈磨损、大扭矩下工作的，因此，螺杆必须：①耐高温，高温下不变形；②耐磨损，寿命长；③耐腐蚀，物料具有腐蚀性；④高强度，可承受大扭矩，高转速；⑤具有良好的切削加工性能；⑥热处理后残余应力小，热变形小等。

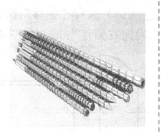

图 4-15 螺杆

4.2 连接螺母

视频\04\连接螺母的绘制.avi
案例\04\连接螺母.dwg

首先绘制水平中心线，再绘制矩形，使用分解、偏移、镜像、直线、填充、圆等命令，绘制螺母侧视图、剖面图，然后进行尺寸的标注，从而完成对连接螺母的绘制，如图 4-16 所示。

（1）启动 AutoCAD 2013 软件，在"快速访问工具栏"中，单击"打开" 按钮，将"案例\04\机械样板.dwt"文件打开，再单击"另存为" 按钮，将其另存为"案例\04\连接螺母.dwg"文件。

（2）在"常用"选项卡的"图层"面板中，选择"图层控制"列表框中的"中心线"图层，使之成为当前图层。

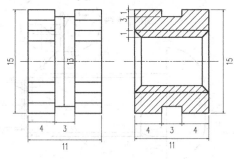

图 4-16 连接螺母

（3）执行"直线"命令（L），绘制一条长 14mm 的水平中心线。如图 4-17 所示。

由于在当前状态下所绘制的水平中心线效果不符合要求，用户可以执行"格式""线型"菜单命令，在打开的"线型管理器"对话框中设置"全局比例因子"为"0.1"，从而使绘制的中心线符合要求，如图 4-18 所示。

第 4 章 螺纹件及操作件的绘制

图 4-17 绘制水平中心线　　　　图 4-18 设置线型比例

（4）将"粗实线"图层置为当前图层，执行"矩形"命令（REC），绘制 4mm×15mm 和 3mm×13mm 的两个矩形，并与中心线对齐，如图 4-19 所示。

（5）执行"分解"命令（X），对左侧矩形进行打散操作。

（6）执行"偏移"命令（O），将上、下两侧的水平线段向内各偏移 1.5mm、1.5mm 和 1.5mm，如图 4-20 所示。

（7）执行"镜像"命令（MI），将左侧矩形及内部图形对象以右侧矩形水平中线进行镜像，如图 4-21 所示。

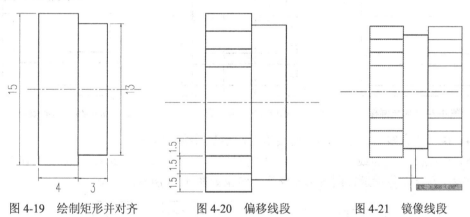

图 4-19 绘制矩形并对齐　　　图 4-20 偏移线段　　　图 4-21 镜像线段

（8）切换到"中心线"图层，绘制一条长 14mm 的水平中心线，与前面绘制的图形中心线水平对齐，如图 4-22 所示。

在绘制右侧的水平中心线时，应按 F8 键打开"正交"模式，将鼠标移至左侧水平中心线的右侧端点，在出现"端点"提示时，使用鼠标水平向右拖动，这时将出现追踪线，在适合的位置单击，从而确定直线的起点，然后水平向右移动鼠标，并在键盘上输入水平线段的长度为 14 后按回车键即可。

（9）执行"矩形"命令（REC），绘制 11mm×15mm 的矩形，使其中点位置和中心线对齐，如图 4-23 所示。

65

图 4-22　绘制中心线　　　　　　　图 4-23　绘制矩形

（10）执行"分解"命令（X），将矩形进行打散操作。

（11）执行"偏移"命令（O），将矩形上、下侧的水平线段分别向内各偏移 1mm、2mm 和 1mm，如图 4-24 所示。

（12）执行"偏移"命令（O），将矩形左、右侧的垂直线段分别向内各偏移 1mm 和 3mm，如图 4-25 所示。

（13）执行"修剪"命令（TR），修剪掉多余的线条，如图 4-26 所示。

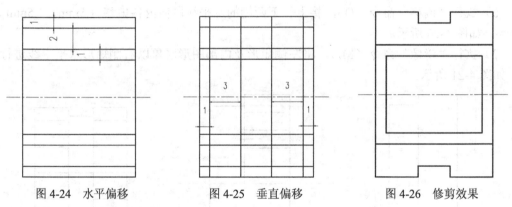

图 4-24　水平偏移　　　　　图 4-25　垂直偏移　　　　　图 4-26　修剪效果

（14）执行"直线"命令（L），连接角点，绘制斜线，如图 4-27 所示。

（15）切换到"剖面线"图层。执行"图案填充"命令（H），选择样例为"ANSI-31"，比例为 0.2，在指定位置进行图案填充操作，结果如图 4-28 所示。

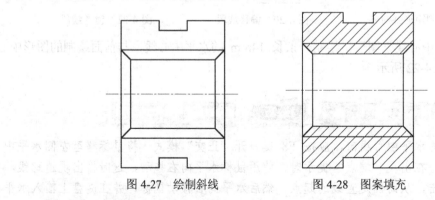

图 4-27　绘制斜线　　　　　　图 4-28　图案填充

（16）切换到"尺寸线"图层，对图形分别执行"线性标注"命令（DLI）、"直径标注"命令（DDI），完成最终效果图的绘制，如图 4-16 所示。

（17）至此，该连接螺母绘制完成，按"Ctrl+S"组合键对其文件进行保存。

螺纹是在圆柱或圆锥母体表面上制出的螺旋线形的、具有特定截面的连续凸起部分。螺纹按其母体形状分为圆柱螺纹和圆锥螺纹；按其在母体所处位置分为外螺纹、内螺纹，按其截面形状（牙型）分为三角形螺纹、矩形螺纹、梯形螺纹、锯齿形螺纹及其他特殊形状螺纹。

在如图4-29所示中，其圆柱螺纹的主要几何参数如下。

①外径（大径），与外螺纹牙顶或内螺纹牙底相重合的假想圆柱体直径；螺纹的公称直径即大径。②内径（小径），与外螺纹牙底或内螺纹牙顶相重合的假想圆柱体直径。③中径，母线通过牙型上凸起和沟槽两者宽度相等的假想圆柱体直径。④螺距，相邻牙在中径线上对应两点间的轴向距离。⑤导程，同一螺旋线上相邻牙在中径线上对应两点间的轴向距离。⑥牙型角，螺纹牙型上相邻两牙侧间的夹角。⑦螺纹升角，中径圆柱上螺旋线的切线与垂直于螺纹轴线的平面之间的夹角。⑧工作高度，两相配合螺纹牙型上相互重合部分在垂直于螺纹轴线方向上的距离等。

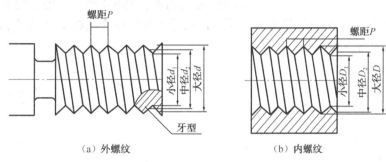

图4-29　螺纹参数

粗牙普通螺纹的标记如下所示，不标注螺距，右旋不标注，左旋标注代号"LH"。

| 螺纹特征代号 M | 公称直径 | 旋　向 | — | 公差带代号 | — | 旋合长度代号 |

细牙普通螺纹的标记如下所示，要标注螺距，旋向要求同上。

| 螺纹特征代号 M | 公称直径 | × | 螺　距 | 旋　向 | — | 公差带代号 | — | 旋合长度代号 |

例如，公称直径为20mm的粗牙普通螺纹，螺距为2.5mm，右旋，中径和顶径公差带代号分别为5g、6g，短旋合长度。其标记形式为M20-5g6g-S，如图4-30（a）所示。

再如，公称直径为10mm的细牙普通螺纹，螺距为1，左旋，中、顶径公差带代号均为6H，中等旋合长度。其标记形式为M10×1 LH-6H，如图4-30（b）所示。

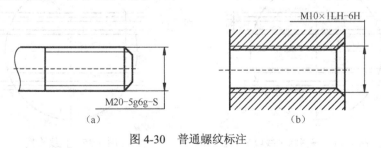

图4-30　普通螺纹标注

4.3 操作手柄

视频\04\操作手柄的绘制.avi
案例\04\操作手柄.dwg

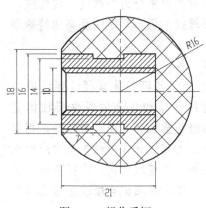

图 4-31 操作手柄

首先绘制两条垂直的中心线，再绘制圆，执行偏移、直线、修剪、填充等命令完成对操作手柄剖面的绘制，然后进行尺寸标注，最终效果如图 4-31 所示。

（1）启动 AutoCAD 2013 软件，在"快速访问工具栏"中，单击"打开" 按钮，将"案例\04\机械样板.dwt"文件打开，再单击"另存为"按钮，将其另存为"案例\04\操作手柄.dwg"文件。

（2）在"常用"选项卡的"图层"面板中，选择"图层控制"列表框中的"中心线"图层，使之成为当前图层。

（3）执行"直线"命令（L），分别绘制长 35mm 和高 35mm 互相垂直的基准线，如图 4-32 所示。

（4）将"粗实线"图层置为当前图层，执行"圆"命令（C），捕捉交点，绘制半径为 16mm 的圆，如图 4-33 所示。

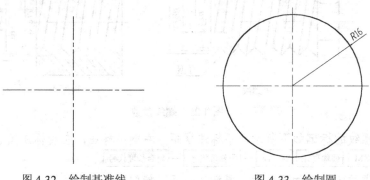

图 4-32 绘制基准线　　　　　图 4-33 绘制圆

（5）执行"偏移"命令（O），将水平中心线分别向上、下两侧各偏移 4mm、1mm、2mm、1mm 和 1mm，且把偏移后的水平线段转换成"粗实线"图层，如图 4-34 所示。

（6）执行"直线"命令（L），连接左侧上、下交点，绘制线段，如图 4-35 所示。

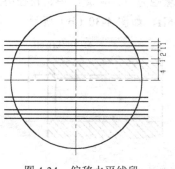
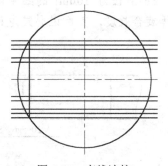

图 4-34 偏移水平线段　　　　　图 4-35 直线连接

(7) 执行"偏移"命令（O），对连接后的线段向右偏移 1mm、6mm、7mm 和 7mm，如图 4-36 所示。

(8) 执行"修剪"命令（TR），对多余线段进行修剪，修剪后的效果如图 4-37 所示。

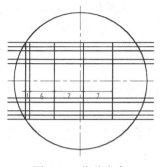
图 4-36　偏移命令

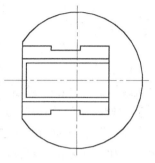
图 4-37　修剪效果

(9) 执行"直线"命令（L），绘制连接角点的斜线段，如图 4-38 所示。

(10) 切换到"剖面线"图层。执行"图案填充"命令（H），选择样例为"ANSI 37"，比例为 1，在指定位置进行图案填充操作，结果如图 4-39 所示。

(11) 执行"图案填充"命令（H），选择样例为"JIS-W00D"，比例为 1，在指定位置进行图案填充操作，结果如图 4-40 所示。

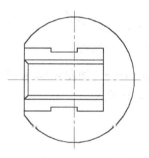
图 4-38　绘制斜线段

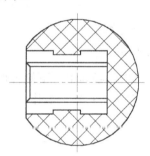
图 4-39　填充图案（一）

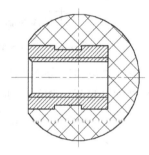
图 4-40　填充图案（二）

在进行"图案填充"操作时，可以将"中心线"图层隐藏，从而即可快速拾取填充的区域。

(12) 切换到"尺寸线"图层，对图形分别执行"线性标注"命令（DLI）、"半径标注"命令（DRA），完成最终效果图的绘制，如图 4-31 所示。

(13) 至此，该连接手柄绘制完成，按"Ctrl+S"组合键对其文件进行保存。

4.4　操作扳手

视频\04\操作扳手的绘制.avi
案例\04\操作扳手.dwg

首先绘制一条水平的中心线，作圆，通过偏移水平线段对其进行修剪，再寻找偏移的线段的切点作相切的圆。使用修剪、镜像、倒角、填充等命令来完成对扳手的绘制，如图 4-41 所示。

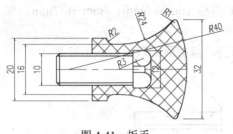

图 4-41 扳手

(1)启动 AutoCAD 2013 软件,在"快速访问工具栏"中,单击"打开"按钮,将"案例\04\机械样板.dwt"文件打开,再单击"另存为"按钮,将其另存为"案例\04\操作手柄.dwg"文件。

(2)在"常用"选项卡的"图层"面板中,选择"图层控制"列表框中的"中心线"图层,使之成为当前图层。

(3)执行"直线"命令(L),绘制长约 60mm 的水平中心线。执行"线型比例因子"命令(LTS),调整其比例因子为"1.0",如图 4-42 所示。

(4)将"粗实线"图层置为当前图层,执行"圆"命令(C),绘制半径为 40mm 的圆,使中心线的一个端点和圆的象限点对齐,如图 4-43 所示。

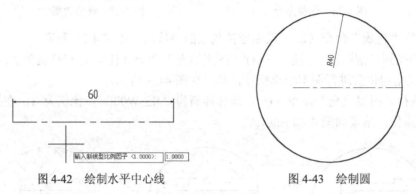

图 4-42 绘制水平中心线　　　图 4-43 绘制圆

(5)执行"偏移"命令(O),将中心线向上、下侧各偏移 16mm,如图 4-44 所示。

(6)执行"修剪"命令(TR),对圆进行修剪操作,如图 4-45 所示。

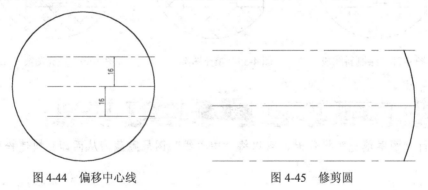

图 4-44 偏移中心线　　　图 4-45 修剪圆

(7)执行"圆"命令(C),在命令提示行中选择"切点、切点、半径(T)"选项,让两边虚线和圆弧相切半径为 1mm 的两个圆对象,如图 4-46 所示。

用户在捕捉"切点"时,用户应在按住 Ctrl 键的同时右击鼠标,从弹出的快捷菜单中选择"切点"选项。

(8) 执行"直线"命令（L），绘制一条长为 20mm 的垂直线段，与中心线居中对齐，如图 4-47 所示。

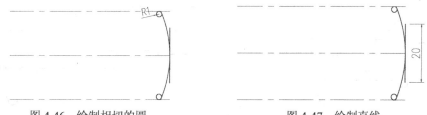

图 4-46 绘制相切的圆　　　　图 4-47 绘制直线

(9) 执行"移动"命令（M），把线段向左边移动 32mm，如图 4-48 所示。

(10) 执行"偏移"命令（O），水平中心线向上、下两侧各偏移 4mm、1mm、3mm 和 2mm，并把它们转换为"粗实线"图层，如图 4-49 所示。

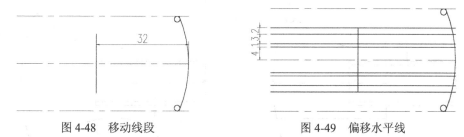

图 4-48 移动线段　　　　图 4-49 偏移水平线

(11) 执行"偏移"命令（O），将垂直线段向左偏移 12mm，再向右各偏移 5mm 和 9mm，如图 4-50 所示。

(12) 执行"修剪"命令（TR），修剪、删除多余线段的效果如图 4-51 所示。

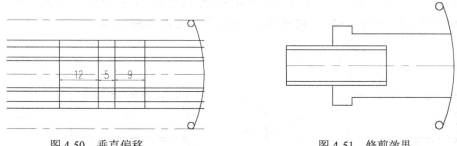

图 4-50 垂直偏移　　　　图 4-51 修剪效果

(13) 执行"圆"命令（C），在命令提示行中选择"切点、切点、半径（T）"选项，首先捕捉半径为 1mm 的圆的切点，再捕捉其下面水平线段的切点，再输入半径为 24mm，然后对圆弧进行修剪，如图 4-52 所示。

　　此时在绘制相切的圆对象过后，应执行"修剪"命令（TR）将多余的圆弧进行修剪，从而形成一段相切圆弧对象。

(14) 执行"圆"命令（C），在命令提示行中选择"切点、切点、半径（T）"选项，选择 A 点垂直两条线段的切点，再输入半径为 2mm，如图 4-53 所示。

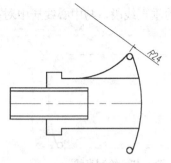 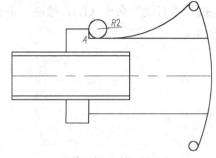

图 4-52 作相切的圆 1　　　　　　图 4-53 作相切圆 2

（15）再执行"修剪"命令（TR），将多余的圆弧进行修剪，如图 4-54 所示。

（16）执行"镜像"命令（MI），分别将半径为 R1、R24 的圆弧线镜像到中心线下侧；再执行"修剪"命令（TR），将多余的圆弧进行修剪，结果如图 4-55 所示。

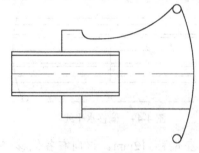 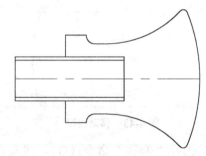

图 4-54 修剪线段　　　　　　图 4-55 镜像修剪

（17）执行"偏移"命令（O），把最左边的垂直线段向右偏移 1mm，如图 4-56 所示。

（18）执行"倒角"命令（CHA），设置倒角的距离均为 1mm，对最左边的两个直角进行倒角；执行"修剪"命令（TR），修剪掉多余的线段，如图 4-57 所示。

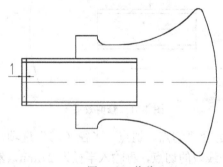 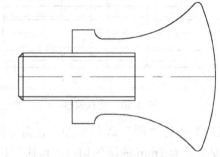

图 4-56 偏移　　　　　　图 4-57 倒角修剪

用户可以通过以下任意一种方式来执行"倒角"命令。
◆ 在"常用"选项卡的"修改"面板中单击"倒角"按钮 。
◆ 在命令行中输入"CHAMFER"（其快捷键"CHA"）。
在执行"倒角"命令过程中，其命令行提示如下。

```
命令:CHAMFER                                              // 执行"倒角"命令
("修剪"模式) 当前倒角距离 1 = 0.0000, 距离 2 = 0.0000
选择第一条直线或 [放弃(U)/多段线(P)/距离(D)/角度(A)
修剪(T)/方式(E)/多个(M)]:                                  // 选择倒角边 1
选择第二条直线
或按住 Shift 键选择直线以应用角点或 [距离(D)/角度(A)/方法(M)]:    // 选择倒角边 2
```

在执行"倒角"命令时，各选项内容的功能与含义如下。

- ◆ 放弃(U)：取消"倒角"命令。
- ◆ 多段线(P)：以当前设置的倒角大小来对多段线执行"倒角"命令。
- ◆ 距离(D)：设置倒角的距离尺寸。
- ◆ 角度(A)：设置倒角的角度。
- ◆ 修剪(T)：设置倒角后是否保留原拐角边。在"输入修剪模式选项[修剪(T)/不修剪(N)<修剪>]:"的提示下，输入"N"表示不进行修剪，输入"T"表示进行修剪。
- ◆ 方式(E)：设置倒角的模式。在"输入修剪方法[距离(D)/角度(A)<距离>]:"的提示下，输入"D"时，将以两条边的倒角距离来倒角；输入"A"时，将以一条边的距离以及相应的角度来修倒角。
- ◆ 多个（M）：对多个图形对象进行倒角操作。

（19）执行"矩形"命令（REC），绘制 6mm×12mm 的矩形，如图 4-58 所示。

（20）执行"圆"命令（C），在命令提示行中选择"切点、切点、半径（T）"选项，分别选择右边两个直角线段，再输入半径为 2.5mm，如图 4-59 所示。

（21）执行"直线"命令（L），把圆的象限点和左边垂直线段垂直连接。执行"修剪"命令（TR），修剪掉多余的线段，结果如图 4-60 所示。

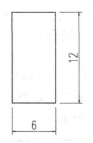 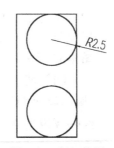 

图 4-58　绘制矩形　　　　图 4-59　相切的圆　　　　图 4-60　连接并修剪

（22）执行"偏移"命令（O），将最右边的垂直线向左偏移 2mm，并修剪多余的线段，如图 4-61 所示。

（23）执行"移动"命令（M），将绘制好的图形移动到前面图形的指定位置，并居中对齐，如图 4-62 所示。

（24）执行"图案填充"命令（H），选择样例为"ANSI 37"，比例为 1，在指定位置进行图案填充操作，结果如图 4-63 所示。

（25）切换到"尺寸线"图层，对图形分别执行"线性标注"命令（DLI）、"半径标注"命令（DRA），完成最终效果图的绘制，如图 4-41 所示。

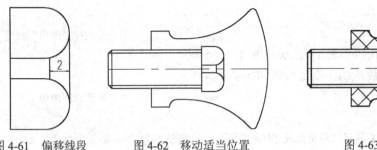

图 4-61 偏移线段　　图 4-62 移动适当位置　　图 4-63 图案填充

（26）至此，该扳手绘制完成，按"Ctrl+S"组合键对其文件进行保存。

4.5 操作手轮

视频\04\操作手轮的绘制.avi
案例\04\操作手轮.dwg

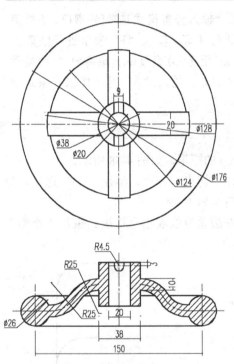

首先绘制互相垂直的中心线，再绘制圆及圆的筋以及其他对象，从而绘制主视图，再根据主视图的轮廓向下引伸垂直线段，作手轮的剖面；然后再进行填充、标注尺寸来完成最终效果图的绘制，如图 4-64 所示。

（1）启动 AutoCAD 2013 软件，在"快速访问工具栏"中，单击"打开"按钮，将"案例\04\机械样板.dwt"文件打开，再单击"另存为"按钮，将其另存为"案例\04\操作手轮.dwg"文件。

（2）在"常用"选项卡的"图层"面板中，选择"中心线"图层，使之成为当前图层。

（3）执行"直线"命令（L），分别绘制长 190mm 和高 190mm 互相垂直的基准线，执行"线形比例因子"命令（LTS），比例因子为 1.0，如图 4-65 所示。

（4）将"粗实线"图层置为当前图层，执行"圆"命令（C），捕捉交点绘制 $\phi176$、$\phi128$、$\phi124$、$\phi38$、$\phi20$ 的 5 个圆，如图 4-66 所示。

图 4-64 操作手轮

图 4-65 绘制基准线

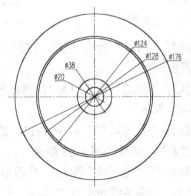

图 4-66 绘制同心圆

（5）执行"偏移"命令（O），将水平中心线分别向上、下各偏移 10mm 和 10mm，执行"修剪"命令（TR），修剪结果如图 4-67 所示。

（6）执行"阵列"命令（AR），选择视图中绘制的手轮筋作为阵列的对象，选择"极轴(PO)"选项，再捕捉圆心作为环形阵列的中心点，并输入项目数为 4，填充角度为 360，其命令行提示如下，从而对选择的对象进行环形阵列，执行"修剪"命令（TR），得到结果如图 4-68 所示。

```
命令: ARRAY
选择对象:                                              \\ 选择手轮筋对象
选择对象：  输入阵列类型 [矩形(R)/路径(PA)/极轴(PO)] <极轴>: po   \\ 选择"极轴(PO)"选项
类型 = 极轴  关联 = 是
指定阵列的中心点或 [基点(B)/旋转轴(A)]:                    \\ 捕捉圆心点
输入项目数或 [项目间角度(A)/表达式(E)] <4>: 4              \\ 输入阵列数量为 4
指定填充角度(+=逆时针、-=顺时针)或 [表达式(EX)] <360>:      \\ 按回车键确认 360 度
按 Enter 键接受或 [关联(AS)/基点(B)/项目(I)/项目间角度(A)/填充角度(F)/行(ROW)/层(L)/旋转项目(ROT)/退出(X)]:
```

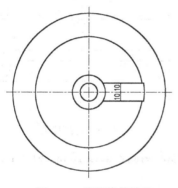
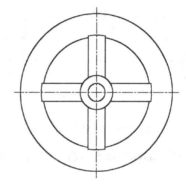

图 4-67 偏移修剪效果   图 4-68 阵列对象

（7）切换到"中心线"图层。执行"直线"命令（L），绘制长度为 190mm 和高度为 90mm 的相互垂直线段，并与前面图形垂直居中对齐，如图 4-69 所示。

（8）执行"偏移"命令（O），将垂直线段向左右各偏移 75mm，如图 4-70 所示。

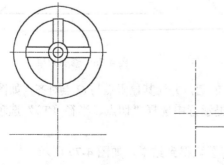

图 4-69 绘制水平基准线   图 4-70 偏移对象

（9）执行"圆"命令（C），以两侧交点作φ26 的圆；再执行"直线"命令（L），连接圆上、下象限点，绘制水平线段，如图 4-71 所示。

（10）执行"偏移"命令（O），将水平中心线向上各偏移 4mm、19mm、16mm 和 3mm，并将相应的线转换为"粗实线"图层，如图 4-72 所示。

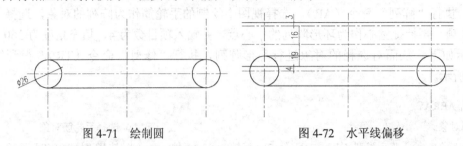

图 4-71　绘制圆　　　　　　　图 4-72　水平线偏移

（11）执行"圆"命令（C），在交点处绘制$\phi 9$ 的圆；再执行"直线"命令（L），分别捕捉圆左、右象限点向上绘制垂直线段，如图 4-73 所示。

（12）执行"修剪"命令（TR），修剪掉多余线段和圆弧，结果如图 4-74 所示。

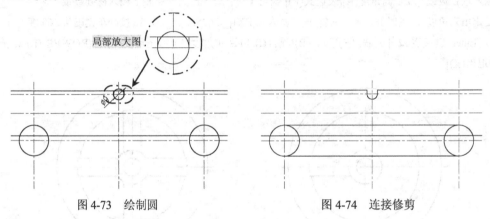

图 4-73　绘制圆　　　　　　　图 4-74　连接修剪

（13）执行"偏移"命令（O），将中间垂直中心线向两侧各偏移 10mm 和 9mm，如图 4-75 所示。

（14）执行"修剪"命令（TR），对其多余线段进行修剪，结果如图 4-76 所示。

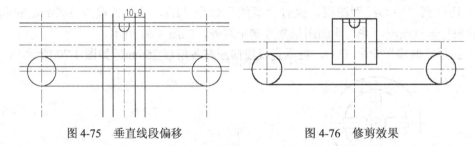

图 4-75　垂直线段偏移　　　　　图 4-76　修剪效果

（15）执行"圆"命令（C），绘制 R25 的圆，并让其象限点与 O 点对齐，如图 4-77 所示。

（16）执行"圆"命令（C），在命令提示行中选择"切点、半径（T）"选项，让 R25 的圆和水平中心线相切，如图 4-78 所示。

（17）执行"修剪"命令（TR），修剪圆弧得到结果，如图 4-79 所示。

（18）执行"偏移"命令（O），将两圆弧向上、下侧各偏移 5mm。执行"修剪"命令（TR），结果，再选择中间圆弧，将其转换成"中心线"图层，如图 4-80 所示。

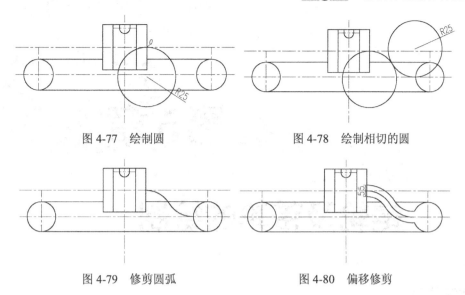

图 4-77　绘制圆　　　　　　　图 4-78　绘制相切的圆

图 4-79　修剪圆弧　　　　　　图 4-80　偏移修剪

在偏移两段圆弧对象时，用户可以执行"合并"命令（J），将两段圆弧合并为一个整体。

（19）执行"镜像"命令（MI），将右边的圆弧以垂直中心线为轴线镜像，如图 4-81 所示。
（20）执行"修剪"命令（TR），对多余线段进行修剪，如图 4-82 所示。

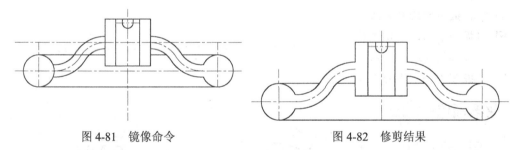

图 4-81　镜像命令　　　　　　图 4-82　修剪结果

（21）执行"图案填充"命令（H），选择样例为"ANSI-31"，比例为 1，在指定位置进行图案填充操作，结果如图 4-83 所示。

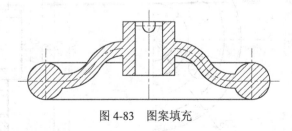

图 4-83　图案填充

（22）切换到"尺寸线"图层，对图形分别执行"线性标注"命令（DLI）、"半径标注"命令（DRA），直径标注"命令（DDI）完成最终效果图的绘制，如图 4-64 所示。
（23）至此，该手轮绘制完成，按"Ctrl+S"组合键对其文件进行保存。

第 5 章

链轮及带轮的绘制

本章导读

链传动由链条、主动链轮及从动链轮组成，依靠链轮轮齿与链节的啮合传递运动及动力。这种传动形式主要用于两轴传动中心距较大的场合，且不宜采用齿轮传动及带传动的场合。

带传动由主动带轮、从动带轮及传动带组成，依靠带与带轮间的摩擦或啮合传递运动及动力。这种传动形式主要用于传动中心距较大的场合。常用的带传动类型包括平带传动、V带传动、多楔带传动及同步带传动。

主要内容

- ☑ 掌握链轮的绘制方法
- ☑ 掌握平带轮的绘制方法
- ☑ 掌握塔轮的绘制方法
- ☑ 掌握V型带轮的绘制方法

效果预览

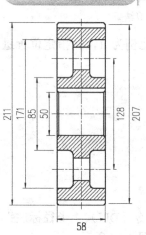
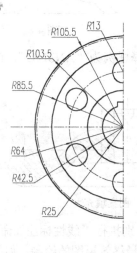
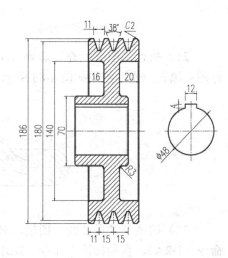

5.1 链轮的绘制

视频\05\链轮的绘制.avi
案例\05\链轮.dwg

首先绘制水平中心线，再偏移、修剪线段完成侧视图绘制；其次根据垂直基线画同心圆，修剪、阵列命令来完成最终效果，如图 5-1 所示。

（1）启动 AutoCAD 2013 软件，在"快速访问工具栏"中，单击"打开"按钮，将"案例\05\机械样板.dwt"文件打开，再单击"另存为"按钮，将其另存为"案例\05\链轮.dwg"文件。

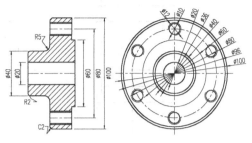

图 5-1　绘制水平基准线

（2）在"常用"选项卡的"图层"面板中，选择"图层控制"列表框中的"中心线"图层，使之成为当前图层。

（3）执行"直线"命令（L），绘制长 50mm 水平基准线，执行"线形比例因子"命令（LTS），设置比例因子为 1.0，如图 5-2 所示。

> 用户在绘制图形对象时，如果涉及点画线、短画线等线型时，其线型的比例因子设置就会直接影响所绘制图形的效果。
> （1）如果整个图形的比例是一致的，那么用户就可以直接执行"线型比例因子"命令（LTS），在"输入新线型比例因子 <1.0000>:"提示下输入新的线型比例因子即可。
> （2）如果图形中的部分对象需要改变线型比例因子的话，这时应选择要修改的线型对象，再按"Ctrl+1"键打开"特性"面板，在其中的"线型比例"文本框中输入新的比例值即可。

（4）将"粗实线"图层置为当前图层，执行"直线"命令（L），绘制一条长为 100mm 的垂直线段，并且与水平中心线对齐，如图 5-3 所示。

（5）执行"偏移"命令（O），将垂直线段向左各偏移 3mm、20mm 和 20mm，如图 5-4 所示。

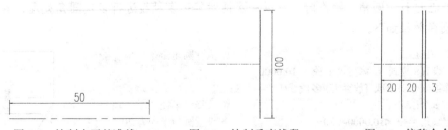

图 5-2　绘制水平基准线　　图 5-3　绘制垂直线段　　图 5-4　偏移命令

（6）执行"偏移"命令（O），将水平线段向上、下侧各偏移 10mm×5 次，并将相应的线段转换成"粗实线"图层，如图 5-5 所示。

（7）执行"修剪"命令（TR），将多余的线段进行修剪，如图 5-6 所示。

（8）执行"偏移"命令（O），将上侧的虚线向两边各偏移 5mm 和 1mm，并将线段转换为"粗实线"和"细实线"图层，如图 5-7 所示。

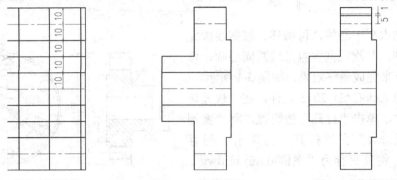

图 5-5　偏移水平线段　　　　图 5-6　修剪处理　　　　图 5-7　偏移处理

（9）执行"镜像"命令（MI），对上一操作进行镜像处理，结果如图 5-8 所示。

（10）执行"圆角"命令（F），根据提示设置"半径（R）"为 5mm，对凹槽直角进行倒圆角处理如图 5-9 所示。

（11）再执行"圆角"命令（F），根据提示设置"半径（R）"为 2mm，对最左边上、下侧的直角进行倒圆角处理如图 5-10 所示。

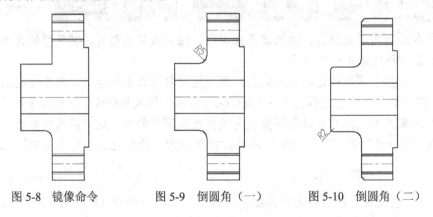

图 5-8　镜像命令　　　　图 5-9　倒圆角（一）　　　　图 5-10　倒圆角（二）

用户在进行"圆角"操作时，可以一次性对某一多段线进行多次圆角处理，其命令提示行和圆角效果如下。

```
命令: FILLET                                      \\ 执行圆角命令
当前设置: 模式 = 修剪，半径 = 10.0000
选择第一个对象或 [放弃(U)/多段线(P)/半径(R)
/修剪(T)/多个(M)]: r                              \\ 选择"半径（R）"项
指定圆角半径 <10.0000>: 20                         \\ 设置圆角半径为 20
选择第一个对象或 [放弃(U)/多段线(P)/半径(R)
/修剪(T)/多个(M)]: p                              \\ 选择"多段线"项
选择二维多段线或 [半径(R)]:                        \\ 选择矩形对象
4 条直线已被圆角                                   \\ 显示当前已圆角的信息
```

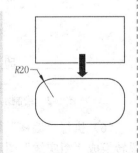

（12）执行"倒角"命令（CHA），根据提示设置"距离（D）"均为 2mm，对相应的直角进行倒角处理如图 5-11 所示。

（13）将"剖面线"图层置为当前图层，执行"图案填充"命令（H），选择样例为"ANSI-31"，比例为 1，在指定位置进行图案填充操作，结果如图 5-12 所示。

（14）将图层切换到"中心线"图层，绘制长、高均为 110mm 且互相垂直的两条中心线，与前面图形水平居中对齐，如图 5-13 所示。

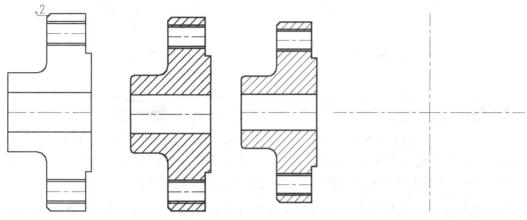

图 5-11 倒角处理　　图 5-12 图案填充　　图 5-13 绘制垂直基准线并对齐

在绘制右侧的流水线中心线时，应与左侧的水平中心线在同一条线上。

（15）将"粗实线"图层置为当前图层，执行"圆"命令（C），捕捉交点绘制ϕ100、ϕ96、ϕ80、ϕ60、ϕ50、ϕ36、ϕ20 的 7 个同心圆，并将ϕ80 的圆转换成"中心线"图层，将ϕ60 的圆转换成"细实线"图层，如图 5-14 所示。

（16）执行"圆"命令（C），在垂直虚线处绘制ϕ10、ϕ12 的同心圆，如图 5-15 所示。

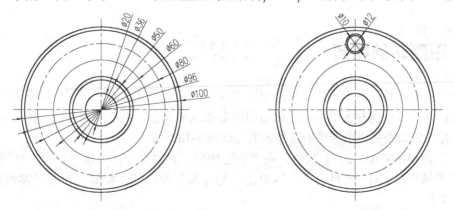

图 5-14 偏移并修剪的效果　　　　图 5-15 绘制同心圆

（17）将ϕ12 的圆转换成"细实线"图层，并将其修剪，如图 5-16 所示。

（18）执行"阵列"命令（AR），选择ϕ10、ϕ12 圆，按命令行提示选择"极轴（PO）"，捕捉大圆圆心为阵列的中心点，并输入项目数为 6，填充角度为 360，效果如图 5-17 所示。

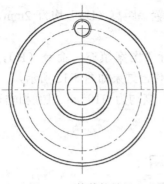
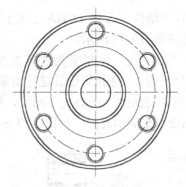

图 5-16 修剪的效果　　　　　　图 5-17 阵列效果

当用户进行了"极轴(PO)"操作后,使用鼠标选择极轴阵列对象时,在屏幕上侧的面板中将显示相应的修改选项,从而可以更加快捷、方便地对极轴阵列对象进行修改;同时,按"Ctrl+1"键打开"特性"面板也能够更加方便地来进行修剪。

(19)切换到"尺寸线"图层,对图形分别执行"线性标注"命令(DLI)、"半径标注"命令(DRA)、"直径标注"命令(DDI)、"引线标注"命令(LE)等,对绘制完成的链轮进行尺寸标注,其完成后的最终效果如图 5-1 所示。

(20)至此,该链轮绘制完成,按"Ctrl+S"组合键对其文件进行保存。

链轮,就是带嵌齿式扣链齿的轮子,用以与节链环或缆索上节距准确的块体相啮合,与(滚子)链啮合以传递运动,如右图所示。被广泛应用于化工、纺织机械、食品加工、仪表仪器、石油等行业的机械传动等。

5.2 平带轮的绘制

视频\05\平带轮的绘制.avi
案例\05\平带轮.dwg

首先绘制互相垂直的中心线,再绘制矩形对象,通过偏移、修剪、倒角填充命令从而绘制侧视图;其次根据侧视图的中心线向右引伸多条水平线段,再绘制同心圆,执行阵列、修剪、尺寸标注等命令完成平带轮的最终效果,如图 5-18 所示。

(1)启动 AutoCAD 2013 软件,在"快速访问工具栏"中,单击"打开"按钮,将"案例\05\机械样板.dwt"文件打开,再单击"另存为"按钮,将其另存为"案例\05\平带轮.dwg"文件。

(2)在"常用"选项卡的"图层"面板中,选择"图层控制"列表框中的"中心线"图层,使之成为当前图层。

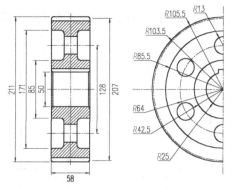

图 5-18　平带轮

（3）执行"直线"命令（L），绘制长 70mm、高 220mm 的基准线，执行"线形比例因子"命令（LTS），设置比例因子为 1.0，如图 5-19 所示。

（4）将"粗实线"图层置为当前图层，执行"矩形"命令（REC），绘制 58mm×211mm 的矩形，且矩形的中心点与中心线交点对齐，如图 5-20 所示。

（5）执行"分解"命令（X），将矩形进行打散操作；再执行"偏移"命令（O），将上、下侧的线段向中间各偏移 6mm，如图 5-21 所示。

（6）执行"倒角"命令（CHA），根据提示设置"距离（D）"均为 2mm，对外轮廓的四个直角进行倒角处理，如图 5-22 所示。

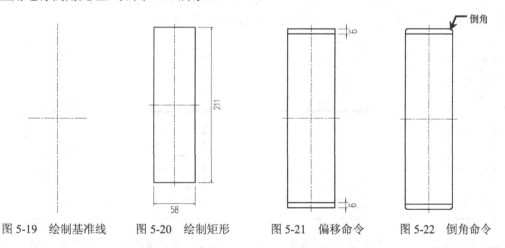

图 5-19　绘制基准线　　图 5-20　绘制矩形　　图 5-21　偏移命令　　图 5-22　倒角命令

要将矩形的中心点与基准线的交点对齐，可以通过"移动（M）"命令来操作，选择移动的矩形对象，捕捉矩形上（或下）侧水平线段的中点，将其移至垂直基准线上；再捕捉矩形左（或右）侧垂直线段的中点，将其垂直向上（或向下）移至水平基准线上。

（7）执行"偏移"命令（O），将水平中心线向下偏移 64mm，如图 5-23 所示。

（8）执行"偏移"命令（O），将偏移后的线段向上下侧各偏移 13mm 和 22mm，并将其转换成"粗实线"图层，如图 5-24 所示。

（9）执行"偏移"命令（O），将垂直中心线向两侧各偏移 10mm，如图 5-25 所示。

（10）执行"修剪"命令（TR），将多余的线段进行修剪，如图5-26所示。

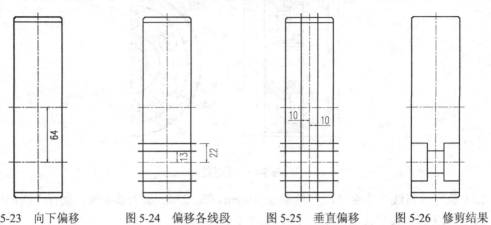

图5-23 向下偏移　　图5-24 偏移各线段　　图5-25 垂直偏移　　图5-26 修剪结果

（11）执行"镜像"命令（MI），以水平中心线为对称轴线，对中心线以下的部分进行镜像操作，如图5-27所示。

（12）执行"偏移"命令（O），将水平中心线向上偏移25mm、2mm和3mm，向下偏移25mm和2mm，并将偏移后的线段转换成"粗实线"图层，如图5-28所示。

（13）执行"偏移"命令（O），将两边垂直线段向内各偏移2mm，如图5-29所示。

（14）执行"直线"命令（L），连接相应对角点绘制斜线；再执行"修剪"命令（TR）和"删除"命令（E），修剪删除相应的线段，效果如图5-30所示。

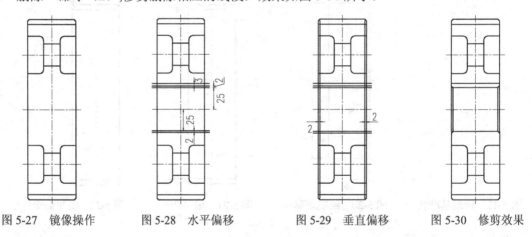

图5-27 镜像操作　　图5-28 水平偏移　　图5-29 垂直偏移　　图5-30 修剪效果

用户在执行"修剪(TR)"命令时，命令行提示"选择对象或 <全部选择>："，此时用户可以直接按"空格键"，表示选择所有的对象，然后直接用鼠标拾取需要修剪掉的线条对象即可。

（15）将"剖面线"图层置为当前图层，执行"图案填充"命令（H），选择样例为"ANSI-31"，比例为1，在指定位置进行图案填充操作，结果如图5-31所示。

（16）将图层切换到"中心线"图层，绘制长、高都为270mm，且互相垂直的两条中心线，并与前面图形的中心线水平居中对齐，如图5-32所示。

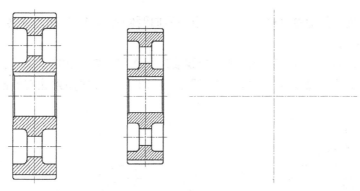

图 5-31　图案填充　　　　　　　图 5-32　对齐水平线

（17）将"粗实线"图层置为当前图层，执行"圆"命令（C），捕捉交点绘制φ211、φ207、φ171、φ128、φ85、φ50 的同心圆，并将φ207、φ128 的圆转换成"中心线"图层，如图 5-33 所示。

（18）执行"圆"命令（C），在指定的虚线交点处绘制φ26 的圆，如图 5-34 所示。

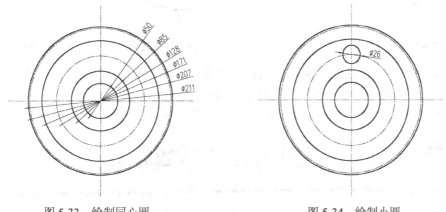

图 5-33　绘制同心圆　　　　　　　图 5-34　绘制小圆

（19）执行"阵列"命令（AR），选择φ26 的圆，按命令行选择"极轴（PO）"项，捕捉圆心为阵列的中心点，并输入项目数为 6，填充角度为 360，效果如图 5-35 所示。

（20）执行"偏移"命令（O），将水平中心线向上偏移 29mm，并转换成"粗实线"图层，如图 5-36 所示。

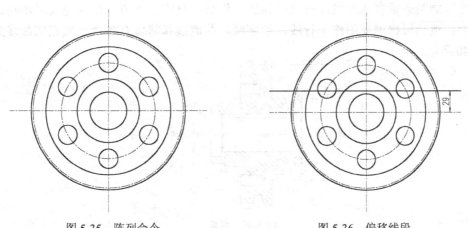

图 5-35　阵列命令　　　　　　　图 5-36　偏移线段

（21）执行"偏移"命令（O），将垂直中心线向两侧各偏移 7mm，并转换为"粗实线"图层，如图 5-37 所示。

（22）执行"修剪"命令（TR），对多余线段进行修剪，效果如图 5-38 所示。

（23）执行"删除"命令（E）和"修剪"命令（TR），修剪并删除右侧部分，如图 5-39 所示。

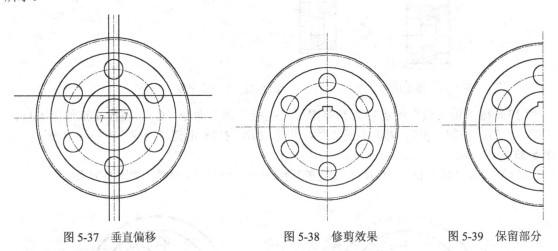

图 5-37　垂直偏移　　　　　图 5-38　修剪效果　　　　　图 5-39　保留部分

（24）切换到"尺寸线"图层，分别执行"线性标注"命令（DLI）、"直径标注"命令（DDI）等，对平带轮进行尺寸标注，完成后的最终效果如图 5-18 所示。

（25）至此，该平带轮绘制完成，按"Ctrl+S"组合键对其文件进行保存。

带轮的材料：主要采用铸铁，常用材料的牌号为 HT150 或 HT200；转速较高时宜采用铸钢（或用钢板冲压后焊接而成）；小功率时可用铸铝或塑料。

5.3　塔轮的绘制

首先绘制两条垂直基准线，再执行偏移、修剪、直线、倒角等命令完成对塔轮侧剖面图的绘制；然后根据侧视图作平行线，绘制圆，并通过修剪填充等命令来完成最终效果，如图 5-40 所示。

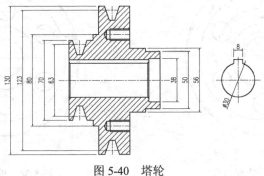

图 5-40　塔轮

（1）启动 AutoCAD 2013 软件，在"快速访问工具栏"中，单击"打开"按钮，将"案例\05\机械样板.dwt"文件打开，再单击"另存为"按钮，将其另存为"案例\05\塔轮.dwg"文件。

（2）在"常用"选项卡的"图层"面板中，选择"中心线"图层，使之成为当前图层。

（3）执行"直线"命令（L），绘制长 100mm、高 65mm 的基准线，且将垂直线段转换成"粗实线"图层；再执行"比例因子"命令（LTS），设置比例因子为 1.0，如图 5-41 所示。

（4）执行"偏移"命令（O），将水平中心线向上分别偏移 19mm、25mm、28mm、35mm、40mm 和 65mm，如图 5-42 所示。

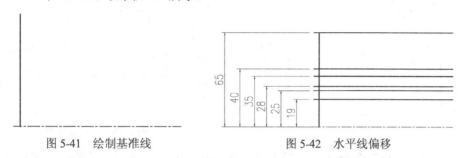

图 5-41　绘制基准线　　　　图 5-42　水平线偏移

（5）执行"偏移"命令（O），将垂直线段向右各偏移 22mm、5mm、28mm、14mm、3mm 和 10mm，如图 5-43 所示。

（6）执行"修剪"命令（TR），将图形中多余的部分进行修剪，如图 5-44 所示。

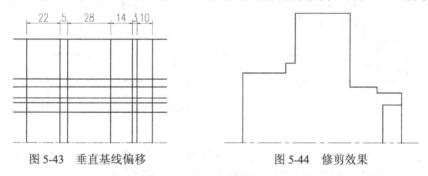

图 5-43　垂直基线偏移　　　　图 5-44　修剪效果

（7）执行"偏移（O）"命令，将❶、❷处水平线段各向下偏移 3.5mm 和 9mm，并将中间线段转换为"中心线"图层，如图 5-45 所示。

（8）执行"偏移（O）"命令，将最左下侧垂直线段向右各偏移 4.5mm、5.5mm 和 5.5mm，并将相应线段转换为"中心线"图层，如图 5-46 所示。

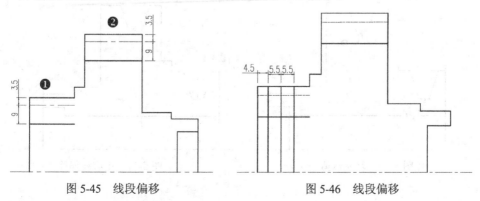

图 5-45　线段偏移　　　　图 5-46　线段偏移

(9) 执行"偏移"命令（O），将左上侧垂直线段向右偏移 6.5mm、5.5mm 和 5.5mm，并将相应线段转换为"中心线"图层，如图 5-47 所示。

(10) 执行"偏移"命令（O），中心线向上偏移 15mm，将其转换为"粗实线"图层，如图 5-48 所示。

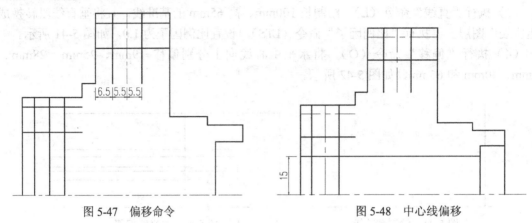

图 5-47　偏移命令　　　　　　　　　　图 5-48　中心线偏移

(11) 执行"直线"命令（L），捕捉交点连接相应的点完成斜线的绘制，再执行修剪、删除命令，将多余的线段进行修剪和删除操作，其效果如图 5-49 所示。

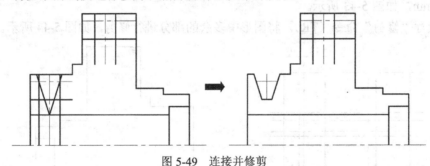

图 5-49　连接并修剪

(12) 执行"复制"命令（CO），选择两条斜线，以交点❹为基点，复制到交点❺，再执行"修剪"命令（TR），将多余的线段进行修剪，如图 5-50 所示。

(13) 执行"偏移"命令（O），将水平中心线向上偏移 40mm，如图 5-51 所示。

(14) 执行"矩形"命令（REC），绘制 18mm×10mm 和 21mm×8mm 居中对齐的矩形，如图 5-52 所示。

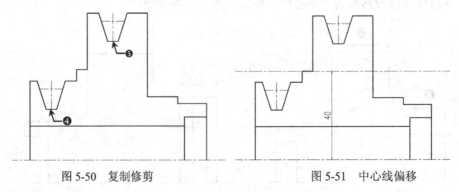

图 5-50　复制修剪　　　　　　　　　　图 5-51　中心线偏移

(15) 执行"分解"命令（X），将最长的矩形打散，执行"偏移"命令（O），将最左边线段向左偏移 2mm，如图 5-53 所示。

(16) 执行"直线"命令（L），以偏移线段的中点和矩形两端点连接，绘制出两条斜线，并删除左侧偏移的线段，如图 5-54 所示。

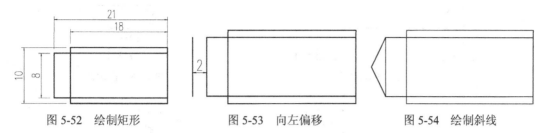

图 5-52　绘制矩形　　　　图 5-53　向左偏移　　　　图 5-54　绘制斜线

矩形是一个上下、左右两边分别相等，且转角为 90°的封闭多段线图形对象。用户可以通过以下任意一种方式来执行"矩形"命令。

◆ 在"常用"选项卡的"绘图"面板中单击"矩形"按钮□。

◆ 在命令行中输入"RECTANG"（其快捷键为"REC"）。

执行"矩形"命令后，命令行提示如下：

命令: RECTANG　　　　　　　　　　　　　　　　　　　// 执行"矩形"命令
指定第一个角点或 [倒角(C)/标高(E)/圆角(F)/厚度(T)/宽度(W)]:　// 指定第一个角点
指定另一个角点或 [面积(A)/尺寸(D)/旋转(R)]:　　　　　　// 指定第二个角点

在执行"矩形"命令时，其命令行中的相关选项的提示如下。

◆ 倒角（C）：指定矩形的第一个与第二个倒角的距离。

◆ 标高（E）：指定矩形距 XY 平面的高度。

◆ 圆角（F）：指定带圆角半径的矩形。

◆ 厚度（T）：指定矩形的厚度。

◆ 宽度（W）：指定矩形的线宽。

◆ 面积（A）：通过指定矩形的面积来确定矩形的长或宽。

◆ 尺寸（D）：通过指定矩形的宽度、高度和矩形另一角点的方向来确定矩形。

◆ 旋转（R）：通过指定矩形旋转的角度来绘制矩形。

(17) 执行"移动"命令（M），将上一步图 5-54 所示的图形对象移动到前面偏移线段的交点位置，再执行"修剪"命令（TR），修剪多余线段，结果如图 5-55 所示。

(18) 执行"镜像"命令（MI），将水平中心线以上所有对象以水平中心线为镜像轴线向下镜像，结果如图 5-56 所示。

(19) 执行"矩形"命令（REC），绘制 1mm×32mm 的矩形，执行"倒角"命令（CHA），对其右上、下直角进行 1mm×55°处理，并与前面的图形居中对齐，如图 5-57 所示。

(20) 执行"镜像"命令（MI），对切角矩形进行镜像；再执行"修剪"命令（TR），将多余的对象进行修剪，如图 5-58 所示。

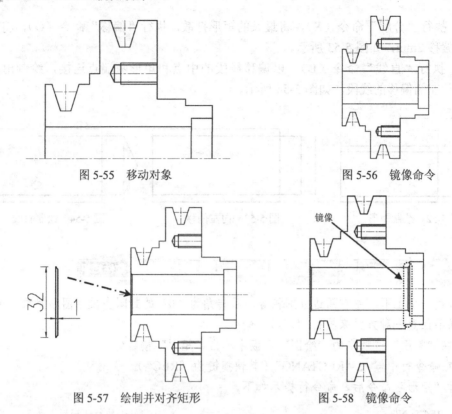

图 5-55 移动对象　　　　　　　图 5-56 镜像命令

图 5-57 绘制并对齐矩形　　　　图 5-58 镜像命令

（21）执行"偏移"命令（O），将水平线段向上偏移 3mm，如图 5-59 所示。
（22）沿着侧视图绘制平行投影线，长度为 50mm，如图 5-60 所示。

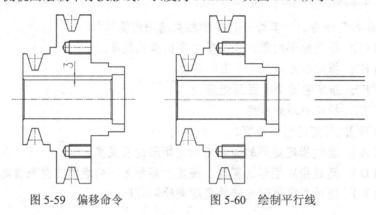

图 5-59 偏移命令　　　　图 5-60 绘制平行线

在绘制右侧的投影线时，用户可以先在图形的右侧绘制一条垂直线段，再执行"延伸（EX）"命令，将左侧要投影的线段延伸至所绘制的垂直线段上，再将右侧的垂直线段向左偏移 50mm，再进行修剪和删除操作，从而完成右侧的水平投影线的绘制。

（23）执行"直线"命令（L），绘制一条经过上、下水平中点的垂直线段，再将相应线段转为"中心线"图层，如图 5-61 所示。

(24)执行"偏移"命令(O),将垂直线段向两边各偏移 4mm,并将偏移的线段转换成"粗实线"图层,如图 5-62 所示。

(25)执行"圆"命令(C),以虚线交点为圆心,绘制φ30mm 的圆,如图 5-63 所示。

图 5-61 垂直中心线　　　　图 5-62 偏移命令　　　　图 5-63 绘制圆

(26)执行"修剪"命令(TR),修剪多余线段及圆弧,如图 5-64 所示。

(27)将"剖面线"图层置为当前图层,执行"图案填充"命令(H),选择样例为"ANSI-31",比例为 1,在指定位置进行图案填充操作,结果如图 5-65 所示。

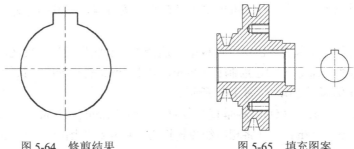

图 5-64 修剪结果　　　　　　　图 5-65 填充图案

(28)切换到"尺寸线"图层,分别执行"线性标注"命令(DLI)、"直径标注"命令(DDI)等,对塔轮进行尺寸标注,完成后的最终效果如图 5-40 所示。

(29)至此,该塔轮绘制完成,按"Ctrl+S"组合键对其文件进行保存。

塔轮,是具有多种直径的带轮,改变转速用的传动件,如右图所示。

通常两个塔轮配套使用。动力和运动由主动轴输入,通过带和塔轮装置由从动轴输出。当带所处的主动轮和从动轮直径相等时,实现等速传动。改变带的位置,当带处于主动轮直径小于从动轮直径位置时,实现减速传动;当主动轮直径大于从动轮直径位置时,实现增速传动。

5.4　V 形带轮的绘制

视频\05\V 型带轮的绘制.avi
案例\05\V 型带轮.dwg

首先绘制垂直基准线,使用偏移、倒角、圆角、构造线命令绘制上半部分,进行镜像与填充,绘制出剖面侧视图;其次根据侧视图延伸出平行线段,以中心画圆,使用偏移、修剪、删除等命令,从而来完成 V 形带轮的绘制,如图 5-66 所示。

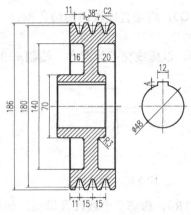

图 5-66 V型带轮

（1）启动 AutoCAD 2013 软件，在"快速访问工具栏"中，单击"打开"按钮，将"案例\05\机械样板.dwt"文件打开，再单击"另存为"按钮，将其另存为"案例\05\V型带轮.dwg"文件。

（2）在"常用"选项卡的"图层"面板中，选择"中心线"图层，使之成为当前图层。

（3）执行"直线"命令（L），绘制长 80mm、高 100mm 的基准线，执行"比例因子"命令（LTS），设置比例因子 1.0，如图 5-67 所示。

（4）执行"偏移"命令（O），将垂直线段向右偏移 14mm、41mm 和 11mm，将水平线段向上各偏移 35mm 和 58mm，并将相应线段转换为"粗实线"图层，如图 5-68 所示。

（5）执行"修剪"命令（TR），将多余的线段进行修剪，如图 5-69 所示。

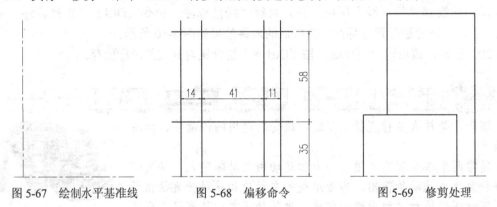

图 5-67 绘制水平基准线　　图 5-68 偏移命令　　图 5-69 修剪处理

（6）执行"偏移"命令（O），将左上垂直线段向右各偏移 1mm、15mm、16mm 和 19mm，中心线分别向上偏移 24mm、25mm、70mm 和 71mm，并转换为"粗实线"图层，再将左下侧垂直线段向右偏移 1mm 和 53mm，如图 5-70 所示。

（7）执行"直线"命令（L），连接偏移线段的四个角点，绘制斜线，如图 5-71 所示。

（8）执行"修剪"命令（TR）和"删除"命令（E），修剪删除多余线段，结果如图 5-72 所示。

（9）执行"倒角"命令（CHA），根据命令行提示选择"角度(A)"选项，设置倒角长度为 2mm，倒角角度为 55 度，对图上相应处执行倒角命令，结果如图 5-73 所示。

（10）执行"圆角"命令（F），根据命令行提示设置"半径（R）"为 3mm，对相应对象进行倒圆角处理，如图 5-74 所示。

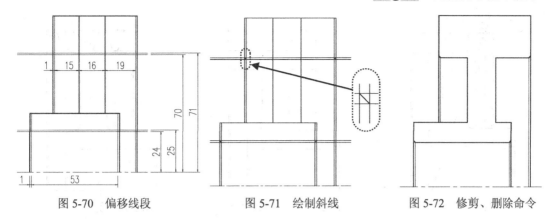

图 5-70 偏移线段　　　图 5-71 绘制斜线　　　图 5-72 修剪、删除命令

(11) 执行"偏移"命令 (O),最上侧线段向下偏移 3mm 和 9mm,左上垂直线段向右偏移 5.5mm、5.5mm、5.5mm、9.5mm 和 15mm,然后将相应线段转换为"中心线"图层,如图 5-75 所示。

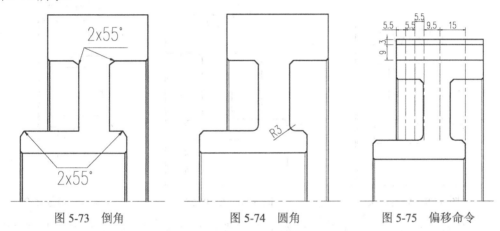

图 5-73 倒角　　　图 5-74 圆角　　　图 5-75 偏移命令

(12) 执行"构造线"命令 (XL),根据命令行提示设置"角度 (A)"为 71°,再过 a 交点处绘制一构造线;重复此命令,设置"角度 (A)"为 109°,过 c 交点处绘制另一构造线,如图 5-76 所示。

在绘制构造线时,除了水平和垂直构造线外,还会有呈角度的构造线。它会使绘图更加精准,只需在命令提示行选择"角度 (A)"选项,再输入角度即可。

(13) 执行"修剪"命令 (TR) 和"删除"命令 (E),修剪删除多余的线段,结果如图 5-77 所示。

(14) 执行"复制"命令 (CO),选择两条斜线,以其中间十字中心线交点为基点,拖动复制到后面两个十字交点,结果如图 5-78 所示。

(15) 执行"修剪"命令 (TR),修剪结果如图 5-79 所示。

(16) 执行"倒角"命令 (CHA),设置倒角的距离均为 2mm,对上侧两直角进行倒角操作,如图 5-80 所示。

图 5-76 绘制构造线　　　图 5-77 修剪删除命令　　　图 5-78 复制斜线

（17）执行"镜像"命令（MI），将水平线以上的全部对象以水平中心线为镜像轴线，进行镜像操作，结果如图 5-81 所示。

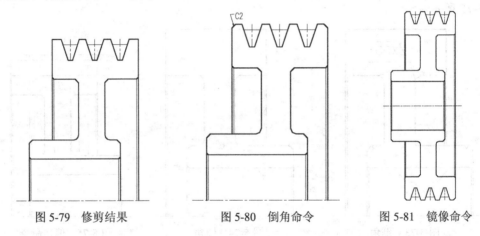

图 5-79 修剪结果　　　图 5-80 倒角命令　　　图 5-81 镜像命令

（18）执行"偏移"命令（O），将水平中心线向上偏移 27mm，并将其转换成"粗实线"图层，然后进行相应的修剪处理，结果如图 5-82 所示。

（19）执行"直线"命令（L），在图形的右侧沿着侧视图绘制平行投影线，如图 5-83 所示。

（20）执行"直线"命令（L），绘制垂直线段，将其转换为"中心线"图层；再执行"圆"命令（C），捕捉交点绘制ϕ48mm 的圆，如图 5-84 所示。

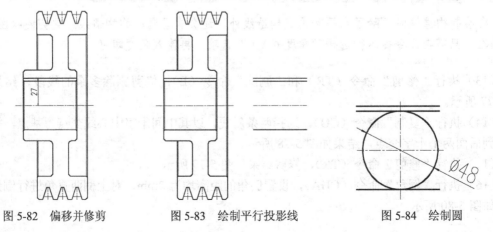

图 5-82 偏移并修剪　　　图 5-83 绘制平行投影线　　　图 5-84 绘制圆

> 圆是一种几何图形,当一条线段绕着它的一个端点在平面内旋转一周时,它的另一个端点的轨迹叫做圆。用户可以通过以下任意一种方式来执行"圆"命令。
>
> ◆ 在"常用"选项卡的"绘图"面板中单击"圆"按钮⊙。
> ◆ 在命令行中输入"CIRCLE"(其快捷键为"C")。
>
> 执行"圆"的命令后,其命令提示如下。
>
> 命令:CIRCLE   \\ 启动"圆"命令
> 指定圆的圆心或 [三点(3P)/两点(2P)/切点、切点、半径(T)]:   \\ 指定圆心点 O
> 指定圆的半径或 [直径(D)] <639.5044>: 60   \\ 输入圆的半径值
>
> 在执行命令时选项中"圆心、半径"、"圆心、直径"、"两点"、"三点"、"切点、切点、半径"和"切点、切点、切点"的各选项的提示如下。
>
> ◆ 圆心、半径:此命令通过指定圆心位置和半径值来画圆。
> ◆ 圆心、直径:此命令通过指定圆心位置和直径值来画圆。
> ◆ 两点:此命令通过指定圆周上两点来画圆。
> ◆ 三点:此命令通过指定圆周上三点来画圆。
> ◆ 切点、切点、半径:此命令通过先指定两个相切对象,后指定半径值的方法画圆。
> ◆ 切点、切点、切点:执行此命令,命令行和光标处都会提示"指定对象与圆的第一个切点:",即指定切点的第一个圆弧。继续出现提示"指定对象与圆的第二个切点:",即指定相切的第二个圆弧。继续单击会出现提示"指定对象与圆的第三个切点:"即指定切点的第三个圆弧。

(21)执行"偏移"命令(O),垂直中心线向两侧各偏移 6mm,并转换成"粗实线"图层,如图 5-85 所示。

(22)执行"修剪"命令(TR)和"删除"命令(E),修剪删除多余圆弧及线段,结果如图 5-86 所示。

(23)将"剖面线"图层置为当前图层,执行"图案填充"命令(H),选择样例为"ANSI-31",比例为 1,在指定位置进行图案填充操作,结果如图 5-87 所示。

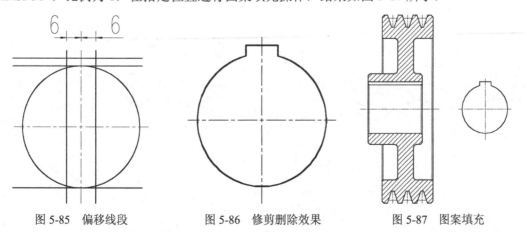

图 5-85 偏移线段　　　　图 5-86 修剪删除效果　　　　图 5-87 图案填充

（24）切换到"尺寸线"图层，分别执行"线性标注"命令（DLI）、"直径标注"命令（DDI）等，对 V 型带轮进行尺寸标注，完成后的最终效果如图 5-66 所示。

（25）至此，该 V 型带轮绘制完成，按"Ctrl+S"组合键对其文件进行保存。

> **提示　注意　技巧　专业技能　软件知识**
>
> V 带轮的设计要求：质量小、结构工艺性好、无过大的铸造内应力；质量分布要均匀，转速高时要经过动平衡；轮槽工作面要精细加工（表面粗糙度一般应为 3.2），以减少带的磨损；各槽的尺寸和角度应操持一定的精度，以使载荷分布较为均匀。

第6章

齿轮及蜗杆的绘制

本章导读

齿轮传动是机械传动中最主要的一类传动，常用齿轮传动为渐开线齿轮传动。当两个传动轴平行时，采用圆柱齿轮传动；当两个传动轴相交时，采用圆锥齿轮传动。

齿轮的结构因使用要求不同而有所差异。从工艺角度出发可将其分成齿圈和轮体两部分。按照齿圈上轮齿的分布形式，可以分为直齿齿轮、斜齿齿轮及人字齿轮等；按照轮体的结构形式，齿轮可分为盘类齿轮、套类齿轮、轴类齿轮及齿条等。

主要内容

☑ 掌握斜齿轮的绘制方法
☑ 掌握齿条的绘制方法
☑ 掌握蜗杆的绘制方法
☑ 掌握圆锥齿轮的绘制方法

效果预览

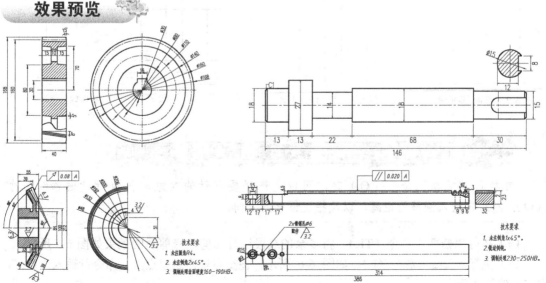

6.1 斜齿轮的绘制

视频\06\斜齿轮的绘制.avi
案例\06\斜齿轮.dwg

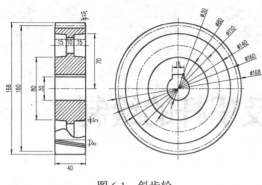

图 6-1 斜齿轮

首先绘制垂直基线，通过偏移、修剪、倒角等命令，绘制出斜齿轮的基本轮廓，再使用样条曲线、斜线、修剪等命令绘制出侧视图；然后做平行十字中心线，绘同心圆，偏移、修剪完成主视图绘制，再进行图案填充、尺寸标注来完成最终效果，如图 6-1 所示。

（1）启动 AutoCAD 2013 软件，在"快速访问工具栏"中，单击"打开"按钮，将"案例\06\机械样板.dwt"文件打开，再单击"另存为"按钮，将其另存为"案例\06\斜齿轮.dwg"文件。

（2）在"常用"选项卡的"图层"面板中，选择"中心线"图层，使之成为当前图层。

（3）执行"直线"命令（L），绘制长 60mm 的水平线段。

（4）将"粗实线"图层置为当前图层，执行"直线"命令（L），绘制高 86mm 的垂直线段，并且与水平相交，执行"线型比例"命令（LTS），输入比例因子为 1.0，如图 6-2 所示。

（5）执行"偏移"命令（O），将垂直线段向右各偏移 15mm、10mm 和 15mm，如图 6-3 所示。

（6）执行"偏移"命令（O），将水平线段向下分别偏移 15mm、40mm、55mm、70mm、77mm、80mm 和 84mm，并将相应的线段转换成"中心线"图层，如图 6-4 所示。

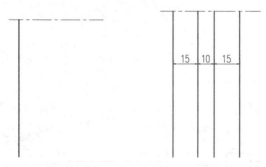

图 6-2 绘制基准线　　图 6-3 垂直线偏移

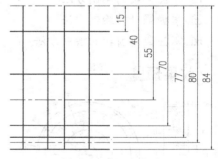

图 6-4 水平线偏移

在执行"偏移"命令（O）时，可以先选择要移动的对象，再执行"偏移"命令（O），然后再输入偏移的距离，以及指定偏移的方向。

（7）执行"修剪"命令（TR），将多余的线段进行修剪，修剪后的效果如图 6-5 所示。

（8）执行"直线"命令（L），如图 6-6 所示，在交点处作为起点，在命令行输入"〈-5"，作 5°的斜线段。

（9）执行"镜像"命令（MI），镜像斜线到相应处；再执行"修剪"命令（TR），对其修剪多余的线段，如图6-7所示。

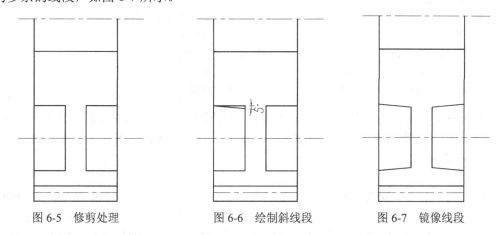

图6-5　修剪处理　　　　图6-6　绘制斜线段　　　　图6-7　镜像线段

（10）执行"倒角"命令（CHA），按命令行提示，选择"角度（A）"项，对最下面两个直角进行4mm×15°倒角处理，如图6-8所示。

（11）执行"偏移"命令（O），将中心线向上、下侧各偏移10mm，并转换为"粗实线"图层；再执行"修剪"命令（TR）进行修剪，结果如图6-9所示。

（12）执行"镜像"命令（MI），将上侧中心线以下对象以水平中心线为镜像轴线进行镜像操作，结果如图6-10所示。

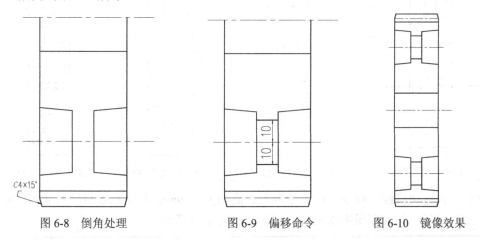

图6-8　倒角处理　　　　图6-9　偏移命令　　　　图6-10　镜像效果

镜像是复制的一种，其生成的图形对象与源对象以一条基线相对称，也是在绘图时会经常使用的命令。执行该命令后，可以保留源对象，也可以对其进行删除命令。用户可以通过以下任意一种方式来执行"镜像"命令。

◆ 选择"常用"选项卡的"修改"面板单击"镜像"按钮。
◆ 在命令行中输入"MIRROR"（其快捷键为"MI"）。

执行"镜像"后，命令行提示如下：

```
命令:MIRROR                                    \\ 执行"镜像"命令
选择对象: 指定对角点: 找到 1 个                \\ 选择需要镜像的图形对象
选择对象:                                      \\ 按回车键结束
指定镜像线的第一点:                            \\ 指定镜像基线第一点
指定镜像线的第二点:                            \\ 指定镜像基线第二点
要删除源对象吗？[是(Y)/否(N)] <N>:             \\ 保留源对象
```

另外，在 AutoCAD 2013 中使用系统变量"MIRRTEXT"可以控制其文字镜像，当其值设置为 1 时，文字会和图形对象一起完全镜像，变得不可读；当其值设置为 0 时，文字方向则不会镜像。

（13）执行"偏移"命令（O），把中心线上面水平线段向上偏移 3mm，如图 6-11 所示。

（14）在"常用"选项卡的"绘图"面板组合下拉框中，单击"样条曲线"按钮，在下半部虚线交点处绘制断裂线；再执行"删除"命令（E）和"修剪"命令（TR），修剪删除多余的线段，如图 6-12 所示。

（15）执行"直线"命令（L），在曲线以下拾取点，绘制 8°的斜线段，如图 6-13 所示。

（16）执行"复制"命令（CO），将斜线向下各复制 2mm、2mm，如图 6-14 所示。

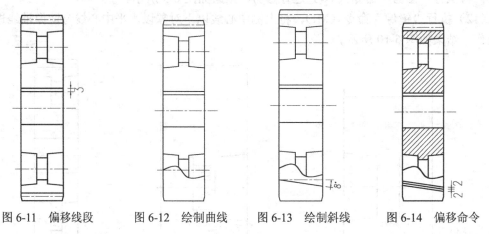

图 6-11　偏移线段　　图 6-12　绘制曲线　　图 6-13　绘制斜线　　图 6-14　偏移命令

（17）执行"直线"命令（L），绘制长、高均为 180mm 且互相垂直的基准线，并转换为"中心线"图层，与前面图形水平居中对齐，如图 6-15 所示。

在绘制互相垂直的基准线时，先执行"圆"命令（C），按 F11 键激活"对象捕捉追踪"命令，以左侧水平线端点为基准，待出现水平向右的对象追踪虚线时，向右侧移动鼠标至恰当的位置单击，从而确定圆心点，以此来绘制 ϕ180 的圆对象；再执行"直线"命令（L），连接左右、上下圆的象限点，从而绘制两条互相垂直的直线段，以及将两条线段转换为"中心线"图层；最后将圆对象删除，从而完成基准线的绘制。

（18）执行"圆"命令（C），以中心线的交点为圆心分别绘制ϕ168、ϕ160、ϕ140、ϕ110、ϕ80、ϕ30的六个圆，并将其中相应的圆转换成"中心线"图层，如图6-16所示。

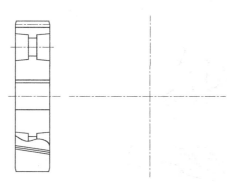

图6-15 绘制垂直基准线

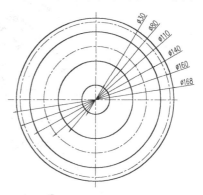

图6-16 绘制同心圆

（19）执行"偏移"命令（O），将水平基线向上偏移18mm，垂直基线向两边各偏移8mm，然后将偏移后的垂直线段转换成"粗实线"图层，如图6-17所示。

（20）执行"修剪"命令（TR），修剪掉多余线段及圆弧，如图6-18所示。

（21）将"剖面线"图层置为当前图层，执行"图案填充"命令（H），选择样例为"ANSI-31"，比例为1，在指定位置进行图案填充操作，结果如图6-19所示。

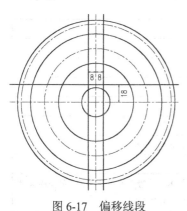

图6-17 偏移线段

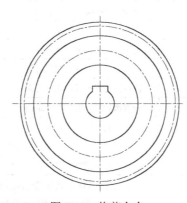

图6-18 修剪命令

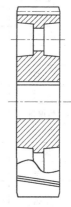

图6-19 填充图案

（22）切换到"尺寸线"图层，对图形分别执行"线性标注"命令（DLI）、"半径标注"命令（DRA）、"直径标注"命令（DDI）、"引线标注"命令（LE）等，对绘制完成的斜齿轮进行尺寸标注，其完成后的最终效果图如图6-1所示。

（23）至此，该斜齿轮绘制完成，按"Ctrl+S"组合键对其文件进行保存。

当圆柱齿轮的轮齿方向与圆柱的素线方向一致时，称为直齿圆柱齿轮，如图6-20所示列出了直齿圆柱齿轮各部分的名称。

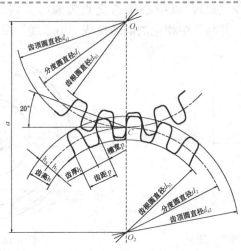

图 6-20 直齿圆柱齿轮各部分的名称

在表 6-1 中，给出了直齿圆柱齿轮各部分名称与符号的关系与说明。

表 6-1 直齿圆柱齿轮各部分的名称和基本参数

名 称	符 号	说 明
齿数	z	
模数	m	$\pi d = z_p$，$d = p/\pi z$，令 $m = p/\pi$
齿顶圆	d_a	通过轮齿顶部的圆周直径
齿根圆	d_f	通过轮齿根部的圆周直径
分度圆	d	齿厚等于槽宽处的圆周直径
齿高	h	齿顶圆与齿根圆的径向距离
齿顶高	h_a	分度圆到齿顶圆的径向距离
齿根高	h_f	分度圆到齿根圆的径向距离
齿距	p	在分度圆上相邻两齿廓对应点的弧长(齿厚＋槽宽)
齿厚	s	每个齿在分度圆上的弧长
节圆	d'	一对齿轮传动时，两齿轮的齿廓在连心线 O_1O_2 上接触点 C 处，两齿轮的圆周速度相等，以 O_1C 和 O_2C 为半径的两个圆称为相应齿轮的节圆
压力角	α	齿轮传动时，一齿轮（从动轮）齿廓在分度圆上点 C 的受力方向与运动方向所夹的锐角称压力角。我国采用标准压力角为 $20°$
啮合角	α	在点 C 处两齿轮受力方向与运动方向的夹角

6.2 齿条的绘制

视频\06\齿条的绘制.avi
案例\06\齿条.dwg

首先绘制互相垂直的基准线，根据偏移、修剪命令作出主视图基本轮廓，再执行构造线、复制命令绘制齿形；其次根据主视延伸平行线，倒角命令来绘制左视图；再次根据主视延伸平行线，执行偏移、连接和圆命令来完成俯视图的绘制；最后进行图案填充、尺寸标注、引线标注等命令完成最终效果，如图 6-21 所示。

第 6 章　齿轮及蜗杆的绘制

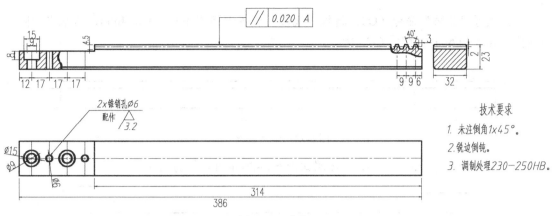

图 6-21　齿条

（1）启动 AutoCAD 2013 软件，在"快速访问工具栏"中，单击"打开"按钮，将"案例\06\机械样板.dwt"文件打开，再单击"另存为"按钮，将其另存为"案例\06\齿条.dwg"文件。

（2）在"常用"选项卡的"图层"面板中，选择"粗实线"图层，使之成为当前图层。

（3）执行"直线"命令（L），绘制长 600mm、高 60mm 的基准线段，如图 6-22 所示。

图 6-22　绘制垂直线段

直线是各种图形中最常见的一类图形对象，只要有起点与终点即可确定一条直线。用户可以通过以下任意一种方式来执行"直线"命令。

◆ 在"常用"选项卡的"绘图"面板中单击"直线"按钮。
◆ 在命令行中输入"LINE"（其快捷键为"L"）。

执行"直线"命令后，命令行提示如下。

命令: LINE　　　　　　　　　　　\\ 启动直线命令
指定第一个点:　　　　　　　　　\\ 任意指定一点
指定下一点或 [放弃(U)]:　　　　\\ 指定下一点
指定下一点或 [闭合(C)/放弃(U)]:　\\ 指定下一点，按"Esc"键取消该命令

在执行直线命令时，其命令行中的相关选项如下。

◆ 指定第一点：指定直线的起点。
◆ 指定下一点：可以指定多个端点，绘出多条直线段。但每一段直线是一个独立的对象，可以进行单独的编辑操作。
◆ 闭合（C）：如果绘制了多条线段，最后要形成一个封闭的图形时，可选择该选项并按 Enter 键。
◆ 放弃（U）：撤销上一次的操作，而不退出"直线"命令。

（4）执行"偏移"命令（O），将垂直线段向右各偏移 72mm 和 314mm，将水平线向上各偏移 17mm 和 6mm，如图 6-23 所示。

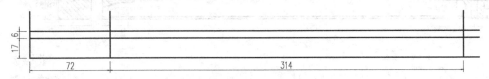

图 6-23　偏移线段

（5）执行"修剪"命令（TR），按照如图 6-24 所示进行修剪操作。

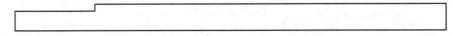

图 6-24　修剪结果

> 用户在绘制图 6-23 所示的轮廓对象时，可以使用"多段线"命令（PL），确定左下角点为起点，按 F8 键切换到正交模式，将鼠标垂直向上并输入 17，再水平向右并输入 72，再垂直向上并输入 6，再水平向右并输入 314，再垂直向下并输入 23，再按 C 键与起点闭合。

（6）执行"偏移"命令（O），将上侧线段向下偏移 2mm 和 2.5mm，将右侧线段向左偏移 3mm、3mm 和 3mm，并将相应的线转换为"中心线"图层，如图 6-25 所示。

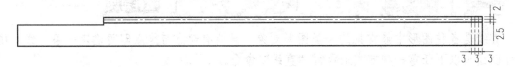

图 6-25　修剪结果

（7）执行"构造线"命令（XL），根据命令行提示选择"角度（A）"项，输入角度为 70°，放在 a 交点处；重复此命令，输入角度为-70°，放在 b 交点处，如图 6-26 所示。

（8）执行"修剪"命令（TR），修剪掉构造线多余部分；再执行"删除"命令（E），删除不需要的线段，结果如图 6-27 所示。

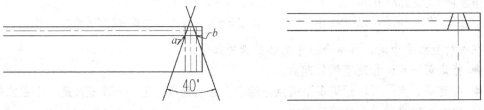

图 6-26　构造线命令　　　　　　　　图 6-27　修剪删除效果

（9）执行"偏移"命令（O），将右侧的垂直中心线向左偏移 9mm 和 9mm，如图 6-28 所示。

（10）执行"复制"命令（CO），选择两条斜线段，以中间十字点为基点，向左分别复制到左侧两个十字交点，如图 6-29 所示。

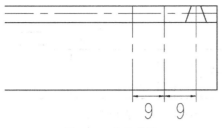

图 6-28 偏移线段

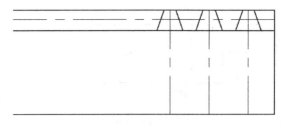

图 6-29 复制斜线

（11）执行"修剪"命令（TR），按照如图 6-30 所示进行修剪操作。

（12）在"常用"选项卡的"绘图"面板组中单击"样条曲线"按钮，按照如图 6-31 所示绘制断裂曲线，并将多余的线段进行修剪。

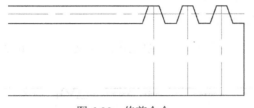

图 6-30 修剪命令

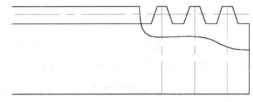

图 6-31 绘制断裂曲线

（13）执行"偏移"命令（O），将左上水平线段向下偏移 8mm，将左侧垂直线段向右各偏移 12mm、17mm、17mm 和 17mm，并将偏移线段转换为"中心线"图层，如图 6-32 所示。

图 6-32 偏移命令

（14）执行"偏移"命令（O），将左侧第一条垂直中心线向两边各偏移 4.5mm、3mm，并转换为"粗实线"图层，如图 6-33 所示。

（15）执行"修剪"命令（TR），按照如图 6-34 所示进行修剪操作。

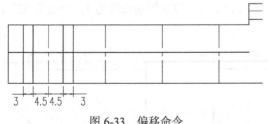

图 6-33 偏移命令

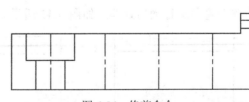

图 6-34 修剪命令

（16）执行"偏移"命令（O），将左侧第二条垂直中心线向两侧各偏移 3mm，并转换为"粗实线"图层，如图 6-35 所示。

（17）在"常用"选项卡的"绘图"面板组中单击"样条曲线"按钮，按照如图 6-36 所示绘制断裂曲线。

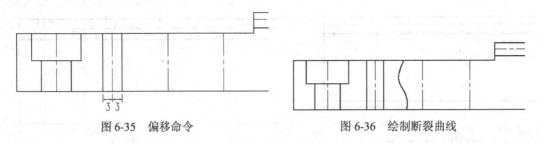

图 6-35 偏移命令　　　　　　　　图 6-36 绘制断裂曲线

（18）执行"偏移"命令（O），将最下面水平线段向上偏移 2mm，并作修剪操作，如图 6-37 所示。

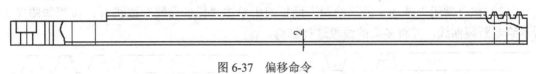

图 6-37 偏移命令

（19）执行"直线"命令（L），在图形的右侧拾取相应端点，绘制多条长度为 32mm 的平行线，作为左视图的定位线，如图 6-38 所示。

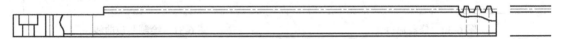

图 6-38 绘制平行线

此处在绘制左视图的定位线时，可以先使用"构造线"命令（XL）捕捉相应的交点来绘制多条水平构造线，再绘制宽度为 32mm 的矩形，然后将矩形以外的构造线全部修剪，以及删除矩形对象。

（20）再执行"直线"命令（L），连接上、下端点，作垂直线段，如图 6-39 所示。

（21）执行"倒角"命令（CHA），选择"角度（A）"项，设置倒角长度为 2、角度为 65°，对下侧两直角进行倒角处理，如图 6-40 所示。

（22）执行"倒角"命令（CHA），选择"角度（A）"项，设置倒角长度为 1，角度为 65°，对上侧两直角进行倒角处理，如图 6-41 所示。

图 6-39 直线连接　　　　图 6-40 倒角命令　　　　图 6-41 倒角命令

（23）拾取相应端点，在主视图下侧绘制多条垂直平行线，其长度为 32mm，如图 6-42 所示。

（24）执行"直线"命令（L），连接左、右端点和中点，绘制水平线段，将中间水平线段及相应的线段转换为"中心线"图层，如图 6-43 所示。

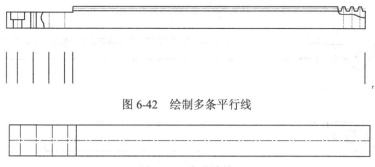

图 6-42　绘制多条平行线

图 6-43　直线连接

（25）执行"圆"命令（C），拾取第一个交点绘制$\phi15$ 和$\phi9$ 的同心圆；拾取第二个交点绘制$\phi6$ 的圆，如图 6-44 所示。

（26）执行"复制"命令（CO），选择所有的圆，以大圆圆心为基点，水平复制到第三个交点处，如图 6-45 所示。

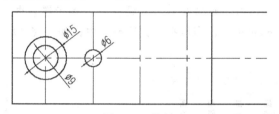
图 6-44　绘制圆

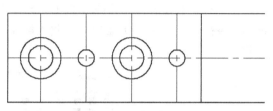
图 6-45　复制圆

（27）将"剖面线"图层置为当前图层，执行"图案填充"命令（H），选择样例为"ANSI-31"，比例为 1，在指定位置进行图案填充操作，结果如图 6-46 所示。

图 6-46　图案填充

（28）切换到"文字"图层，执行"文本"命令（T），输入技术要求内容，其文字的大小为 12，如图 6-47 所示。

技术要求

1. 未注倒角1x45°。

2. 锐边倒钝。

3. 调制处理230-250HB。

图 6-47　输入文字

（29）切换到"尺寸线"图层，对图形分别执行"线性标注"命令（DLI）、"直径标注"命令（DDI）、"公差标注"命令（TOL）、"引线标注"命令（LE）等，对所绘制的齿条进行尺寸标注，如图 6-48 所示。

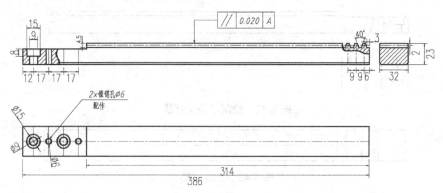

图 6-48　标注尺寸

在执行"公差标注"命令（TOL）时，在弹出的"形位公差"对话框中，单击黑色框选择"特征符号"，并在后面文字框输入数字，确定以后，即可插入到图形当中，如图 6-49 所示。

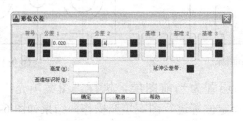

图 6-49　公差对话框

（30）切换到"细实线"图层，再执行"插入块"命令（I），将表示粗糙度的图块插入到图形中相应位置（此"粗糙度"在每一章案例里面都有），最终效果如图 6-21 所示。

（31）至此，该齿条绘制完成，按"Ctrl+S"组合键对其文件进行保存。

齿条也分直齿齿条和斜齿齿条，分别与直齿圆柱齿轮和斜齿圆柱齿轮配对使用；齿条的齿廓为直线而非渐开线（对齿面而言则为平面），相当于分度圆半径为无穷大圆柱齿轮，如图 6-50 所示。

图 6-50　齿条效果图

齿条的主要特点：①由于齿条齿廓为直线，所以齿廓上各点具有相同的压力角，且等于齿廓的倾斜角，此角称为齿形角，标准值为 20°。②与齿顶线平行的任一条直线上具有相同的齿距和模数。③与齿顶线平行且齿厚等于齿槽宽的直线称为分度线（中线），它是计算齿条尺寸的基准线。

6.3 蜗杆的绘制

视频\06\蜗杆的绘制.avi
案例\06\蜗杆.dwg

首先绘制一条水平中心线，再绘制多个居中对齐的矩形，且垂直中点与中心线对齐，执行倒角、修剪、连接、圆、直线等命令绘制主视图；其次引伸两条垂直线段，绘制圆，通过偏移、修剪命令完成键槽剖面的绘制。最后进行图案填充、尺寸标注，其最终效果如图 6-51 所示。

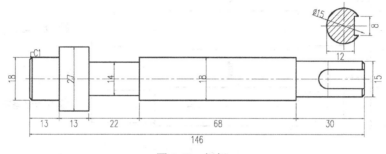

图 6-51　蜗杆

（1）启动 AutoCAD 2013 软件，在"快速访问工具栏"中，单击"打开"按钮，将"案例\06\机械样板.dwt"文件打开，再单击"另存为"按钮，将其另存为"案例\06\蜗杆.dwg"文件。

（2）在"常用"选项卡的"图层"面板中，选择"图层控制"列表框中的"中心线"图层，使之成为当前图层。

（3）执行"直线"命令（L），绘制长 150mm 的水平线段；再执行"线型比例"命令（LTS），输入比例因子为 1.0，结果如图 6-52 所示。

图 6-52　绘制水平线调整比例

（4）将"粗实线"图层置为当前图层，执行"矩形"命令（REC），分别绘制 13mm×18mm、13mm×27mm、22mm×14mm、68mm×18mm、30mm×15mm 的 5 个矩形，且依次与水平中心线居中对齐，如图 6-53 所示。

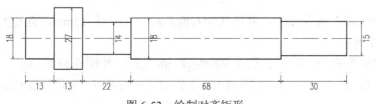

图 6-53　绘制对齐矩形

用户在绘制上一步图 6-51 所示的图形对象时，用户可先执行"多段线"命令（PL），再确定水平中心线左侧线上的一点，并按 F8 键切换到正交模式，向上移动鼠标并输入 9、向右移动鼠标并输入 13、向上移动鼠标并输入 4.5、向右移动鼠标并输入 13、向下移动鼠标并输入 6.5、向右移动鼠标并输入 22、向上移动鼠标并输入 2、向右移动鼠标并输入 68、向下移动鼠标并输入 1.5、向右移动鼠标并输入 30、向下移动鼠标并输入 7.5，再按回车键；再执行"镜像"命令（MI），将所绘制的多段线以水平中心线为轴线进行镜像；再执行"直线"命令（L），连接的垂线段，如图 6-54 所示。

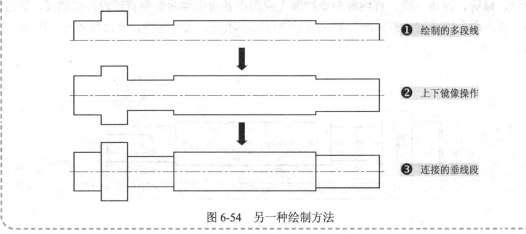

图 6-54　另一种绘制方法

（5）执行"倒角"命令（CHA），在命令提示行选择"距离（D）"选项，设置距离均为 1mm，然后对左右侧四个直角进行倒角，如图 6-55 所示。

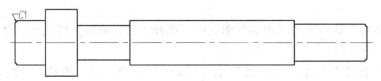

图 6-55　倒角操作

（6）执行"直线"命令（L），分别将倒角的轮廓连接起来，如图 6-56 所示。

图 6-56　连接倒角边

（7）执行"偏移"命令（O），将连接的右倒角线向左偏移 15mm，且转换成"中心线"图层，如图 6-57 所示。

（8）执行"圆"命令（C），拾取交点绘制 ϕ8mm 的圆，如图 6-58 所示。

（9）执行"直线"命令（L），拾取圆上、下侧的交点与最右边线段连接且垂直，如图 6-59 所示。

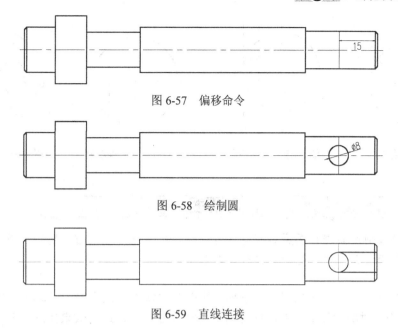

图 6-57 偏移命令

图 6-58 绘制圆

图 6-59 直线连接

（10）执行"修剪"命令（TR），修剪掉多余对象，如图 6-60 所示。

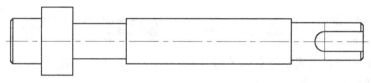

图 6-60 修剪操作

（11）执行"直线"命令（L），在键槽位置的正上方绘制长高均为 20mm 的水平和垂直线段，并将其转换为"中心线"图层，如图 6-61 所示。

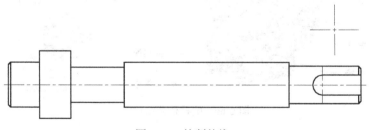

图 6-61 绘制基线

（12）执行"圆"命令（C），以中心线交点为圆心绘制 ϕ15mm 的圆，如图 6-62 所示。

（13）执行"偏移"命令（O），将水平中心线分别向上、下各偏移 4mm，将垂直中心线段向右偏移 7.5mm，再将偏移后的垂直线段向左偏移 3mm，把偏移后的线段转换为"粗实线"图层，如图 6-63 所示。

（14）执行"修剪"命令（TR），修剪多余圆弧和线段，效果如图 6-64 所示。

（15）将"剖面线"图层置为当前图层，执行"图案填充"命令（H），选择样例为"ANSI-31"，比例为 0.5，在指定位置进行图案填充操作，结果如图 6-65 所示。

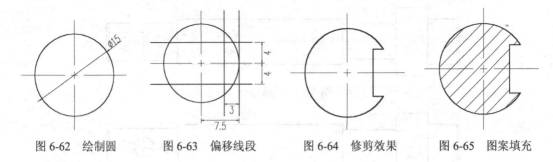

| 图 6-62 绘制圆 | 图 6-63 偏移线段 | 图 6-64 修剪效果 | 图 6-65 图案填充 |

用户在对该剖切面进行图案填充时,可以将"中心线"图层暂时隐藏,然后再拾取其内的一点,从而可以一次性的对其进行图案填充。

(16)切换到"尺寸线"图层,对图形分别执行"线性标注"命令(DLI)、"直径标注"命令(DDI)等,对所绘制好的蜗杆图形对象进行尺寸标注,最终效果如图 6-51 所示。

(17)至此,该蜗杆绘制完成,按"Ctrl+S"组合键对其文件进行保存。

蜗杆传动是一种在空间交错轴间传递运动的机构(交错角一般为 90°)。由主动件蜗杆和从动件蜗轮组成,如图 6-66 所示。

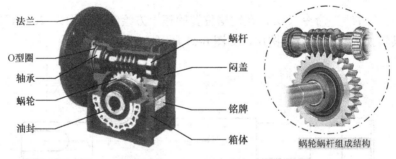

图 6-66 蜗杆传动结构

◆ **蜗杆的旋向**:分为右旋蜗杆和左旋蜗杆(一般为右旋)。
◆ **蜗杆的头数**:单头蜗杆上只有一条螺旋线,即蜗杆转一周,蜗轮转过一齿;双头蜗杆上有两条螺旋线,即蜗杆转一周,蜗轮转过两个齿。
◆ **蜗杆的材料**:常为碳素钢和合金钢,要求齿面光洁并且有较高硬度。一般蜗杆可采用 45、40 等碳素钢,调质处理,硬度为 220~250HBS。对高速重载的蜗杆常用 20Cr、20CrMnTi,渗碳淬火到 56~62HRC;或 40Cr,38SiMnMo,表面淬火到 45~55HRC,并应磨削。

6.4 圆锥齿轮的绘制

视频\06\圆锥齿轮的绘制.avi
案例\06\圆锥齿轮.dwg

首先绘制两条垂直的基准线，使用构造线来定圆锥角度，用直线命令绘制多条角度的斜线，通过偏移、修剪、倒角、圆角、图案填充等命令来完成主视剖面图；其次根据主视引伸多条平行线，来定位多个圆半径，从而绘制多个同心圆，执行偏移修剪命令绘制出俯视图；最后，进行尺寸标注，来完成圆锥齿轮的最终效果，如图6-67所示。

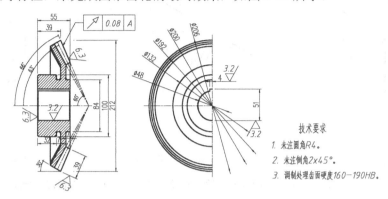

图 6-67　圆锥齿轮

（1）启动 AutoCAD 2013 软件，在"快速访问工具栏"中，单击"打开"按钮，将"案例\06\机械样板.dwt"文件打开，再单击"另存为"按钮，将其另存为"案例\06\圆锥齿轮.dwg"文件。

（2）在"常用"选项卡的"图层"面板中，选择"粗实线"图层，使之成为当前图层；再执行"直线"命令（L），绘制高为110mm的垂直线段。

（3）切换到"中心线"图层，执行"直线"命令（L），绘制长为105mm的水平线段，其中点与垂直线段下端点重合，如图6-68所示。

（4）执行"线型比例"命令（LTS），输入比例因子为1.0。

（5）执行"偏移"命令（O），将水平线向上偏移106mm，如图6-69所示。

（6）执行"构造线"命令（XL），设置"角度（A）"为30°，再捕捉最上面交点处，从而绘制倾斜角度为30°的构造线，如图6-70所示。

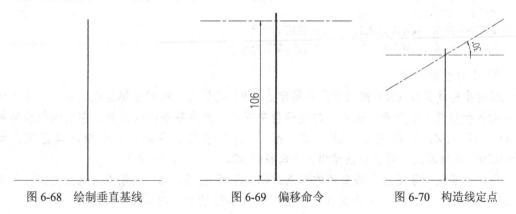

图 6-68　绘制垂直基线　　　图 6-69　偏移命令　　　图 6-70　构造线定点

(7)执行"直线"命令(L),以上面交点为起点,绘制一条角度为-66°的斜线,并延长至下侧水平线上,如图6-71所示。

(8)执行"直线"命令(L),以上一斜线与下面水平线段交点为起点,绘制第二条角度为117°的斜线,如图6-72所示。

(9)执行"直线"命令(L),以上一起点为起点,绘制第三条角度为120°的斜线,如图6-73所示。

图6-71 绘制斜线(一)　　　图6-72 绘制斜线(二)　　　图6-73 绘制斜线(三)

在AutoCAD绘图中,经常使用平面直角坐标系的绝对坐标、相对坐标,平面极坐标系的绝对极坐标和相对极坐标等方法来确定点的位置。

① 绝对直角坐标

绝对坐标是以原点(0,0)为基点定位所有的点。输入点的(x,y,z)坐标,在二维图形中,z=0可省略。如用户可以在命令行中输入"4,2"或"-5,4"(中间用英文逗号隔开)来定义点在XY平面上的位置。

例如,要绘制一条起点坐标为(0,3),端点为(4,2)的直线,如图6-74所示,其命令行提示如下。

```
命令: LINE                       \\ 执行"直线"命令
指定第一个点: 0,3                 \\ 确定起点
指定下一点或 [放弃(U)]: 4,3       \\ 确定下一点
指定下一点或 [放弃(U)]:            \\ 按回车键结束
```

② 相对直角坐标

相对坐标是某点(A)相对于另一特定点(B)的位置,相对坐标是把以前一个输入点作为输入坐标值的参考点,输入点的坐标值是以前一点为基准而确定的,它们的位移增量为ΔX、ΔY、ΔZ。其格式为@ΔX、ΔY、ΔZ,"@"字符表示输入一个相对坐标值。如"@10,20"是指该点相对于当前点沿x方向移动10,沿y方向移动20。

例如,绘制一条直线,该直线的起点的绝对坐标为(-2,1),其端点与起点之间的距离为沿X方向5个单位,沿Y方向3个单位,如图6-75所示,其命令行提示如下。

命令：LINE	\\ 执行"直线"命令
指定第一个点: -2,1	\\ 确定起点
指定下一点或 [放弃(U)]: @5,3	\\ 确定下一点
指定下一点或 [放弃(U)]:	\\ 按回车键结束

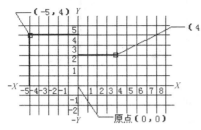

图 6-74 绝对直角坐标

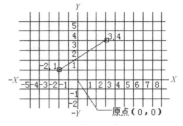

图 6-75 相对直角坐标

③ 绝对极坐标

极坐标是通过相对于极点的距离和角度来定义的，其格式为距离<角度。角度以 X 轴正向为度量基准，逆时针为正，顺时针为负。绝对极坐标以原点为极点。如输入"10<20"，表示距原点 10，方向 20° 的点。

例如，以原点为起点，用绝对极坐标绘制两条直线，如图 6-76 所示，其命令行提示如下。

命令: LINE	\\ 执行"直线"命令
指定第一个点: 0,0	\\ 确定起点
指定下一点或 [放弃(U)]: 4<120	\\ 确定下一点
指定下一点或 [放弃(U)]: 5<30	\\ 确定下一点
指定下一点或 [放弃(U)]:	\\ 按回车键结束

④ 相对极坐标

相对极坐标是以上一个操作点为极点，其格式为@距离<角度。如输入"@10<20"，表示该点距上一点的距离为 10，和上一点的连线与 x 轴成 20°。

例如，以原点为起点，用相对极坐标绘制两条直线，如图 6-77 所示，其命令行提示如下。

命令: LINE	\\ 执行"直线"命令
指定第一个点: 0,0	\\ 确定起点
指定下一点或 [放弃(U)]: @3<45	\\ 确定下一点
指定下一点或 [放弃(U)]: @5<285	\\ 确定下一点
指定下一点或 [放弃(U)]:	\\ 按回车键结束

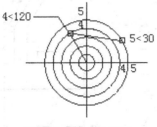

图 6-76 绝对极坐标

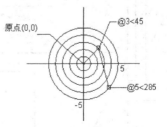

图 6-77 相对极坐标

（10）执行"偏移"命令（O），将垂直线向右偏移 38mm；再执行"复制"命令（CO），选择最左的斜线，以水平线段交点为基点，复制到偏移交点位置，再修剪和删除多余的线段，如图 6-78 所示。

图 6-78　绘制斜线

（11）执行"偏移"命令（O），将垂直线段向左各偏移 7mm、32mm，向右偏移 9mm、7mm，如图 6-79 所示。

（12）执行"偏移"命令（O），将水平中心线向上分别偏移 25mm、42mm、50mm 和 66mm，如图 6-80 所示。

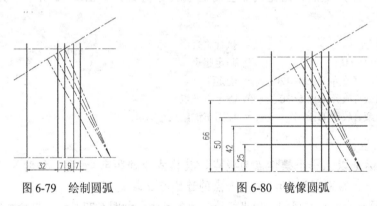

图 6-79　绘制圆弧　　　　　　　图 6-80　镜像圆弧

（13）执行"修剪"命令（TR），按照如图 6-81 所示进行修剪操作。

（14）将"粗实线"图层置为当前图层，执行"直线"命令（L），连接相应的交点，如图 6-82 所示。

（15）执行"修剪"命令（TR），按照如图 6-83 所示进行修剪和删除操作。

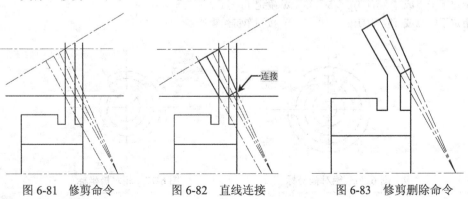

图 6-81　修剪命令　　　　　图 6-82　直线连接　　　　　图 6-83　修剪删除命令

(16) 执行"直线"命令(L),连接左上交点与下面水平线段的垂足点,如图6-84所示。

(17) 执行"偏移"命令(O),将左上侧斜线向下复制4mm,如图6-85所示。

(18) 执行"倒角"命令(CHA),对左边直角进行距离均为2mm的倒角处理,如图6-86所示。

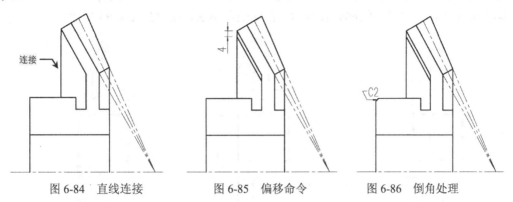

图 6-84 直线连接　　　图 6-85 偏移命令　　　图 6-86 倒角处理

(19) 执行"圆角"命令(F),设置"半径(R)"为2mm,对相应的角进行倒圆角处理,如图6-87所示。

(20) 执行"偏移"命令(O),将左、右垂直线段各向内偏移1mm,中心线以上水平线向下偏移1mm,如图6-88所示。

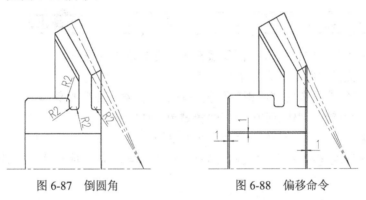

图 6-87 倒圆角　　　　　图 6-88 偏移命令

(21) 执行"直线"命令(L),连接相应的角点;再执行"修剪"命令(TR),按照如图6-89所示进行修剪操作。

(22) 执行"删除"命令(E),删除上面线段,如图6-90所示。

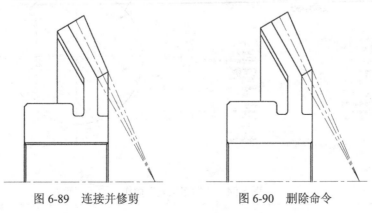

图 6-89 连接并修剪　　　图 6-90 删除命令

（23）执行"镜像"命令（MI），将中心线以上所有对象，以中心线为镜像轴线向下镜像，结果如图 6-91 所示。

（24）执行"偏移"命令（O），将中心线以上水平线向上偏移 3mm，如图 6-92 所示。

（25）执行"图案填充"命令（H），选择样例为"ANSI-31"，比例为 1，在指定位置进行图案填充操作。并将填充的部分转换为"剖面线"图层，结果如图 6-93 所示。

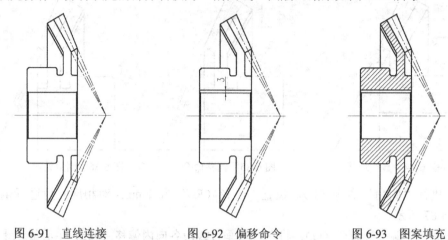

图 6-91　直线连接　　　　图 6-92　偏移命令　　　　图 6-93　图案填充

当用户需要对封闭的区域进行图案填充时，首先应对其进行设置。用户可以通过以下任意一种方式来执行"图案填充"命令（H）。

◆ 在"常用"选项卡的"绘图"面板中单击"图案填充"按钮 。

◆ 在命令行中输入"HATCH"(其快捷键为"H")。

执行"图案填充"后，将弹出"图案填充和渐变色"对话框。根据要求选择一封闭的图形区域，并设置填充的图案、比例、颜色、填充原点，即可对其进行图案填充操作，如图 6-94 所示。

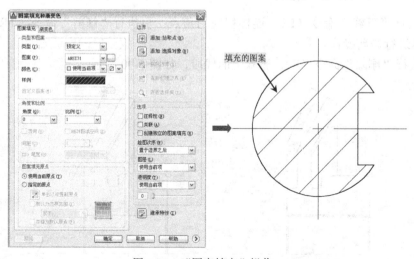

图 6-94　"图案填充"操作

在进行图案填充时，其填充的图案、类型、填充角度、填充比例等选项设置较为频繁，下面就针对这几个选项的含义和示例作详细讲解。

- "类型"下拉列表框：可以选择图案的类型，包括预定义、用户定义、自定义 3 个选项。
- "图案"下拉列表框：设置填充的图案，若单击其后的按钮，将打开"填充图案选项板"对话框，从中选择相应的填充图案即可，如图 6-95 所示。

图 6-95 "填充图案选项板"对话框

- "角度"下拉列表框：设置填充图案的旋转角度，如图 6-96 所示。

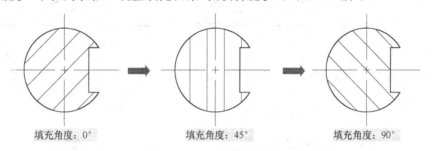

图 6-96 不同的填充角度

- "比例"组合框：可以设置图案填充的比例，如图 6-97 所示。

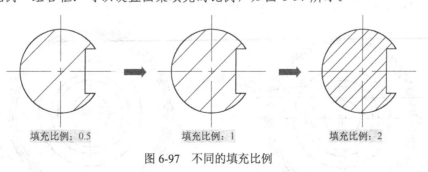

图 6-97 不同的填充比例

（26）执行"构造线"命令（XL），选择"水平（H）"项，捕捉主视图各相应端点来绘制平行投影线，如图 6-98 所示。

（27）将图层切换到"中心线"图层，绘制长、高均为 230mm 的水平和垂直线段，并与主视中心线对齐，如图 6-99 所示。

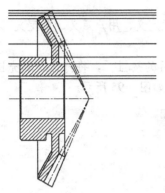

图 6-98　绘制平行线　　　　　　　图 6-99　绘制中心基线

（28）执行"圆"命令（C），拾取中心点为圆心，拖动到垂直中线上侧各交点为半径分别绘制同心圆，如图 6-100 所示。

（29）执行"删除"命令（E），删除相应的水平构造线，只保留水平中心线上面的一条水平构造线，结果如图 6-101 所示。

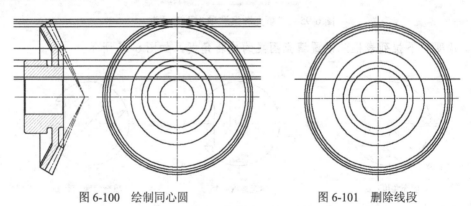

图 6-100　绘制同心圆　　　　　　　图 6-101　删除线段

（30）执行"偏移"命令（O），将垂直基线向两侧分别偏移 4mm，如图 6-102 所示。

（31）执行"修剪"命令（TR），修剪掉多余线段和圆弧，如图 6-103 所示。

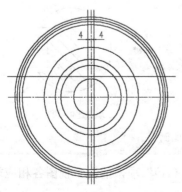 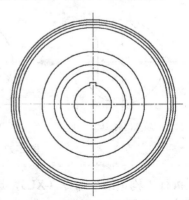

图 6-102　绘制平行线　　　　　　　图 6-103　绘制中心基线

(32）执行"修剪"命令（TR）和"删除"命令（E），以垂直基准线为轴，修剪删除右侧部分图形，如图 6-104 所示。

(33）切换到"文字"图层，执行"文本"（T）命令，输入技术要求内容，如图 6-105 所示。

技术要求

1. 未注圆角R4。

2. 未注倒角2x45°。

3. 调制处理齿面硬度160-190HB。

图 6-104　删除、修剪　　　　　　　图 6-105　输入文字

(34）切换到"尺寸线"图层，执行"线性标注"命令（DLI）、"直径标注"命令（DDI）、"角度标注"命令（DAN）、"引线标注"命令（LE）、公差标注"命令（TOL），标注尺寸。

(35）切换到"细实线"图层，再执行"插入块"命令（I），将表示粗糙度的图块插入到图形中相应位置，最终效果如图 6-67 所示。

(36）至此，该圆锥齿轮绘制完成，按"Ctrl+S"组合键对其文件进行保存。

在绘制单个齿轮时，一般用两个视图或一个视图和一个局部视图表示，如图 6-106 所示。

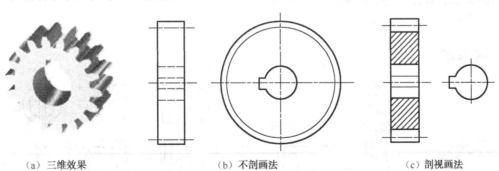

（a）三维效果　　　　　　（b）不剖画法　　　　　　（c）剖视画法

图 6-106　单个齿轮的画法

国家标准规定的单个齿轮画法，应遵循以下几点。

◆ 齿顶圆和齿顶线用粗实线绘制；分度圆和分度线用点画线绘制（分度线应超出轮廓线 2~3mm）；齿根圆和齿根线用细实线绘制，也可省略不画。

◆ 在剖视图中，当剖切平面通过齿轮的轴线时，轮齿一律按不剖绘制，齿根线用粗实线绘制。

◆ 如需表明齿形时，可在图形中用粗实线画出一个或两个齿，或用适当比例的局部放大图表示。

第7章

弹簧的绘制

本章导读

弹簧是一种利用弹性来工作的机械零件,一般用弹簧钢制成,用以控制机件的运动、缓和冲击或震动、贮蓄能量、测量力的大小等,被广泛用于机器、仪表中。在本章中,分别讲解了碟形弹簧、拉伸弹簧、扭转弹簧和压缩弹簧的绘制方法,并在其中穿插讲解了弹簧的分类、弹簧各部分名称和基本参数、压缩弹簧的标注等。

主要内容

- ☑ 掌握碟形弹簧的绘制方法
- ☑ 掌握拉伸弹簧的绘制方法
- ☑ 掌握扭转弹簧的绘制方法
- ☑ 掌握压缩弹簧的绘制方法

效果预览

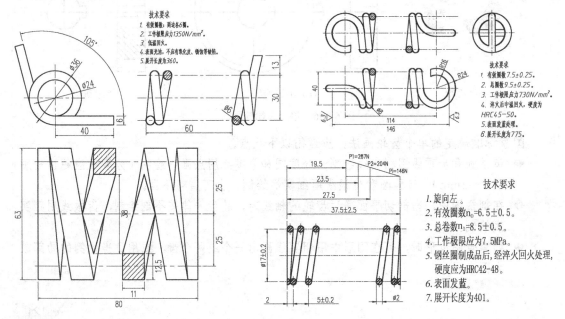

7.1 碟形弹簧的绘制

视频\07\碟形弹簧的绘制.avi
案例\07\碟形弹簧.dwg

首先绘制水平基线、绘制矩形对齐，执行偏移、直线连接命令绘制出斜线，再进行修剪得到左边部分。其次通过偏移垂直线段来确定位置，再对图案进行复制、旋转、移动等命令完成剖切弹簧的另一段面。最后进行图案填充、尺寸标注，最终效果如图7-1所示。

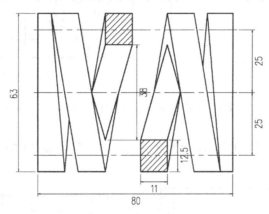

图 7-1　碟形弹簧

（1）启动 AutoCAD 2013 软件，在"快速访问工具栏"中单击"打开" 按钮，将"案例\07\机械样板.dwt"文件打开，再单击"另存为"按钮，将其另存为"案例\07\碟形弹簧.dwg"文件。

（2）在"常用"选项卡的"图层"面板中，选择"中心线"图层，使之成为当前图层。

（3）执行"直线"命令（L），绘制长 83mm 水平中心线；再执行"偏移"命令（O），将中心线向上、下侧各偏移 25mm，如图 7-2 所示。

（4）将"粗实线"图层置为当前图层，执行"矩形"命令（REC），绘制 80mm×63mm 的矩形，与中心线居中对齐，如图 7-3 所示。

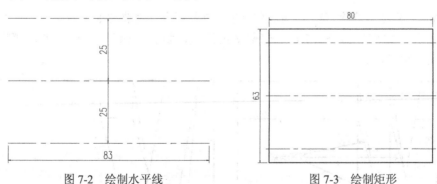

图 7-2　绘制水平线　　　　　　　　　图 7-3　绘制矩形

（5）执行"分解"命令（X），将矩形进行打散操作；再执行"偏移"命令（O），将左侧垂直线段往右各偏移 5.5mm、5.5mm、5.5mm、11mm 和 11mm，并将相应的线转为"中心线"图层，如图 7-4 所示。

（6）执行"直线"命令（L），连接多个相应的交点绘制多条斜线，如图 7-5 所示。

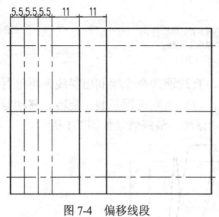

图 7-4 偏移线段　　　　　　　　　图 7-5 绘制斜线

（7）执行"删除"命令（E）删除三条垂直虚线；再执行"修剪"命令（TR），按照如图 7-6 所示进行修剪操作。

（8）执行"偏移"命令（O），将上侧水平线段向下各偏移 12.5mm 和 38mm，如图 7-7 所示。

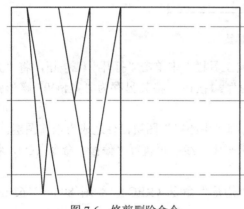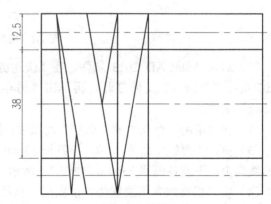

图 7-6 修剪删除命令　　　　　　　图 7-7 偏移命令

（9）执行"直线"命令（L），捕捉交点进行连接操作，如图 7-8 所示。

（10）执行"修剪"命令（TR），修剪多余线段，执行"删除"命令（E），删除多余线段，结果如图 7-9 所示。

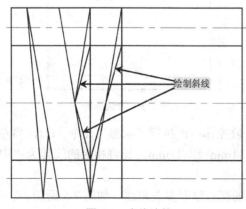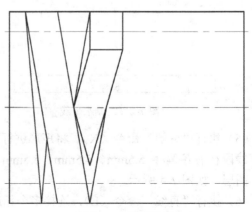

图 7-8 直线连接　　　　　　　　　图 7-9 修剪结果

(11) 执行"复制"命令(CO),复制平移框内图形到空白处,如图 7-10 所示。

(12) 执行"旋转"命令(RO),对复制的结果进行 180°的旋转,结果如图 7-11 所示。

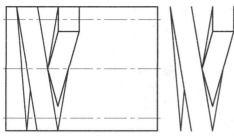
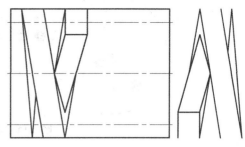

图 7-10　复制命令　　　　　　　　　　　　图 7-11　旋转命令

旋转是对图形对象以指定的某一基点进行指定的角度旋转。用户可以通过以下任意一种方式来执行"旋转"命令。

◆ 在"常用"选项卡的"修改"面板中单击"旋转"按钮 ○。

◆ 在命令行中输入"ROTATE"(其快捷键为"RO")。

启动旋转命令后,根据如下提示进行操作,即可使用命令旋转其图形对象,如图 7-12 所示。

命令: _rotate　　　　　　　　　　　　　　\\ 启动旋转命令
UCS 当前的正角方向: ANGDIR=逆时针　ANGBASE=0\\ 当前旋转的方向为逆时针
选择对象: 找到 2 个　　　　　　　　　　　\\ 指定旋转的图形对象
选择对象:　　　　　　　　　　　　　　　　\\ 按回车键结束选择
指定基点:　　　　　　　　　　　　　　　　\\ 捕捉圆心点
指定旋转角度, 或 [复制(C)/参照(R)] <170>:45　\\ 指定旋转角度 45

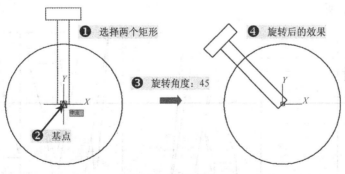

图 7-12　旋转对象

在执行旋转命令过程中,其命令提示行中各选项的含义如下。

◆ 指定旋转角度:输入旋转角度,系统自动按逆时针方向转动。

◆ 复制(C):选择该项后,系统提示"旋转一组选定对象",将指定的对象复制旋转,如图 7-13 所示。

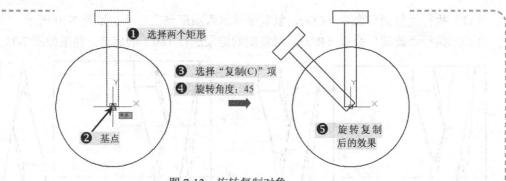

图 7-13 旋转复制对象

◆ 参照(R)：以某一指定角度为基准，再进行旋转，其命令行提示如下，如图 7-14 所示。

指定旋转角度，或 [复制(C)/参照(R)]：r   \\ 启动参照功能
指定参照角 <0>: 30:   \\ 可输入角度，或者选择起点与终点来确定角度
指定新角度或 [点(P)]:45   \\ 指定以参照角度为基准的旋转角度。

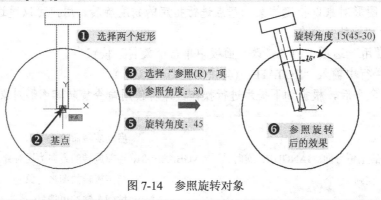

图 7-14 参照旋转对象

（13）执行"偏移"命令（O），将原矩形右侧垂直线段向左偏移 38mm，如图 7-15 所示。

（14）执行"移动"命令（M），将空白处图形以左下端点为基点，移动到偏移线段的下端，结果如图 7-16 所示。

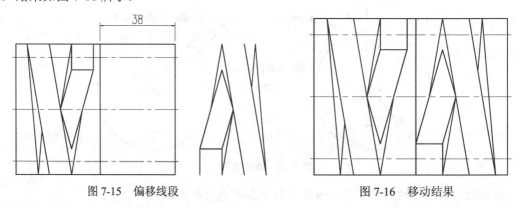

图 7-15 偏移线段　　　　　　　　图 7-16 移动结果

（15）执行"删除"命令（E），删除偏移的垂直线段，执行"修剪"命令（TR），修剪多余的线段，结果如图 7-17 所示。

（16）将"剖面线"图层置为当前图层，执行"图案填充"命令（H），选择样例为"ANSI-31"，比例为 0.5，在指定位置进行图案填充操作，结果如图 7-18 所示。

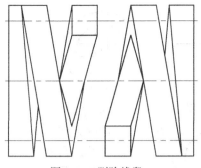
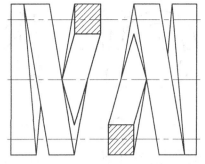

图 7-17　删除线段　　　　　　　图 7-18　图案填充

（17）切换到"尺寸线"图层，对图形分别执行"线性标注"命令（DLI），完成最终效果图的绘制，如图 7-1 所示。

（18）至此，该圆柱螺旋压缩弹簧绘制完成，按"Ctrl+S"组合键对其文件进行保存。

　　弹簧的种类很多，有螺旋弹簧、扭转弹簧、蜗卷弹簧、板弹簧和片弹簧等。若按照弹簧的受力性质，可分为拉伸弹簧、压缩弹簧、扭转弹簧和弯曲弹簧；若按照弹簧的形状，可分为碟形弹簧、环形弹簧、板弹簧、螺旋弹簧、截锥涡卷弹簧及扭杆弹簧等，如图 7-19 所示。

　压缩弹簧　　　　拉伸弹簧　　　　扭转弹簧　　　　蜗卷弹簧　　　　板弹簧

图 7-19　常见的弹簧

7.2　拉伸弹簧的绘制

视频\07\拉伸弹簧的绘制.avi
案例\07\拉伸弹簧.dwg

　　首先绘制互相垂直的中心线，再绘制同心圆，偏移命令绘制斜线，根据斜线两点绘制圆，进行修剪、镜像相切圆等命令完成主视图。其次执行向下复制、旋转命令得到俯视图。然后根据主视图引伸两条垂直中心线，再绘制同心圆，根据偏移中心线、修剪命令来绘制拉环。最后进行图案填充，尺寸标注，最终效果如图 7-20 所示。

（1）启动 AutoCAD 2013 软件，在"快速访问工具栏"中单击"打开" 按钮，将"案例\07\机械样板.dwt"文件打开，再单击"另存为"按钮，将其另存为"案例\07\拉伸弹簧.dwg"文件。

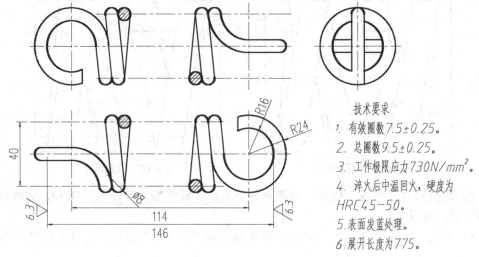

图 7-20　拉伸弹簧

（2）在"常用"选项卡的"图层"面板中，选择"中心线"图层，使之成为当前图层。

（3）执行"直线"命令（L），绘制长 168mm、高 54mm 互相垂直的基准线，垂直线段中点与水平线段左端点相距 27mm，如图 7-21 所示。

（4）将"粗实线"图层置为当前图层，执行"圆"命令（C），捕捉左侧交点绘制半径为 24mm、16mm 的同心圆，如图 7-22 所示（左侧局部放大视图）。

图 7-21　绘制垂直基准线　　　　图 7-22　绘制同心圆

（5）执行"偏移"命令（O），将水平中心线向上、下侧各偏移 20mm，垂直线段向右分别偏移 16mm 和 18mm，如图 7-23 所示。

（6）执行"直线"命令（L），捕捉端点，绘制斜线段，如图 7-24 所示。

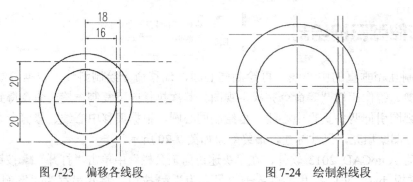

图 7-23　偏移各线段　　　　图 7-24　绘制斜线段

（7）执行"偏移"命令（O），将绘制的斜线段向右偏移 8mm 和 8mm，如图 7-25 所示。

（8）执行"偏移"命令（O），将左侧垂直中心线各向右偏移 30mm 和 8mm，如图 7-26 所示。

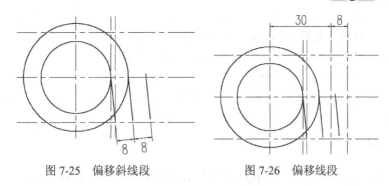

图 7-25　偏移斜线段　　　　　　图 7-26　偏移线段

（9）执行"延伸"命令（EX），将偏移后的斜线段分别向上、下水平线延伸，再执行"直线"命令（L），捕捉端点，绘制斜线段，如图 7-27 所示。

在执行对象捕捉时打开所有对象捕捉模式，共有 13 种，较为常用的特殊点捕捉模式为端点、中点、圆心、象限点、节点、交点和垂足等。

在状态栏中右击"对象捕捉"按钮，在弹出的快捷菜单中选择"设置"命令，弹出如图 7-28 所示的"草图设置"对话框，在"对象捕捉"选项卡中，勾选"启用对象捕捉"复选框，在"对象捕捉模式"区域中选择要捕捉的特殊点即可。或者在键盘上按住 Shift 或 Ctrl 键的同时右击鼠标，从弹出的快捷菜单中选择临时要捕捉的模式即可，如图 7-29 所示。

图 7-27　"对象捕捉"选项卡　　　　图 7-28　临时捕捉菜单

在"对象捕捉模式"选项组中，提供了 13 种捕捉模式，下面我们针对常用的 7 种特殊点捕捉介绍如下。

- ◆ 端点：捕捉到圆弧、椭圆弧、直线、多线、多段线、样条曲线、面域或射线最近的端点，或捕捉宽线、实体或三维面域的最近角点。
- ◆ 中点：捕捉到圆弧、椭圆、椭圆弧、直线、多线、多段线、面域、实体、样条曲线或参照线的中点。
- ◆ 圆心：捕捉到圆弧、圆、椭圆或椭圆弧的中心点。

- ◆ 节点：捕捉到点对象、标注定义点或标注文字原点。
- ◆ 象限点：捕捉到圆弧、圆、椭圆或椭圆弧的象限点。
- ◆ 交点：捕捉到圆弧、圆、椭圆、椭圆弧、直线、多线、多段线、射线、面域、样条曲线或参照线的交点。"延伸交点"不能用作执行对象捕捉模式。"交点"和"延伸交点"不能和三维实体的边或角点一起使用。
- ◆ 垂足：捕捉到垂直于线或圆上的点。

（10）执行"删除"命令（E），删除掉偏移后的垂直中心线，执行"修剪"命令（TR），修剪多余线段，结果如图 7-30 所示。

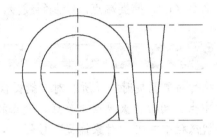

图 7-29　延伸连接命令　　　　　　图 7-30　修剪删除命令

（11）执行"圆"命令（C），选择"两点"（2P），分别捕捉相应两点绘制圆，如图 7-31 所示。

（12）执行"修剪"命令（TR），修剪多余圆弧，结果如图 7-32 所示。

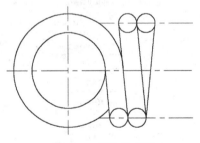
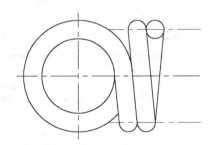

图 7-31　两点绘制圆　　　　　　图 7-32　修剪命令

（13）执行"偏移"命令（O），将垂直中心线向右偏移 7mm，并将其转换为"粗实线"图层，如图 7-33 所示。

（14）执行"修剪"命令（TR），修剪多余线段，结果如图 7-34 所示。

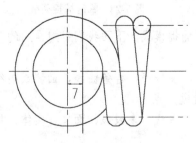
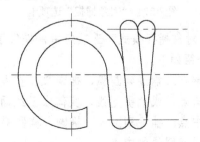

图 7-33　偏移线段　　　　　　图 7-34　修剪命令

（15）执行"镜像"命令（MI），将粗实线图形以水平中心线垂直中点向右侧进行镜像复制操作，结果如图 7-35 所示。

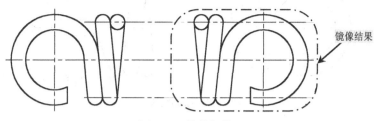

图 7-35　镜像操作

（16）执行"镜像"命令（MI），将上一步镜像后的对象再以水平中心线为基准，进行向下镜像，并删除镜像源，结果如图 7-36 所示。

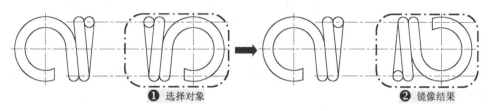

图 7-36　镜像处理

（17）执行"偏移"命令（O），将水平中心线向上、下各偏移 4mm，并将偏移后的线段转换"粗实线"图层，如图 7-37 所示。

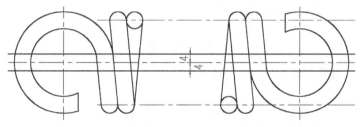

图 7-37　偏移命令

（18）执行"修剪"命令（TR），修剪多余线段，结果如图 7-38 所示。

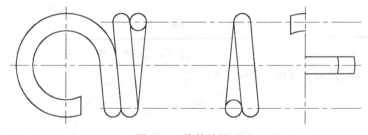

图 7-38　修剪效果

（19）执行"直线"命令（L），打开极轴捕捉、对象追踪、对象捕捉，捕捉点绘制与右侧水平线段相垂直的线段，结果如图 7-39 所示。

（20）执行"删除"命令（E），删除不需要的线段，结果如图 7-40 所示。

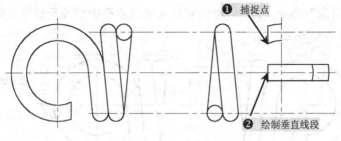

图 7-39 绘制线段

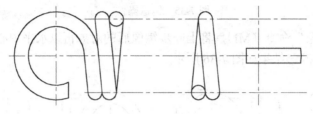

图 7-40 删除命令

（21）执行"圆"命令（C），绘制直径为 8mm 的圆，使其右象限点与弧线中点重合，如图 7-41 所示。

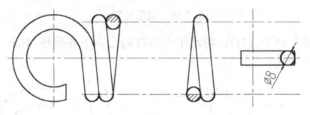

图 7-41 绘制圆

（22）再执行"修剪"命令（TR），修剪多余线段，结果如图 7-42 所示。

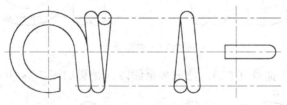

图 7-42 修剪结果

（23）执行"圆"命令（C），根据命令行提示，选择"相切 相切 半径（T）"选项，选择两个切点，输入半径为 26mm，如图 7-43 所示。

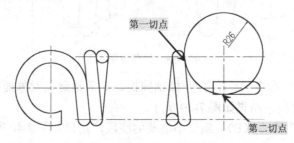

图 7-43 绘制相切圆弧

(24）执行"偏移"命令（O），将上一步操作的圆向圆内偏移 8mm，如图 7-44 所示。
(25）执行"修剪"命令（TR），修剪多余圆弧及线段，修剪结果如图 7-45 所示。

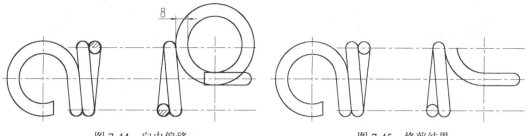

图 7-44　向内偏移　　　　　　　　　图 7-45　修剪结果

(26）执行"圆"命令（C），根据两点绘制圆，效果如图 7-46 所示。

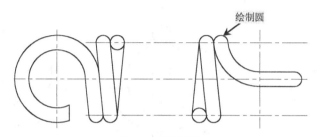

图 7-46　绘制圆

(27）执行"复制"命令（CO），将绘制好的图形向下复制一份，如图 7-47 所示。
(28）执行"旋转"命令（RO），将下面图形水平旋转 180°，结果如图 7-48 所示。

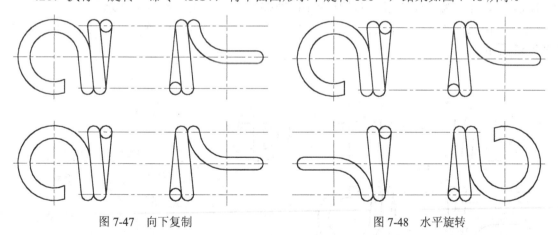

图 7-47　向下复制　　　　　　　　　图 7-48　水平旋转

(29）执行"直线"命令（L），绘制长、高均为 55mm 的且互相垂直的线段，且转换为"中心线"图层，使其与左边图形的水平中心线对齐，如图 7-49 所示。

(30）执行"圆"命令（C），捕捉交点，绘制半径为 24mm 和 16mm 的同心圆，如图 7-50 所示。

(31）执行"偏移"命令（O），将水平和垂直线段各向两侧偏移 4mm，并将偏移后的线段转换为"粗实线"图层，如图 7-51 所示。

(32）执行"圆"命令（C），绘制半径为 4mm 的圆，使其象限点和大圆象限点对齐，如图 7-52 所示。

（33）执行"修剪"命令（TR），修剪结果如图 7-53 所示。

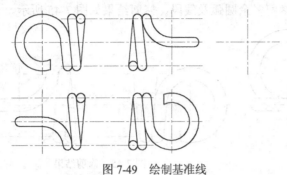
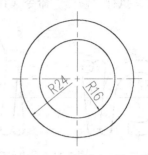

图 7-49　绘制基准线　　　　　　　　　　图 7-50　绘制同心圆

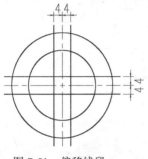
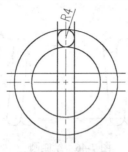
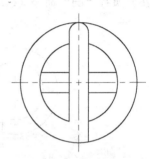

图 7-51　偏移线段　　　　图 7-52　绘制圆　　　　图 7-53　修剪效果

（34）将"剖面线"图层置为当前图层，执行"图案填充"命令（H），选择样例为"ANSI-31"，比例为 0.5，在指定位置进行图案填充操作，结果如图 7-54 所示。

（35）切换到"文字"图层，执行"多行文本"（MT）命令，输入技术要求内容，如图 7-55 所示。

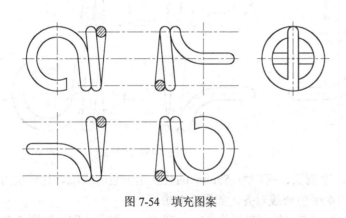

技术要求

1. 有效圈数 7.5±0.25。
2. 总圈数 9.5±0.25。
3. 工作极限应力 730N/mm²。
4. 淬火后中温回火，硬度为 HRC45-50。
5. 表面发蓝处理。
6. 展开长度为 775。

图 7-54　填充图案　　　　　　　　　　　图 7-55　输入文字

多行文字是一种易于管理与操作的文字对象，可以用来创建两行或两行以上的文字，而每行文字都是独立的、可被单独编辑的整体。用户可以通过以下任意一种方式来执行"多行文字"命令。

- ◆ 在"注释"标签下的"文字"面板中单击"多行文字"按钮A。
- ◆ 在命令行中输入"MTEXT"命令（快捷键为"MT"）。

执行"多行文字"命令后，根据如下提示，即可创建多行文字，如图7-56所示。

```
命令: mtext                                              \\ 执行"多行文字"命令
当前文字样式:"Standard"  文字高度： 2.5  注释性： 否     \\ 当前默认设置
指定第一角点:                                            \\ 指定文字矩形编辑框的第一个角点
指定对角点或 [高度(H)/对正(J)/行距(L)/旋转(R)/样式(S)/宽度(W)/栏(C)]: \\ 指定第二个角点
```

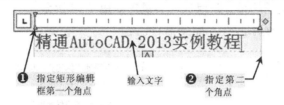

图 7-56 多行文字的创建

在执行"多行文字"命令中，其命令提示行中各主要选项的功能与含义如下。
- ◆ 高度(H)：指定文本框的高度值。
- ◆ 对正(J)：用于确定所标注文字的对齐方式，是确定文字的某一点与插入点对齐。
- ◆ 行距(L)：设置多行文本的行间距，是指相邻两个文本基线之间的垂直距离。
- ◆ 旋转(R)：设置文本的倾斜角度。
- ◆ 样式(S)：指定当前文本的样式。
- ◆ 宽度(W)：指定文本编辑框的宽度值。
- ◆ 栏(C)：设置文本编辑框的尺寸。

执行上述操作后，将弹出"文字格式"对话框，如图7-57所示。

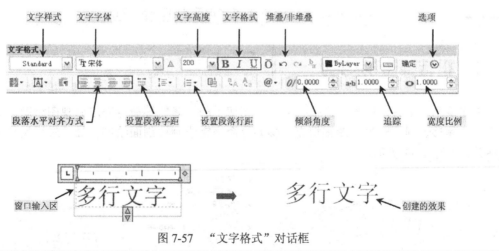

图 7-57 "文字格式"对话框

（36）切换到"尺寸线"图层，对图形分别执行"线性标注"命令（DLI）、"直径标注"命令（DDI）、"半径标注"命令（DRA）进行标注尺寸。

（37）切换到"细实线"图层，再执行"插入块"命令（I），将表示粗糙度的图块插入到图形中相应位置，最终效果如图7-20所示。

（38）至此，该圆柱螺旋拉伸弹簧绘制完成，按"Ctrl+S"组合键对其文件进行保存。

拉伸弹簧（也称为拉力弹簧，简称拉簧）是承受轴向拉力的螺旋弹簧，拉伸弹簧一般都用圆截面材料制造。在不承受负荷时，拉伸弹簧的圈与圈之间一般都是并紧的，没有间隙。

弹簧的标记由弹簧代号、型式代号、规格、精度代号、旋向代号、标准代号、材料分类或材料牌号和表面处理标记方法组成，其规定如图7-58所示。

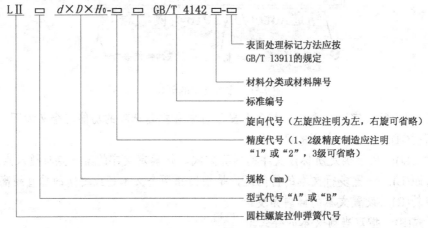

图 7-58　修剪效果

例如，LⅡ型弹簧，材料直径为 2.5mm，弹簧中径为 16mm，自由长度为 78.9mm，材料为碳素弹簧钢丝 C 组，表面电镀锌处理的 A 型左旋弹簧，其标记如下：

　　　　LⅡ　A 2.5 × 15 × 78.9　左　GB/T 4142-Ep · Zn

7.3 扭转弹簧的绘制

视频\07\扭转弹簧的绘制.avi
案例\07\扭转弹簧.dwg

首先绘制两条夹角线段，再执行偏移、相切于圆、修剪等命令完成俯视图绘制，然后执行直线、偏移、圆、删除、图案填充、移动等命令完成侧视剖面绘制，最后进行尺寸标注，最终效果如图7-59所示。

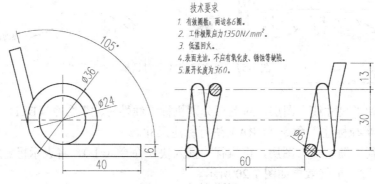

图 7-59　扭转弹簧

(1) 启动 AutoCAD 2013 软件，在"快速访问工具栏"中单击"打开"按钮，将"案例\07\机械样板.dwt"文件打开，再单击"另存为"按钮，将其另存为"案例\07\扭转弹簧.dwg"文件。

(2) 在"常用"选项卡的"图层"面板中，选择"粗实线"图层，使之成为当前图层。

(3) 执行"直线"命令（L），绘制长 54mm 的水平线，再以水平线左端点为起点，绘制角度为 105°，长度为 54mm 的线段，如图 7-60 所示。

(4) 执行"偏移"命令（O），将两条线段各向内偏移 6mm，如图 7-61 所示。

(5) 执行"圆"命令（C），根据命令提示行选择"切点 切点 半径（T）"选项，在外侧两线段绘制相切半径 18mm 的圆，在内侧夹角线段绘制相切半径 12mm 的圆，如图 7-62 所示。

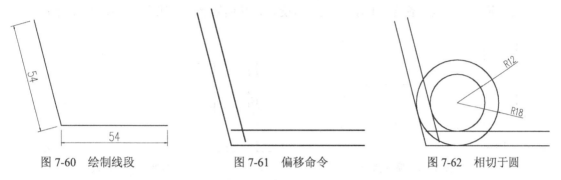

图 7-60　绘制线段　　　　图 7-61　偏移命令　　　　图 7-62　相切于圆

(6) 执行"修剪"命令（TR），修剪掉多余的线段及圆弧，效果如图 7-63 所示。

(7) 执行"直线"命令（L），各连接线段的两个端点，如图 7-64 所示。

(8) 将图层切换到"中心线"图层，执行"直线"命令（L），捕捉圆的象限点绘制相互垂直的两条中心线，如图 7-65 所示。

图 7-63　修剪效果　　　　图 7-64　偏移线段　　　　图 7-65　绘制线段

(9) 执行"直线"命令（L），绘制长度为 90mm 的水平线段，且与前面图形水平对齐，如图 7-66 所示。

图 7-66　绘制水平线段

（10）执行"偏移"命令（O），将水平基线向上、下侧各偏移15mm，如图7-67所示。

（11）将"粗实线"图层置为当前图层，执行"直线"命令（L），绘制一条垂直线段，如图7-68所示。

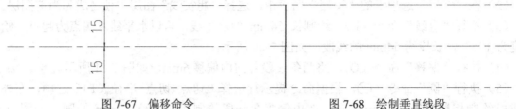

图7-67　偏移命令　　　　　　　　　图7-68　绘制垂直线段

（12）执行"偏移"命令（O），将垂直线段向右各偏移3mm和12mm，如图7-69所示。

（13）执行"直线"命令（L），连接相应交点，从而绘制出斜线段，如图7-70所示。

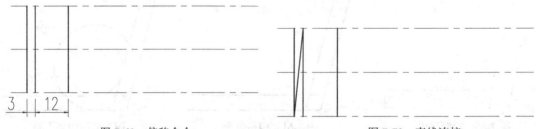

图7-69　偏移命令　　　　　　　　　图7-70　直线连接

（14）执行"删除"命令（E），删除多余线段，如图7-71所示。

（15）执行"圆"命令（C），绘制直径为6mm的圆，使其象限点与斜线上、下端点重合；再执行"复制"命令（CO），下侧圆向右复制到和其右象限点对齐，如图7-72所示。

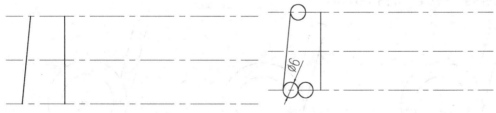

图7-71　删除命令　　　　　　　　　图7-72　绘制圆

（16）执行"复制"命令（CO），选择圆，以圆心为基点，复制到垂直线段以上端点，如图7-73所示。

（17）执行"直线"命令（L），连接每两圆的切点，绘制切线，如图7-74所示。

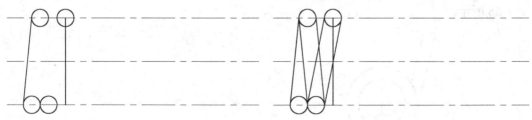

图7-73　复制圆　　　　　　　　　　图7-74　连接切点

用户在拾取圆切点时，按住 Ctrl 键的同时右击鼠标，将弹出捕捉的快捷菜单，从中选择"切点"选项，当拖动到第二个圆时，同样按住 Ctrl 再右击即可以捕捉到另一个切点。

（18）执行"修剪"命令（TR）和"删除"命令（E），修剪删除多余线段，效果如图 7-75 所示。

（19）执行"复制"命令（CO），复制图形到外面空白处，如图 7-76 所示。

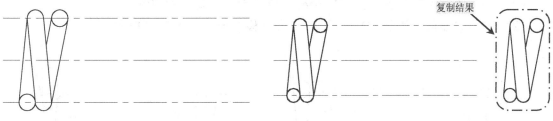

图 7-75　修剪删除效果　　　　　　　　图 7-76　向外复制

（20）执行"旋转"命令（RO），把复制得到的图形执行 180°的水平旋转，结果如图 7-77 所示。

（21）执行"直线"命令（L），在左下侧圆的象限点向上绘制一条垂直线段，再执行"偏移"命令（O），垂直线段向右偏移 62mm，如图 7-78 所示。

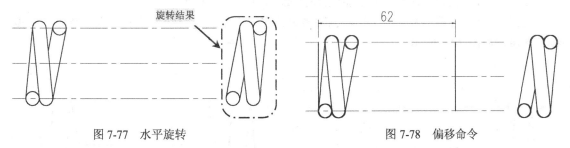

图 7-77　水平旋转　　　　　　　　图 7-78　偏移命令

（22）执行"移动"命令（M），将复制得到的图形以左下圆的象限点为基点，移动到垂直线段端点，如图 7-79 所示。

（23）执行"删除"命令（E），删除两条垂直线段，如图 7-80 所示。

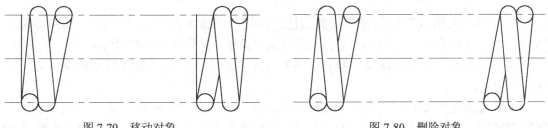

图 7-79　移动对象　　　　　　　　图 7-80　删除对象

（24）执行"偏移"命令（O），将上侧水平中心线向上偏移 13mm；再执行"直线"命令（L），连接右上圆的象限点向上绘制垂直线段，如图 7-81 所示。

（25）执行"偏移"命令（O），将垂直线段向左偏移 6mm，向右偏移 3mm，如图 7-82 所示。

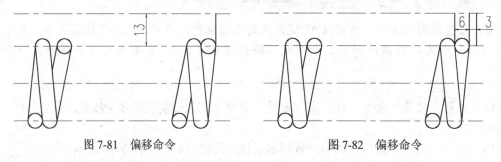

图 7-81　偏移命令　　　　　　　　图 7-82　偏移命令

（26）执行"直线"命令（L），连接交点绘制斜线，如图 7-83 所示。

（27）执行"偏移"命令（O），斜线段向左偏移 6mm，如图 7-84 所示。

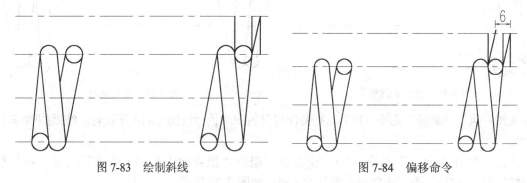

图 7-83　绘制斜线　　　　　　　　图 7-84　偏移命令

（28）执行"删除"命令（E），删除垂直线段，如图 7-85 所示。

（29）执行"修剪"命令（TR），删除多余的水平中心线，将修剪后的线段转换为"粗实线"图层，如图 7-86 所示。

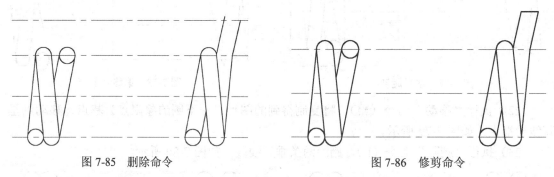

图 7-85　删除命令　　　　　　　　图 7-86　修剪命令

（30）将"剖面线"图层置为当前图层，执行"图案填充"命令（H），选择样例为"ANSI-31"，比例为 0.5，在指定位置进行图案填充操作，结果如图 7-87 所示。

（31）切换到"文字"图层，执行"多行文本"命令（MT），输入技术要求内容，如图 7-88 所示。

（32）切换到"尺寸线"图层，对图形分别执行"线性标注"命令（DLI）、"对齐标注"命令（DAL）、"直径标注"命令（DDI）、"角度标注"命令（DAN），其最终效果如图 7-59 所示。

（33）至此，该扭转弹簧绘制完成，按"Ctrl+S"组合键对其文件进行保存。

第 7 章 弹簧的绘制

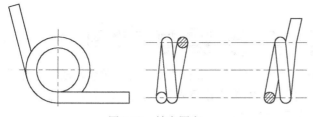

技术要求
1. 有效圈数：两边各6圈。
2. 工作极限应力1350N/mm²。
3. 低温回火。
4. 表面光洁，不应有氧化皮、锈蚀等缺陷。
5. 展开长度为360。

图 7-87 填充图案　　　　　　　　图 7-88 输入文字

扭转弹簧是一种利用弹性来工作的机械零件，一般用弹簧钢制成，如图 7-89 所示。用以控制机件的运动、缓和冲击或震动、贮蓄能量、测量力的大小等，广泛应用于计算机、电子、家电、照相机、仪器、门、摩托车、收割机、汽车等行业。

图 7-89 扭转弹簧

7.4 压缩弹簧的绘制

视频\07\压缩弹簧的绘制.avi
案例\07\压缩弹簧.dwg

首先绘制、偏移中心线；以中心线的交点作为圆心分别绘制圆，根据绘制的圆的象限点，绘制弹簧轮廓线条，对绘制的圆进行填充图案操作，最后绘制弹簧需要标注的部分，最终效果如图 7-90 所示。

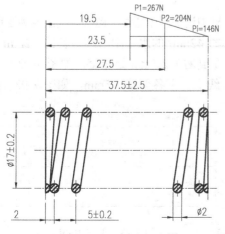

技术要求
1. 旋向左。
2. 有效圈数n_0=6.5±0.5。
3. 总卷数n_1=8.5±0.5。
4. 工作极限应为7.5MPa。
5. 钢丝圈制成品后，经淬火回火处理，硬度应为HRC42-48。
6. 表面发蓝。
7. 展开长度为401。

图 7-90 压缩弹簧

如图 7-91 所示为圆柱螺旋压缩弹簧的零件图，主视图上方的三角形，表示该弹簧的机械性能，其中 P_1、P_2 为弹簧的工作负荷，P_j 为工作极限负荷，55、47 表示相应工作负荷下的工作高度，39 表示工作极限负荷下的高度。

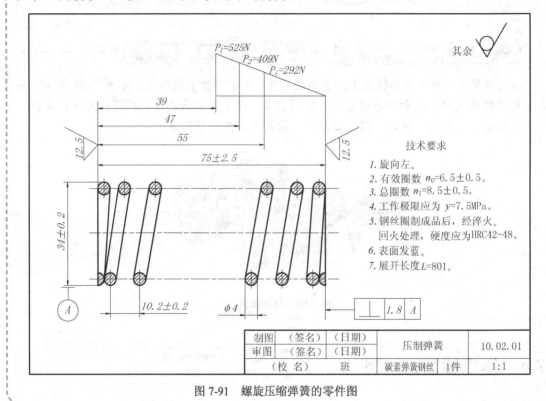

图 7-91　螺旋压缩弹簧的零件图

（1）启动 AutoCAD 2013 软件，在"快速访问工具栏"中单击"打开"按钮，将"案例\07\机械样板.dwt"文件打开，再单击"另存为"按钮，将其另存为"案例\07\压缩弹簧.dwg"文件。

（2）在"图层"工具栏的"图层控制"组合框中选择"中心线"图层，使之成为当前图层。

（3）执行"直线"命令（L），分别绘制长约 42mm 的水平中心线与长约 22mm 的垂直中心线，且垂直中心线的中点与水平中心线（从左到右）2.5mm 处相交，如图 7-92 所示。

（4）执行"偏移"命令（O），将水平中心线上、下各偏移 8.5mm，如图 7-93 所示。

图 7-92　绘制中心线

图 7-93　偏移中心线

(5)执行"偏移"命令(O),将垂直中心线向右分别偏移 1mm、2mm、4.5mm、7mm、9.5mm,如图 7-94 所示。

(6)在"图层"工具栏的"图层控制"组合框中选择"粗实线"图层,使之成为当前图层。

(7)执行"圆"命令(C),以偏移的垂直中心线与偏移的水平中心线的交点作为圆心点,绘制 6 个直径为 2mm 的圆,如图 7-95 所示。

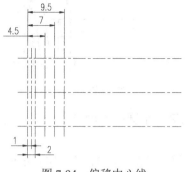

图 7-94 偏移中心线

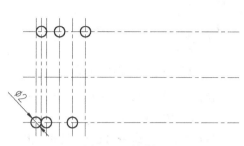

图 7-95 绘制圆

(8)执行"直线"命令(L),将水平中心线下端第一个圆(从左往右),下侧象限点作为直线的起点,连接到水平中心线上端第一个圆的左侧象限点,作为直线的终点。如图 7-96 所示。

(9)执行"直线"命令(L),将水平中心线下端第一个圆,右侧象限点作为直线的起点,连接到水平中心线上端第一个圆的右侧象限点处,作为直线的终点,如图 7-97 所示。

图 7-96 绘制直线(一)

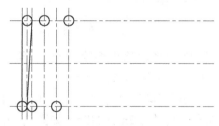

图 7-97 绘制直线(二)

(10)执行"直线"命令(L),将水平中心线下端第二个圆(从左往右),左侧象限点作为直线的起点,连接到水平中心线上端第二个圆的左侧象限点,作为直线的终点,如图 7-98 所示。

(11)执行"直线"命令(L),将水平中心线下端第二个圆,右侧象限点作为直线的起点,连接到水平中心线上端第二个圆的右侧象限点,作为直线的终点,如图 7-99 所示。

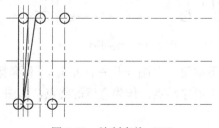

图 7-98 绘制直线(三)

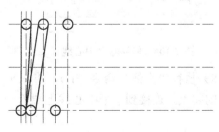

图 7-99 绘制直线(四)

(12) 执行"直线"命令（L），将水平中心线下端第三个圆，左侧象限点作为直线的起点，连接到水平中心线上端第三个圆的左侧象限点，作为直线的终点，如图 7-100 所示。

(13) 执行"直线"命令（L），将水平中心线下端第三个圆，右侧象限点作为直线的起点，连接到水平中心线上端第三个圆的右侧象限点，作为直线的终点，如图 7-101 所示。

图 7-100　绘制直线（五）　　　　图 7-101　绘制直线（六）

(14) 执行"修剪（TR）"命令，将水平中心线下侧第一个圆的左侧半圆修剪，删除偏移的中心线，如图 7-102 所示。

(15) 执行"偏移"命令（O），将垂直中心线向右偏移 37.5mm，如图 7-103 所示。

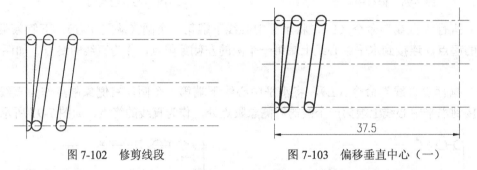

图 7-102　修剪线段　　　　图 7-103　偏移垂直中心（一）

(16) 执行"偏移"命令（O），将右侧的垂直中心线向左分别偏移 1mm、2mm、4.5mm、7mm，如图 7-104 所示。

(17) 执行"圆"命令（C），以偏移的垂直中心线与偏移的水平中心线的交点作为圆心点，绘制多个直径为 2mm 的圆，如图 7-105 所示。

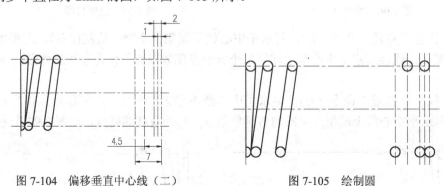

图 7-104　偏移垂直中心线（二）　　　　图 7-105　绘制圆

(18) 执行"直线"命令（L），将水平中心线下端第一个圆（从右往左），下侧象限点作为直线的起点，连接到水平中心线上端第一个圆的上侧象限点，作为直线的终点，如图 7-106 所示。

(19) 执行"直线"命令（L），将水平中心线下端第二个圆，右侧象限点作为直线的起点，连接到水平中心线上端第一个圆的右侧象限点处，作为直线的终点，如图 7-107 所示。

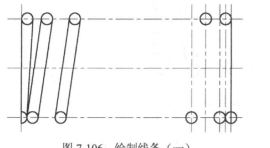

图 7-106　绘制线条（一）

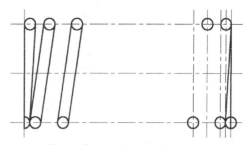

图 7-107　绘制线条（二）

(20) 执行"直线"命令（L），将水平中心线下端第二个圆（从右往左），左侧象限点作为直线的起点，连接到水平中心线上端第一个圆的左侧象限点，作为直线的终点，如图 7-108 所示。

(21) 执行"直线"命令（L），将水平中心线下端第三个圆，右侧象限点作为直线的起点，连接到水平中心线上端第二个圆的右侧象限点处，作为直线的终点，如图 7-109 所示。

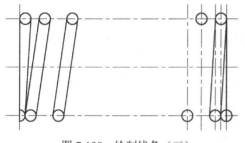

图 7-108　绘制线条（三）

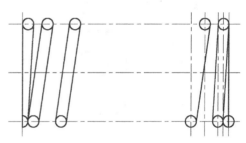

图 7-109　绘制线条（四）

(22) 执行"直线"命令（L），将水平中心线下端第三个圆（从右往左），左侧象限点作为直线的起点，连接到水平中心线上端第二个圆的左侧象限点，作为直线的终点，如图 7-110 所示。

(23) 执行"修剪（TR）"命令，将水平中心线下侧最右边的一个圆进行修建处理，删除多余中心线，如图 7-111 所示。

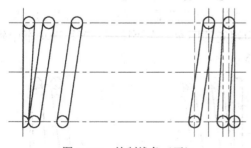

图 7-110　绘制线条（五）

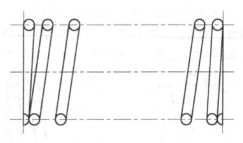

图 7-111　修剪圆

(24) 将"中心线"图层置为当前图层，在"注释"标签下的"标注"面板中单击"圆心标记"按钮 ⊕，然后使用鼠标分别单击图形中的圆对象，从而对其进行圆心标记，如图 7-112 所示。

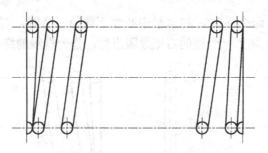

图 7-112　进行圆心标记

在对圆或圆弧对象进行圆心标记时,应在打开的"修改标注样式:习题"对话框中设置圆心标记为"标记",并设置标记的大小为 3.5,如图 7-113 所示。

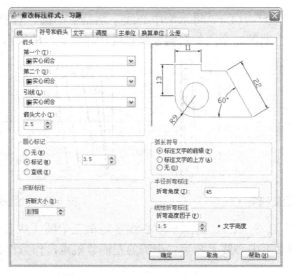

图 7-113　设置圆心标记

(25) 将"中心线"图层设置为关闭状态,则当前图形效果如图 7-114 所示。

(26) 将"剖面线"图层置为当前图层,执行"图案填充"命令(H),将打开的"填充图案和渐变色"对话框中,选择"ANSI 31"作为填充的图案,在"比例"下拉选项框中输入 0.2,对指定的圆对象进行图案填充,如图 7-115 所示。

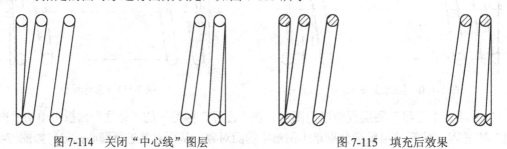

图 7-114　关闭"中心线"图层　　　　　　图 7-115　填充后效果

(27) 至此,该圆柱螺旋压缩弹簧绘制完成,按"Ctrl+S"组合键对其文件进行保存。

圆柱螺旋压缩弹簧各部分名称和基本参数如表 7-1 所示。

表 7-1　圆柱螺旋压缩弹簧各部分名称和基本参数

名称	符号	说明	图例
型材直径	d	制造弹簧用的材料直径	
弹簧的外径	D	弹簧的最大直径	
弹簧的内径	D_1	弹簧的最小直径	
弹簧的中径	D_2	$D_2 = D - d = D_1 + d$	
有效圈数	n	为了工作平稳，n 一般不小于 3 圈	
支承圈数	n_0	弹簧两端并紧和磨平（或锻平），仅起支承或固定作用的圈（一般取 1.5、2 或 2.5 圈）	
总圈数	n_1	$N = n + n_0$	
节距	t	相邻两有效圈上对应点的轴向距离	
自由高度	H_0	未受负荷时的弹簧高度 $H_0 = n_1 t + (n_0 - 0.5)d$	
展开长度	L	制造弹簧所需钢丝的长度 $L \approx \pi D n_1$	

第8章

板类、转子及块类零件的绘制

本章导读

板类、转子、块类零件不属于常用件及典型零件类,在此是按照零件结构特点来进行划分的。板类零件形体是由平面和厚度所组成,厚度在形体各处是相等的,平面轮廓一般是由直线或曲线单独组成,或者是由直线和曲线组合而成。转子零件一般由专业制造厂或专用生产线按照严格的工艺文件,经过三四十道工序加工完成。

主要内容

- ☑ 掌握旋钮和压块的绘制方法
- ☑ 掌握转子和滑动板的绘制方法
- ☑ 掌握V形导轨和挡板的绘制方法

效果预览

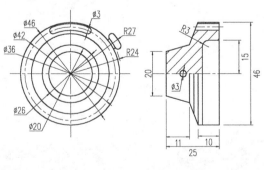
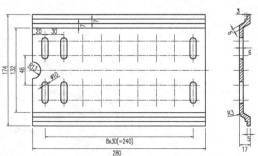
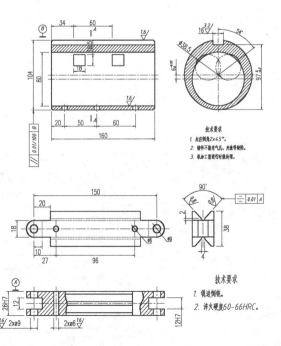

8.1 旋钮的绘制

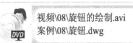
视频\08\旋钮的绘制.avi
案例\08\旋钮.dwg

首先绘制两条垂直基准线，绘制同心圆，再执行偏移、修剪、旋转等命令来绘制俯视视图，然后作俯视的平行线，来修剪主视轮廓，再执行偏移、修剪、圆角、图案填充、尺寸标注等命令来完成最终效果，如图8-1所示。

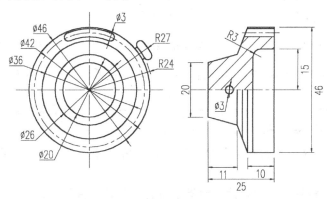

图 8-1　旋钮

（1）启动 AutoCAD 2013 软件，在"快速访问工具栏"中，单击"打开" 按钮，将"案例\08\机械样板.dwt"文件打开，再单击"另存为" 按钮，将其另存为"案例\08\旋钮.dwg"文件。

（2）在"常用"选项卡的"图层"面板中，选择"中心线"图层，使之成为当前图层。

（3）执行"直线"命令（L），绘制长55mm、高55mm垂直的基准线，如图8-2所示。

（4）将"粗实线"图层置为当前图层，执行"圆"命令（C），捕捉垂直交点为圆心，绘制半径分别为10mm、13mm、18mm、21mm和23mm的同心圆，如图8-3所示。

（5）执行"偏移"命令（O），将水平中心线向上、下侧各偏移2.5mm，并将偏移后的线段转换为"粗实线"图层，如图8-4所示。

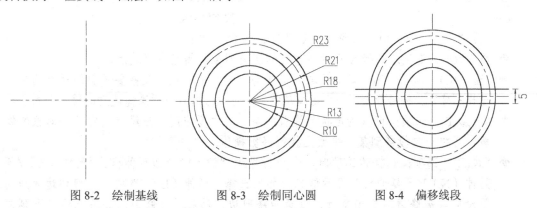

图 8-2　绘制基线　　　图 8-3　绘制同心圆　　　图 8-4　偏移线段

（6）执行"偏移"命令（O），将最大的圆向外各偏移1mm和3mm，如图8-5所示。

（7）执行"修剪"命令（TR），修剪线段和圆，结果如图8-6所示。

（8）执行"圆"命令（C），选择"两点"（2P），以修剪圆弧端点绘制圆，如图8-7所示。

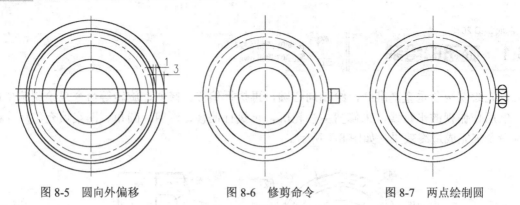

图 8-5 圆向外偏移　　　　图 8-6 修剪命令　　　　图 8-7 两点绘制圆

（9）执行"修剪"命令（TR），修剪掉多余线段及圆弧，结果如图 8-8 所示。

> 修剪是对图形对象中不需要的部分进行剪切。用户可以通过以下任意一种方式来执行"修剪"命令。
> ◆ 在"常用"标签下的"修改"面板中单击"修剪"按钮 。
> ◆ 在命令行中输入"TRIM"（其快捷键"TR"）。
>
> 在执行"修剪"命令过程中，其命令行提示如下。
>
> 命令:TRIM　　　　　　　　　　　　　　　　\\ 执行"修剪"命令
> 当前设置:投影=UCS，边=延伸
> 选择剪切边...
> 选择对象或 <全部选择>:　　　　　　　　　　\\ 选择要修剪的图形对象
> 选择对象:　　　　　　　　　　　　　　　　　\\ 按空格键结束
> 选择要修剪的对象，或按住 Shift 键选择要延伸的对象，或[栏选(F)/窗交(C)/投影(P)/边(E)/删除(R)/放弃(U)]:　　　　　　　　　　　　　　　　\\ 指定对象需要剪切的部分
> 选择要修剪的对象，或按住 Shift 键选择要延伸的对象，或[栏选(F)/窗交(C)/投影(P)/边(E)/删除(R)/放弃(U)]:　　　　　　　　　　　　　　　　\\ 按空格键结束
>
> 在执行"修剪"命令时，各选项内容的功能与含义如下。
> ◆ "栏选(F)"选项：选择与栅栏线相交的所有对象，需指定栏选点。
> ◆ "窗交(C)"选项：选择矩形区域内部或与之相交的对象。某些要修剪的对象的交叉选择不确定。将沿着矩形交叉窗口从第一个点以顺时针方向选择遇到的第一个对象。
> ◆ "投影(P)"选项：可以指定执行修剪的空间，主要应用于三维空间中两个对象的修剪，可将对象投影到某一平面上执行修剪操作。
> ◆ "边(E)"选项：选择边选项时，命令行显示"输入隐含边延伸模式[延伸（E）/不延伸（N）]<不延伸>:"提示信息。如果选择"延伸（E）"选项，当剪切边太短而且没有与被修剪对象相交时，可延伸修剪边，然后进行修剪；如果选择"不延伸（N）选项，只当剪切边与被修剪对象真正相交时，才能进行修剪。
> ◆ "删除(R)"选项：删除选定的对象。
> ◆ "放弃(U)"选项：取消上一次的操作。

(10) 执行"旋转"命令（RO），选择圆以外的图形，以圆心进行旋转 35°，如图 8-9 所示。

(11) 执行"旋转"命令（RO），将垂直线段以圆心，进行复制旋转-22.5°，如图 8-10 所示。

图 8-8　修剪命令　　　　图 8-9　旋转图形　　　　图 8-10　旋转角度

(12) 执行"镜像"命令（MI），选择斜线以垂直中心线为轴向左镜像，结果如图 8-11 所示。

(13) 执行"偏移"命令（O），将虚线圆向上、下侧各偏移 1.5mm，并转换为"粗实线"图层，如图 8-12 所示。

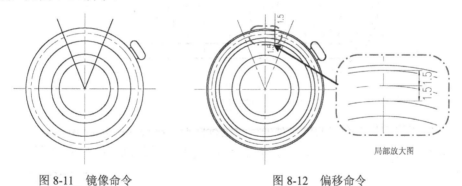

图 8-11　镜像命令　　　　　　图 8-12　偏移命令

(14) 执行"修剪"命令（TR），修剪斜线和圆弧；再执行"圆"命令（C），选择"两点（2P）"项，拾取两点绘制圆，如图 8-13 所示。

(15) 执行"修剪"命令（TR）和"删除"命令（E），修剪删除多余圆弧和线段，结果如图 8-14 所示。

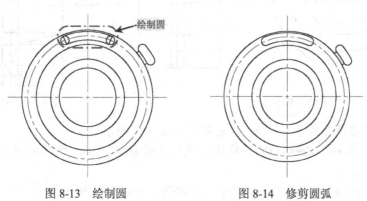

图 8-13　绘制圆　　　　　　图 8-14　修剪圆弧

（16）执行"构造线"命令（XL），绘制平行投影线，如图 8-15 所示。

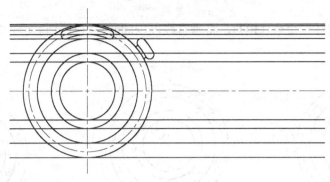

图 8-15　绘制平行投影线

（17）执行"直线"命令（L），连接上、下水平线绘制一条垂直线段；再执行"偏移"命令（O），将垂直线段向右偏移 11mm、2mm、2mm 和 10mm，如图 8-16 所示。

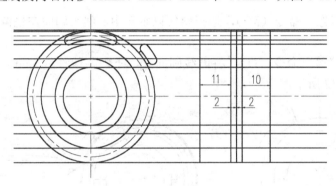

图 8-16　偏移线段（一）

（18）执行"修剪"命令（TR），对平行线进行修剪，结果如图 8-17 所示。

（19）执行"直线"命令（L），捕捉相应交点进行斜线的绘制，如图 8-18 所示。

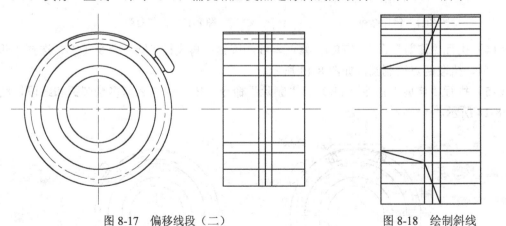

图 8-17　偏移线段（二）　　　　　　图 8-18　绘制斜线

（20）执行"修剪"命令（TR），修剪效果如图 8-19 所示。

（21）执行"偏移"命令（O），将中心线向上偏移 15mm，将右侧垂直线段向左偏移 8mm，如图 8-20 所示。

（22）执行"修剪"命令（TR），修剪多余线段，如图 8-21 所示。

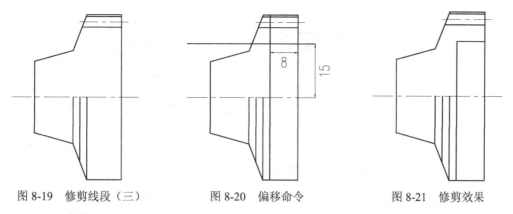

图 8-19　修剪线段（三）　　图 8-20　偏移命令　　图 8-21　修剪效果

（23）执行"圆角"命令（F），对修剪拐角处进行半径为 3mm 的圆角处理，结果如图 8-22 所示。

（24）执行"偏移"命令（O），将右边垂直线段向左偏移 17mm，并缩短，如图 8-23 所示。

（25）执行"圆"命令（C），拾取交点，绘制直径为 3mm 的圆，如图 8-24 所示。

（26）将"剖面线"图层置为当前图层，执行"图案填充"命令（H），选择样例为"ANSI-31"，比例为 1，在指定位置进行图案填充操作，结果如图 8-25 所示。

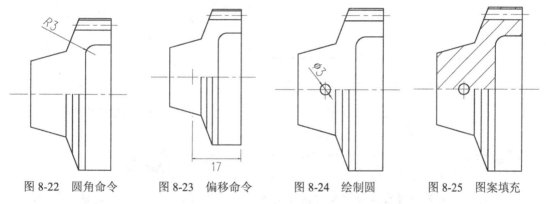

图 8-22　圆角命令　　图 8-23　偏移命令　　图 8-24　绘制圆　　图 8-25　图案填充

（27）切换到"尺寸线"图层，对图形分别执行"线性标注"命令（DLI）、"直径标注"命令（DDI）、"半径标注"命令（DRA）、"引线标注"命令（LE），其尺寸标注后的最终效果图如图 8-1 所示。

（28）至此，该旋钮绘制完成，按"Ctrl+S"组合键对其文件进行保存。

8.2　压块的绘制

首先绘制垂直基线和矩形，再绘制圆，执行分解、偏移、修剪、圆、直线等命令完成主视图的绘制，然后根据主视图作平行线，再通过偏移、修剪、填充、尺寸标注等命令来完成最终效果，如图 8-26 所示。

（1）启动 AutoCAD 2013 软件，在"快速访问工具栏"中，单击"打开" 按钮，将"案例\08\机械样板.dwt"文件打开，再单击"另存为" 按钮，将其另存为"案例\08\压块.dwg"文件。

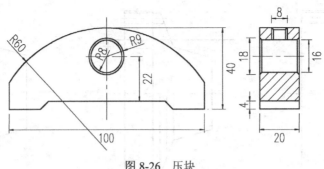

图 8-26 压块

（2）在"常用"选项卡的"图层"面板中，选择"中心线"图层，使之成为当前图层。

（3）执行"直线"命令（L），绘制 50mm 垂直中心线。切换到"粗实线"图层，执行"矩形"命令（REC），绘制 100mm×40mm 的矩形与垂直中心线居中对齐，如图 8-27 所示。

（4）执行"分解"命令（X），将矩形打散；执行"圆"命令（C），绘制半径为 60mm 的圆，使其象限点与上面十字交点重合，如图 8-28 所示。

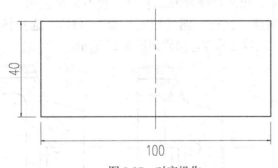

图 8-27 对齐操作

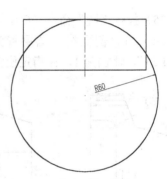

图 8-28 绘制圆并对齐

如要对一些由多个对象组合而成的图形对象（如多边形等）的某单个对象进行编辑，就需要先使用"分解"命令将其解体。用户可以通过以下任意一种方式来执行"分解"命令。

◆ 选择"常用"选项卡的"修改"面板，单击"分解"按钮 。
◆ 在命令行中输入"EXPLODE"（其快捷键为"X"）。

执行"分解"后，命令行提示如下。

命令: EXPLODE	\\ 执行"分解"命令
选择对象: 找到 1 个	\\ 选择对象
选择对象:	\\ 按空格键结束

（5）执行"修剪"命令（TR），进行相应的修剪，结果如图 8-29 所示。

（6）执行"偏移"命令（O），将下侧的水平线段向上偏移 4mm、22mm，将中心线向两侧各偏移 30mm、4mm，并将相应线段转为"中心线"图层，如图 8-30 所示。

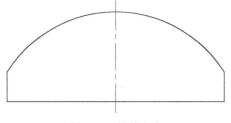

图 8-29　修剪命令

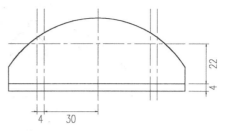

图 8-30　偏移命令

（7）执行"直线"命令（L），连接交点，绘制斜线，如图 8-31 所示。

（8）执行"修剪"命令（TR），修剪多余线段；再执行"删除"命令（E），删除不需要的线段，如图 8-32 所示。

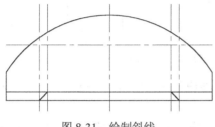

图 8-31　绘制斜线

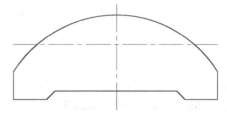

图 8-32　修剪效果

（9）执行"圆"命令（C），拾取交点绘制半径为 8mm 和 9mm 的同心圆，如图 8-33 所示。

（10）执行"构造线"命令（XL），绘制平行投影线，如图 8-34 所示。

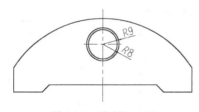

图 8-33　绘制同心圆

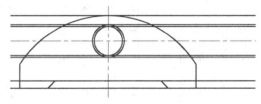

图 8-34　绘制平行线

（11）执行"直线"命令（L），绘制垂直线段；再执行"偏移"命令（O），将垂直线段向右偏移 20mm，如图 8-35 所示。

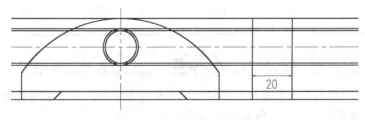

图 8-35　绘制线段并偏移

（12）执行"修剪"命令（TR），对平行线进行修剪，结果如图 8-36 所示。

（13）执行"偏移"命令（O），将两边垂直线段各向内偏移 1mm，如图 8-37 所示。

（14）执行"直线"命令（L），连接相应对角交点进行绘制斜线段，如图 8-38 所示。

（15）执行"修剪"命令（TR），对线段进行修剪，结果如图 8-39 所示。

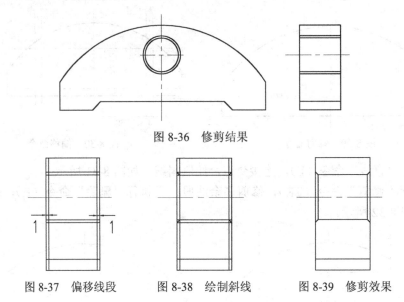

图 8-36 修剪结果

图 8-37 偏移线段　　图 8-38 绘制斜线　　图 8-39 修剪效果

（16）执行"偏移"命令（O），将两侧的垂直线段分别向内偏移 6mm、1mm，将上侧水平线段向下偏移 1mm，如图 8-40 所示。

（17）执行"直线"命令（L），拾取交点连接相应夹角，绘制斜线段，如图 8-41 所示。

（18）执行"修剪"命令（TR），修剪线段效果如图 8-42 所示。

（19）将"剖面线"图层置为当前图层，执行"图案填充"命令（H），选择样例为"ANSI-31"，比例为 1，在指定位置进行图案填充操作。结果如图 8-43 所示。

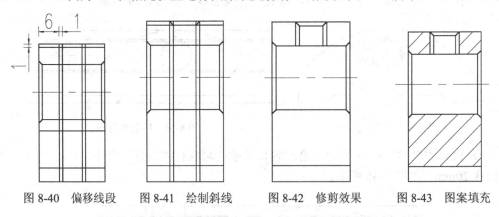

图 8-40 偏移线段　　图 8-41 绘制斜线　　图 8-42 修剪效果　　图 8-43 图案填充

【填充无效时的解决办法】有的时候填充时会填充不出来，除了系统变量需要考虑外，还需要去 OP 选项里检查一下。解决方法如下。

OP（选项）→显示→应用实体填充（打上勾）

（20）切换到"尺寸线"图层，对图形分别执行"线性标注"命令（DLI）、"直径标注"命令（DDI）、"半径标注"命令（DRA）操作，其尺寸标注后的最终效果如图 8-26 所示。

（21）至此，该压块绘制完成，按"Ctrl+S"组合键对其文件进行保存。

8.3 转子的绘制

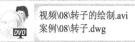

首先绘制垂直中心线，通过圆、偏移、修剪、旋转等命令绘制剖面；然后作平行线，执行直线、偏移、修剪、倒角命令来绘制；最后进行图案填充、标注，完成的最终效果如图 8-44 所示。

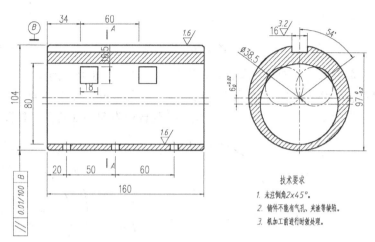

图 8-44　转子

（1）启动 AutoCAD 2013 软件，在"快速访问工具栏"中，单击"打开" 按钮，将"案例\08\机械样板.dwt"文件打开，再单击"另存为" 按钮，将其另存为"案例\08\转子.dwg"文件。

绘图过程中或绘图结束时都要保存或另存图形文件，以免出现意外情况而丢失当前所做的重要工作。用户可以通过以下任意一种方式来"保存文件"。

◆ 在菜单浏览器中选择"保存"命令；
◆ 在"快速访问"工具栏中"保存"按钮；
◆ 按"Ctrl+S"组合键；
◆ 在命令行输入"Save"命令并按 Enter 键。

通过以上任意一种方法，将以当前使用的文件名保存图形。如果在菜单浏览器中选择"另存为"菜单下的相应子命令，要求用户将当前图形文件以另外一个新的文件名称进行保存。

（2）在"常用"选项卡的"图层"面板中，选择"中心线"图层，使之成为当前图层。

（3）执行"直线"命令（L），绘制长、高都为 110mm 的垂直基准线，如图 8-45 所示。

（4）将"粗实线"图层置为当前图层，执行"圆"命令（C），绘制直径为 104mm 的圆，如图 8-46 所示。

（5）执行"偏移"命令（O），将垂直中心线向左、右两侧各偏移 8mm，将水平中心线向上偏移 45mm，如图 8-47 所示。

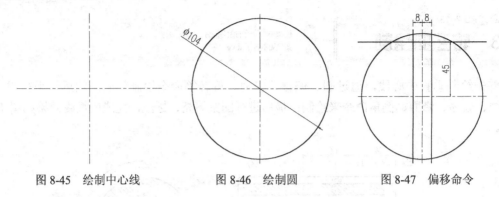

图 8-45　绘制中心线　　　　图 8-46　绘制圆　　　　图 8-47　偏移命令

（6）执行"修剪"命令（TR），修剪多余线段，结果如图 8-48 所示。

（7）执行"偏移"命令（O），将水平中心线向下偏移 6mm，如图 8-49 所示。

（8）执行"圆"命令（C），以偏移后的交点绘制直径为 80mm 的圆，如图 8-50 所示。

图 8-48　修剪效果　　　　图 8-49　偏移命令　　　　图 8-50　绘制圆

（9）执行"圆"命令（C），选择"两点（2P）"选项，捕捉大圆圆心点与上侧水平线与小圆的交点来绘制一个圆对象；再执行"直线"命令（L），绘制一条连接圆水平直径的辅助线。

（10）执行"旋转"命令（RO），选取绘制的圆和辅助线对象，以辅助线的左端点为基点，进行 36°的旋转操作，结果如图 8-51 所示。

（11）执行"删除"命令（E），删除辅助线段；再执行"打断"命令（BR），在两圆相交的点进行打断处理，并把里面部分转换为"中心线"图层，如图 8-52 所示。

（12）执行"镜像"命令（MI），选择圆，以垂直中心线进行镜像，结果如图 8-53 所示。

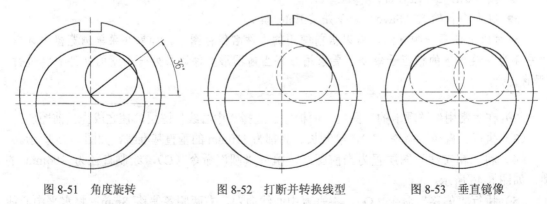

图 8-51　角度旋转　　　　图 8-52　打断并转换线型　　　　图 8-53　垂直镜像

（13）执行"构造线"命令（XL），在图形左侧绘制平行投影线，结果如图 8-54 所示。

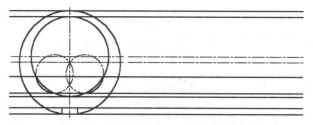

图 8-54 绘制平行线

（14）执行"直线"命令（L），连接上下水平线绘制垂直线段，执行"偏移"命令（O），将垂直线段向左偏移 160mm，如图 8-55 所示。

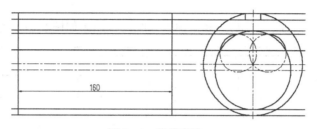

图 8-55 偏移直线

（15）执行"修剪"命令（TR），修剪多余线段，结果如图 8-56 所示。

（16）执行"偏移"命令（O），将左侧垂直线段向右偏移 34mm、18mm、42mm 和 18mm，如图 8-57 所示。

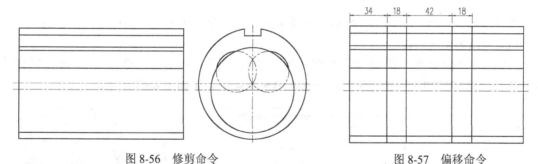

图 8-56 修剪命令　　　　　　　　　图 8-57 偏移命令

（17）执行"修剪"命令（TR），修剪多余线段，结果如图 8-58 所示。

（18）执行"偏移"命令（O），将垂直线段向右偏移 20mm、50mm 和 60mm，将偏移后的线段转换为"中心线"图层，且将其高度进行缩短，如图 8-59 所示。

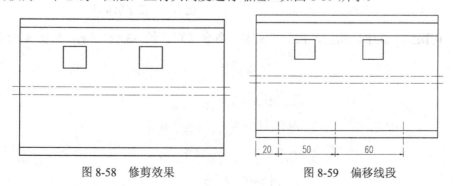

图 8-58 修剪效果　　　　　　　　　图 8-59 偏移线段

（19）执行"偏移"命令（O），将上一步操作的三条中心线，分别向两侧各偏移 4mm，并将偏移后的所有线段转换为"粗实线"图层，如图 8-60 所示。

【CAD 命令三键还原】如果 CAD 里的系统变量被人无意更改，或一些参数被人有意调整了怎么办？这时不需重装，也不需要一个一个的改。解决方法如下。

OP（选项）→配置→重置。但恢复后，有些选项还需要一些调整，例如，十字光标的大小等。

（20）执行"修剪"命令（TR），修剪掉多余线段，结果如图 8-61 所示。

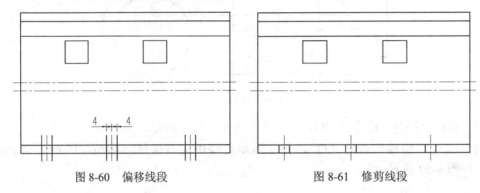

图 8-60　偏移线段　　　　　　　图 8-61　修剪线段

（21）执行"倒角"命令（CHA），对图形外轮廓四个直角进行距离均为 2mm 的倒角处理，结果如图 8-62 所示。

（22）将"剖面线"图层置为当前图层，执行"图案填充"命令（H），选择样例为"ANSI-31"，比例为 1，在指定位置进行图案填充操作，结果如图 8-63 所示。

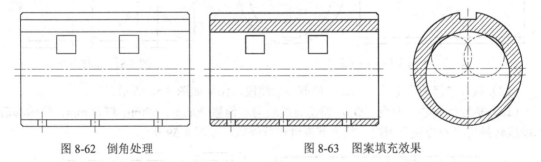

图 8-62　倒角处理　　　　　　　图 8-63　图案填充效果

（23）切换到"文字"图层，执行"文本"命令（T），输入技术要求，如图 8-64 所示。

技术要求

1. 未注倒角2×45°。

2. 铸件不能有气孔、夹渣等缺陷。

3. 机加工前进行时效处理。

图 8-64　文字输入

（24）切换到"尺寸线"图层，对图形分别执行"线性标注"命令（DLI）、"直径标注"命令（DDI）、"半径标注"命令（DRA）、公差标注"命令（TOL），对其图形进行尺寸标注。

当执行"线性标注"命令后，可以按 Enter 键后选择要进行标注的对象，从而不需要指定第一点和第二点即可进行线性标注操作。如果选择的对象为斜线段，这时根据确定尺寸线位置来确定是标注的水平距离或垂直距离。

（25）切换到"细实线"图层，再执行"插入块"命令（Ⅰ），将表示粗糙度的图块插入到图形中的相应位置，最终效果如图 8-44 所示。

（26）至此，该转子绘制完成，按"Ctrl+S"组合键对其文件进行保存。

8.4 滑动板的绘制

视频\08\滑动板的绘制.avi
案例\08\滑动板.dwg

首先绘制水平中心线，再绘制矩形，执行分解、偏移、阵列、圆、直线连接等命令来绘制主视图。再根据主视图绘制平行线，通过修剪、倒角、图案填充命令完成侧视图的绘制。最后进行尺寸标注来完成滑动板的最终效果，如图 8-65 所示。

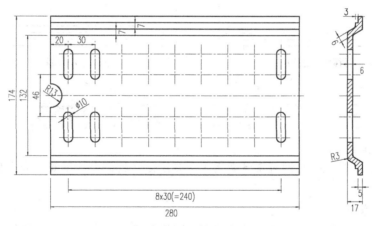

图 8-65　绘制滑动板

（1）启动 AutoCAD 2013 软件，在"快速访问工具栏"中，单击"打开" 按钮，将"案例\08\机械样板.dwt"文件打开，再单击"另存为"按钮，将其另存为"案例\08\滑动板.dwg"文件。

（2）在"常用"选项卡的"图层"面板中，选择"中心线"图层，使之成为当前图层。

（3）执行"直线"命令（L），绘制长 290mm 水平基准线；切换到"粗实线"图层，执行"矩形"命令（REC），绘制 280mm×174mm 的矩形，并与水平中心线居中对齐，如图 8-66 所示。

（4）执行"分解"命令（X），将矩形进行打散操作；执行"圆"命令（C），以左垂直交点为圆心，绘制半径为 13mm 的圆，执行"修剪"命令（TR），修剪结果如图 8-67 所示。

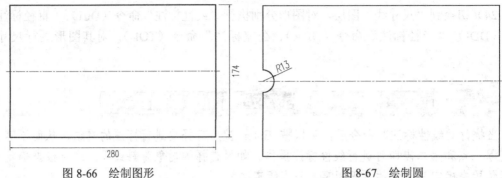

图 8-66 绘制图形　　　　　　　　　　图 8-67 绘制圆

（5）执行"偏移"命令（O），将上、下侧水平线段向内偏移 7mm、7mm 和 7mm，如图 8-68 所示。

（6）执行"偏移"命令（O）将左上侧垂直线段向右偏移 20mm，并将其转换为"中心线"图层，如图 8-69 所示。

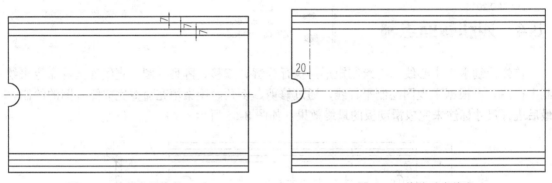

图 8-68 偏移水平线段　　　　　　　　图 8-69 偏移垂直线段

1. 命令的重复

在命令窗口中按 Enter 键可重复调用上一步所使用的命令，不管该命令是被完成还是被取消。

2. 命令的撤销

命令在执行的任何时候，都可以将该命令取消和终止命令的执行。撤销命令的方式有以下三种。

- ◆ 在"快速访问"工具栏中单击"放弃"按钮 ；
- ◆ 按 Esc 键；
- ◆ 在命令行输入"Undo"命令并按 Enter 键。

3. 命令的重做

恢复最后撤销的命令，可以通过以下两种方式。

- ◆ 在"快速访问"工具栏中单击"重做"按钮 ；
- ◆ 在命令行输入"Redo"命令并按 Enter 键。

当用户执行撤销和重做命令过后，在"快速访问"工具栏的列表上单击，即可选择要重做或放弃的操作，如图 8-70 所示。

图 8-70　放弃或重做

（7）执行"阵列"命令（AR），选择偏移后的垂直线段作为阵列的对象，再选择"矩形(R)"选项，对其进行 9 列 1 行，列距为 30mm 的阵列处理，从而对选择的对象进行矩形阵列，结果如图 8-71 所示。

（8）执行"偏移"命令（O），将水平中心线向上偏移 23mm 和 23mm，如图 8-72 所示。

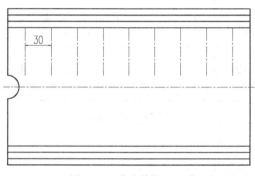 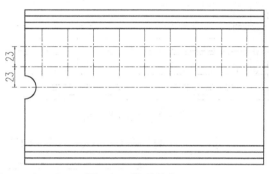

图 8-71　偏移线段（一）　　　　　　图 8-72　偏移线段（二）

（9）执行"圆"命令（C），捕捉交点绘制直径为 10mm 的圆，如图 8-73 所示。

（10）执行"直线"命令（L），连接两个圆的象限点，绘制线段；再执行"修剪"命令（TR），修剪掉圆弧及多余线段，结果如图 8-74 所示。

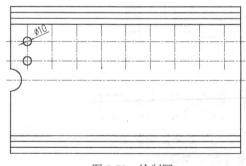 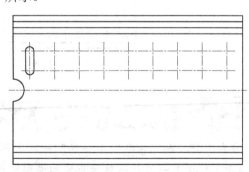

图 8-73　绘制圆　　　　　　图 8-74　连接并修剪

（11）执行"复制"命令（CO），选择上一步修剪好的图形，复制到相应的位置，结果如图 8-75 所示。

（12）执行"镜像"命令（MI），以水平中心线为轴线，将以上部分图形进行镜像，结果如图 8-76 所示。

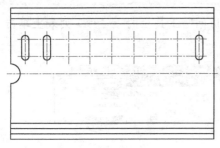
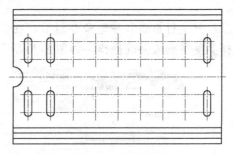

图 8-75　复制图形　　　　　　　图 8-76　镜像命令

（13）执行"构造线"命令（XL），绘制平行投影线，如图 8-77 所示。

（14）执行"直线"命令（L），连接上、下水平线绘制垂直线段；再执行"偏移"命令（O），并将垂直线段向右偏移 17mm，如图 8-78 所示。

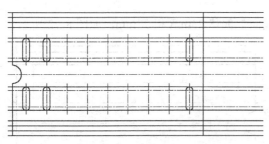
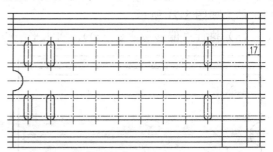

图 8-77　绘制平行线　　　　　　　图 8-78　偏移线段

（15）执行"修剪"命令（TR），修掉构造线，结果如图 8-79 所示。

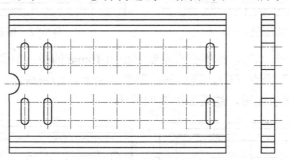

图 8-79　修剪命令

当命令行中的"模型"、"布局"选项卡不见时，其解决办法如下。
OP（选项）→显示→显示布局和模型选项卡（打上勾即可）。

（16）执行"偏移"命令（O），将左侧垂直线段向右偏移 6mm、3mm 和 3mm，如图 8-80 所示。

（17）执行"修剪"命令（TR），进行修剪，如图 8-81 所示。

（18）执行"直线"命令（L），如图 8-82 所示，分别以右侧中间直角点为起点，绘制角度为 30°的斜线。

(19) 执行"偏移"命令（O），将斜线段分别向外侧偏移 6mm，如图 8-83 所示。

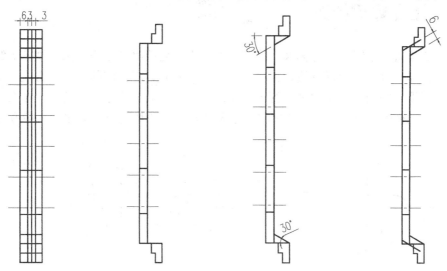

图 8-80　偏移命令（一）　图 8-81　偏移命令（二）　图 8-82　绘制斜线（一）　图 8-83　偏移斜线（二）

(20) 执行"修剪"命令（TR），修剪多余线段，结果如图 8-84 所示。

(21) 执行"圆角"命令（F），对相应的夹角线段进行半径为 3mm 的圆角处理，结果如图 8-85 所示。

(22) 将"剖面线"图层置为当前图层，执行"图案填充"命令（H），选择样例为"ANSI-31"，比例为 1，在指定位置进行图案填充操作，结果如图 8-86 所示。

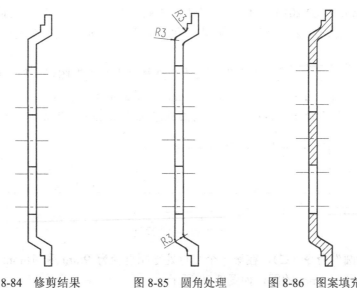

图 8-84　修剪结果　　　　图 8-85　圆角处理　　　　图 8-86　图案填充

(23) 切换到"尺寸线"图层，对图形分别执行"线性标注"命令（DLI）、"直径标注"命令（DDI）、"半径标注"命令（DRA），对其图形进行尺寸标注，最终效果如图 8-65 所示。

(24) 至此，该滑动板绘制完成，按"Ctrl+S"组合键对其文件进行保存。

8.5 V形导轨的绘制

视频\08\V形导轨的绘制.avi
案例\08\V形导轨.dwg

首先绘制垂直基准线，执行偏移、修剪、圆、直线连接等命令完成主视视图的绘制；其次根据主视图作平行线，根据直线、偏移、修剪命令来完成左视图的绘制；再次，将左视复制并旋转作辅助，根据主视图和辅助视图来绘制平行线，通过修剪、样条线、图案填充等命令来绘制其俯视视图；最后进行尺寸标注来完成V形导轨的最终效果，如图8-87所示。

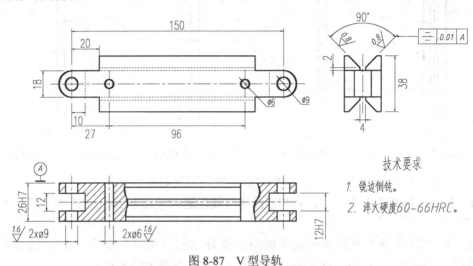

图8-87　V型导轨

（1）启动 AutoCAD 2013 软件，在"快速访问工具栏"中，单击"打开"按钮，将"案例\08\机械样板.dwt"文件打开，再单击"另存为"按钮，将其另存为"案例\08\V形导轨.dwg"文件。

（2）在"常用"选项卡的"图层"面板中，选择"中心线"图层，使之成为当前图层。

（3）执行"直线"命令（L），绘制长180mm、高20mm的垂直基线。

（4）执行"偏移"命令（O），垂直中心线向左偏移48mm和27mm，如图8-88所示。

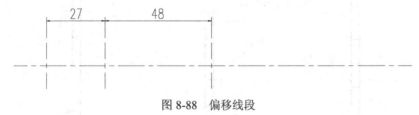

图8-88　偏移线段

（5）执行"圆"命令（C），在第一个交点处绘制直径为9mm和18mm同心圆，在第二个交点处绘制直径为6mm的圆，如图8-89所示。

图8-89　绘制圆

图形里的圆不圆了，呈齿状怎么办？其解决方法如下。
OP（选项）→显示→将"圆或圆弧平滑度"调大一点即可。

（6）执行"镜像"命令（MI），选择圆形，以垂直中心线为轴，进行镜像操作，结果如图 8-90 所示。

图 8-90　镜像操作（一）

（7）执行"直线"命令（L），拾取大圆的象限点，绘制上、下直线，如图 8-91 所示。

图 8-91　镜像操作（二）

（8）执行"修剪"命令（TR），对圆弧进行修剪，结果如图 8-92 所示。

图 8-92　修剪命令

（9）执行"偏移"命令（O），将上侧水平线段向上偏移 10mm；执行"直线"命令（L），捕捉偏移线段的左端点，向下绘制垂直线段，如图 8-93 所示。

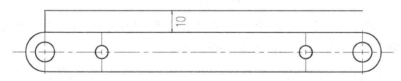

图 8-93　偏移处理（一）

（10）执行"偏移"命令（O），将垂直线段向右偏移 20mm 和 110mm，如图 8-94 所示。

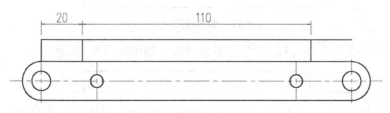

图 8-94　偏移处理（二）

（11）执行"修剪"命令（TR）和"删除"命令（E），修剪、删除多余线段，结果如图 8-95 所示。

图 8-95 修剪结果

（12）执行"直线"命令（L），连接端点绘制直线，并将其转换为"虚线"图层，如图 8-96 所示。

图 8-96 绘制直线

（13）执行"偏移"命令（O），将虚线向上偏移 2mm，如图 8-97 所示。

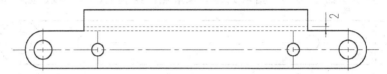

图 8-97 偏移线段（一）

（14）执行"镜像"命令（MI），选择虚线和上侧对象，以水平中心线为轴执行镜像，结果如图 8-98 所示。

图 8-98 镜像命令

（15）执行"偏移"命令（O），将左、右两侧的垂直中心线，各向内偏移 10mm，并将偏移后的线段转换为"虚线"图层，如图 8-99 所示。

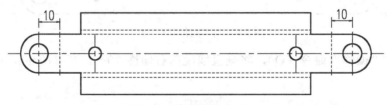

图 8-99 偏移线段（二）

（16）执行"修剪"命令（TR），修剪多余线段，结果如图 8-100 所示。

图 8-100 修剪命令

（17）执行"构造线"命令（XL），绘制平行投影线，如图8-101所示。

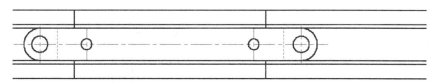

图8-101 绘制平行线

（18）执行"直线"命令（L），连接上、下水平线，绘制垂直线段，执行"偏移"命令（O），将垂直线段向右偏移7mm、12mm和7mm，如图8-102所示。

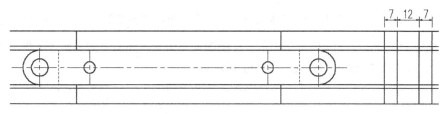

图8-102 偏移线段（三）

（19）执行"修剪"命令（TR），修剪结果如图8-103所示。

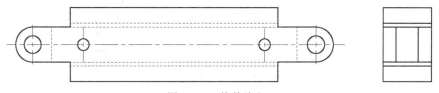

图8-103 修剪线段

（20）执行"直线"命令（L），绘制一条经过水平中点的垂直线段，并将其转换为"中心线"图层，如图8-104所示。

（21）执行"偏移"命令（O），将中心线向两侧各偏移2mm，如图8-105所示。

（22）执行"修剪"命令（TR），修剪多余线段，结果如图8-106所示。

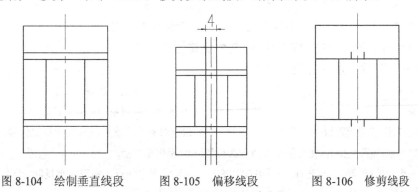

图8-104 绘制垂直线段　　图8-105 偏移线段　　图8-106 修剪线段

（23）执行"直线"命令（L），拾取端点作为起点绘制角度为45°的斜线段，如图8-107所示。

（24）执行"镜像"命令（MI），选择斜线，以中心线进行镜像，结果如图8-108所示。

（25）执行"镜像"命令（MI），选择上面两条斜线，以左右垂直线段中线进行镜像，结果如图8-109所示。

(26) 执行"修剪"命令（TR），修剪多余线段，完成左视图的绘制，结果如图 8-110 所示。

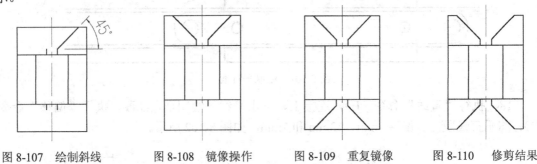

图 8-107　绘制斜线　　　图 8-108　镜像操作　　　图 8-109　重复镜像　　　图 8-110　修剪结果

(27) 执行"复制"命令（CO），将左视视图向下复制一份，作为辅助视图，执行"旋转"命令（RO）将其旋转 90°，如图 8-111 所示。

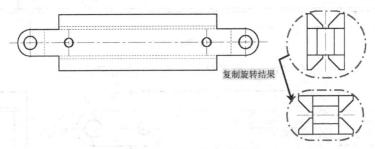

图 8-111　复制、旋转操作

复制是对当前选中的图形对象的一种重复，对于需要许多同一种图形对象的用户来说，基点复制命令能快速、便捷地生成相同形状的图形对象并且能够达到再次绘制的目的。用户可以通过以下任意一种方式来执行"复制"命令。

◆ 在"常用"选项卡的"修改"面板中单击"复制"按钮。
◆ 在命令行中输入"COPY"命令(其快捷键为"CO")。

执行"复制"后，命令行提示如下。

命令:COPY　　　　　　　　　　　　　　　\\ 执行"复制"命令
选择对象　　　　　　　　　　　　　　　　\\ 选择复制对象
指定基点或[位移(D)/模式(O)] <位移>：　　\\ 指定对象的基准点或者通过指定位移点进行复制
指定第二个点或[阵列(A)]<使用第一个点作为位移>:\\ 指定第二点
指定第二个点或[阵列(A)/退出(E)/放弃(U)] <退出>：　\\连续指定新点，实现多重复制

在执行"复制"命令时，各选项内容的功能与含义如下。
◆ 指定基点：指定复制的基点。
◆ 位移（D）：通过与绝对坐标或相对坐标的 X、Y 轴的偏移来确定复制到的新位置。
◆ 模式（O）：设置多次或单次复制。
◆ 输入"复制模式"选项[单个（S）多个（M）]：输入"S"只能执行一次"复制"命令；输入"M"则能执行多次"复制"命令。

(28) 执行"构造线"命令（XL），以主视图和辅助视图为参照，绘制平行投影线，如图 8-112 所示。

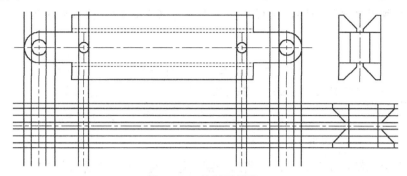

图 8-112　绘制平行线

(29) 执行"修剪"命令（TR），修剪多余线段；再执行"删除"命令（E），删除辅助视图，结果如图 8-113 所示。

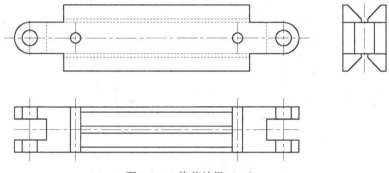

图 8-113　修剪结果（一）

(30) 执行"样条曲线"命令（SPL），绘制断裂线❶、❷，如图 8-114 所示。

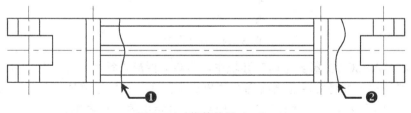

图 8-114　修剪结果（二）

(31) 执行"修剪"命令（TR）和"删除"命令（E），修剪删除多余线段，结果如图 8-115 所示。

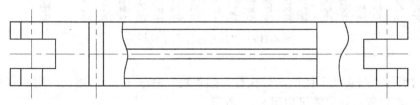

图 8-115　修剪结果（三）

（32）将"剖面线"图层置为当前图层，执行"图案填充"命令（H），选择样例为"ANSI-31"，比例为1，在指定位置进行图案填充操作，结果如图8-116所示。

（33）切换到"文字"图层，执行"文本"命令（T），输入技术要求内容，如图8-117所示。

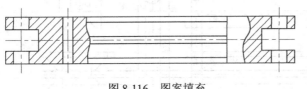

图8-116　图案填充　　　　　　　　图8-117　文字输入

（34）切换到"尺寸线"图层，对图形分别执行"线性标注"命令（DLI）、"直径标注"命令（DDI）、"半径标注"命令（DRA）、"公差标注"命令（TOL）来标注尺寸。

在"注释"标签下的"标注"面板中，提供了各种尺寸标注的工具，如图8-118所示。

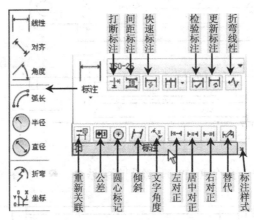

图8-118　标注面板

如果是在"AutoCAD经典空间"环境中，需要对图形进行尺寸标注时，可以将"尺寸标注"工具栏调出，并将其放置到绘图窗口的边缘，从而可以方便地输入标注尺寸的各种命令。如图8-119所示为"尺寸标注"工具栏及工具栏中的各项内容。

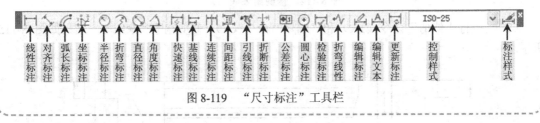

图8-119　"尺寸标注"工具栏

（35）切换到"细实线"图层，再执行"插入块"命令（I），将表示粗糙度的图块插入到图形中的相应位置，最终效果如图8-87所示。

（36）至此，该V形导轨绘制完成，按"Ctrl+S"组合键对其文件进行保存。

8.6 挡板的绘制

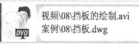

视频\08\挡板的绘制.avi
案例\08\挡板.dwg

首先绘制水平中心线，执行偏移、修剪、倒角、直线连接等命令完成剖面视图绘制；其次根据垂直基线画同心圆，执行修剪、阵列命令来完成俯视图的绘制；最后进行图案填充、尺寸标注来完成对挡板的绘制，如图8-120所示。

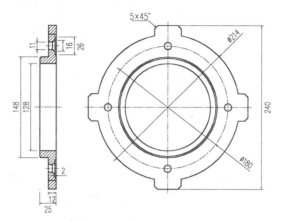

图8-120　偏移线段

（1）启动 AutoCAD 2013 软件，在"快速访问工具栏"中，单击"打开"按钮，将"案例\08\机械样板.dwt"文件打开，再单击"另存为"按钮，将其另存为"案例\08\挡板.dwg"文件。

DWG 文件破坏了怎么办？其解决办法如下。
选择"文件"→"绘图实用程序"→"修复"命令，然后选中要修复的文件即可。

（2）在"常用"选项卡的"图层"面板中，选择"中心线"图层，使之成为当前图层。
（3）执行"直线"命令（L），绘制长 80mm 的水平线；将"粗实线"图层置为当前图层，执行"矩形"命令（REC），绘制 25mm×240mm 的矩形，并且与水平中心线居中对齐，如图 8-121 所示。
（4）执行"分解"命令（X），将矩形打散；执行"偏移"命令（O）将右垂直线段向左偏移 12mm，将水平中心线向上、下分别偏移 64mm、74mm、90mm 和 107mm，如图 8-122 所示。
（5）执行"修剪"命令（TR），修剪结果如图 8-123 所示。
（6）执行"倒角"命令（CHA），对左边上、下直角进行距离均为 2mm 的倒角，如图 8-124 所示。
（7）执行"偏移"命令（O），将挡板上部两垂直线段分别向左偏移 4mm 和 6mm，将最上面水平中心线段向上、下侧各偏移 5.5mm、8mm、13mm，如图 8-125 所示。
（8）执行"修剪"命令（TR），修剪的结果如图 8-126 所示。

（9）执行"直线"命令（L），连接相应交点，绘制斜线；再执行"修剪"命令（TR），修剪多余线条，结果如图 8-127 所示。

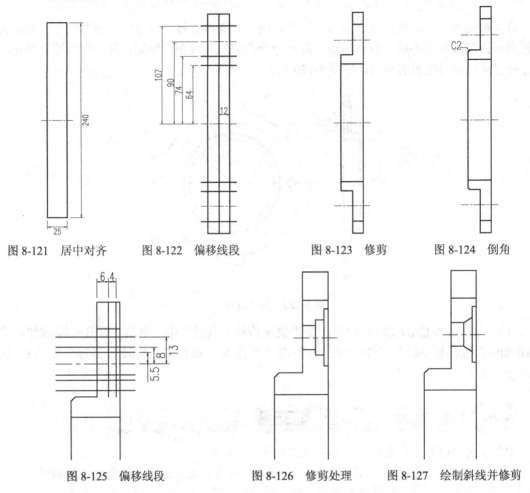

图 8-121　居中对齐　　图 8-122　偏移线段　　图 8-123　修剪　　图 8-124　倒角

图 8-125　偏移线段　　图 8-126　修剪处理　　图 8-127　绘制斜线并修剪

（10）执行"镜像"命令（MI），以水平中心线进行镜像，结果如图 8-128 所示。

（11）将图层切换到"中心线"图层，绘制长、高均为 250mm 相互垂直的线段，且与前面图形中心线对齐，如图 8-129 所示。

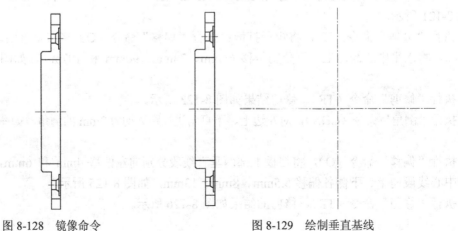

图 8-128　镜像命令　　　　　　　　　图 8-129　绘制垂直基线

（12）执行"偏移"命令（O），水平基线向上偏移 120mm，并转换为"粗实线"图层，如图 8-130 所示。

（13）执行"圆"命令（C），绘制直径分别为 214mm、180mm、148mm、144mm 和 128mm 的同心圆，并将 180mm 的圆转换为"中心线"图层，如图 8-131 所示。

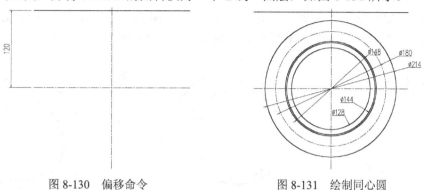

图 8-130　偏移命令　　　　　　　图 8-131　绘制同心圆

（14）执行"偏移"命令（O），垂直中心线向两侧各偏移 20mm，并转换为"粗实线"图层，如图 8-132 所示。

（15）执行"修剪"命令（TR），修剪结果如图 8-133 所示。

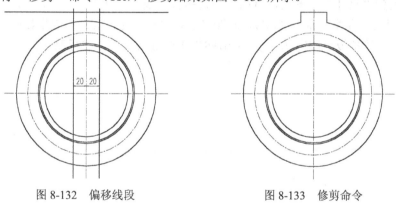

图 8-132　偏移线段　　　　　　　图 8-133　修剪命令

（16）执行"倒角"命令（CHA），对上侧直角进行 5mm×45°的倒角，结果如图 8-134 所示。

（17）执行"圆"命令（C），拾取交点绘制直径为 11mm 的圆，如图 8-135 所示。

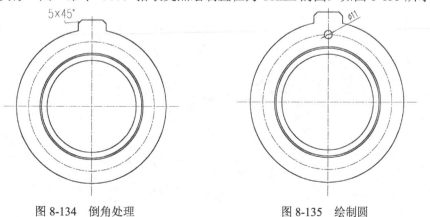

图 8-134　倒角处理　　　　　　　图 8-135　绘制圆

(18) 执行"阵列"命令（AR），选择小圆加选超出圆的上部分图案，按命令行选择"极轴（PO）"，捕捉圆心为阵列的中心点，并输入项目数 4，填充角度为 360，效果如图 8-136 所示。

(19) 执行"修剪"命令（TR），修剪掉圆弧，结果如图 8-137 所示。

(20) 将"剖面线"图层置为当前图层，执行"图案填充"命令（H），选择样例为"ANSI-31"，比例为 1，在指定位置进行图案填充操作，结果如图 8-138 所示。

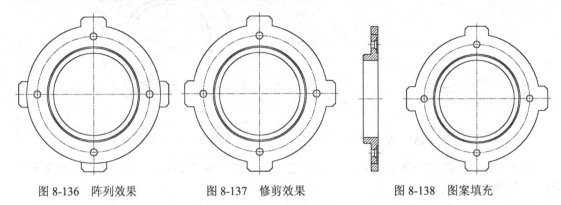

图 8-136　阵列效果　　　　图 8-137　修剪效果　　　　图 8-138　图案填充

(21) 切换到"尺寸线"图层，对图形分别执行"线性标注"命令（DLI）、"直径标注"命令（DDI）、"引线标注"命令（LE），对图形进行尺寸标注，其最终效果如图 8-120 所示。

(22) 至此，该挡板绘制完成，按"Ctrl+S"组合键对其文件进行保存。

第9章

轴套类零件的绘制

本章导读

轴类零件是机械产品中的典型零件，用来支承传动零件（如齿轮、带轮、凸轮等）、传递转矩、承受载荷并保证装在轴上的零件（或刀具）具有一定的回转精度。根据功用和结构形状，轴类零件有多种形式，如光轴、空心轴、半轴、阶梯轴、花键轴、异形轴（如偏心轴、曲轴及凸轮轴）等。

套类零件的功能是支承、导向作用，主要表面为同轴度要求较高的内、外圆表面，零件壁厚较薄，长度大于直径。常用的有轴承衬套、钻套、液压油缸等；其结构一般比较简单，孔端通常加工出倒角，但也有比较复杂的套类零件。

主要内容

- ☑ 掌握传动轴和空心传动轴的绘制方法
- ☑ 掌握齿轮轴和传动丝杠的绘制方法
- ☑ 掌握矩形花键轴和双键套的绘制方法
- ☑ 掌握连接套和锁紧套的绘制方法

效果预览

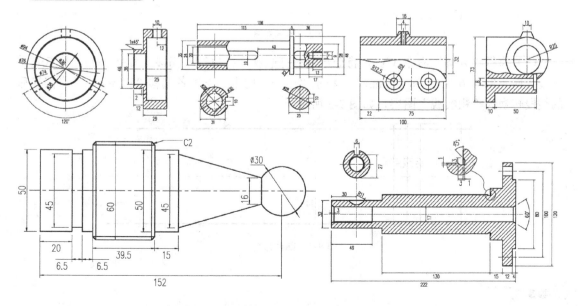

9.1 传动轴的绘制

视频\09\传动轴的绘制.avi
案例\09\传动轴.dwg

首先绘制水平中心线和矩形，并对齐图形；然后执行分解、偏移、倒角、圆、直线、删除、修剪等命令来绘制传动轴；最后进行尺寸标注，最终效果如图9-1所示。

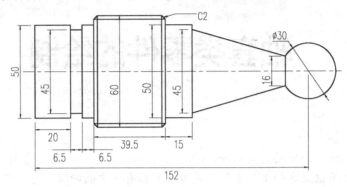

图9-1 传动轴

（1）启动 AutoCAD 2013 软件，在"快速访问工具栏"中，单击"打开"按钮，将"案例\09\机械样板.dwt"文件打开，再单击"另存为"按钮，将其另存为"案例\09\传动轴.dwg"文件。

（2）在"常用"选项卡的"图层"面板中，选择"中心线"图层，使之成为当前图层。

（3）执行"直线"命令（L），绘制长 180mm 的水平中心线；切换到"粗实线"图层，执行"矩形"命令（REC），绘制 33mm×50mm 的矩形，使其左中点和水平线端点距离 6.5mm，如图9-2所示。

图9-2 图形对齐

（4）执行"分解"命令（X），将矩形进行打散操作；执行"偏移"命令（O），将右侧垂直线段向左偏移 6.5mm 和 6.5mm，再将水平中心线向上、下侧各偏移 22.5mm，且将偏移后的线段转换为"粗实线"图层，如图9-3所示。

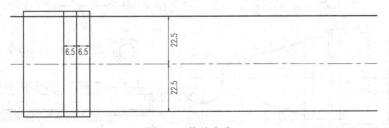

图9-3 偏移命令

第 **9** 章 轴套类零件的绘制

传动轴是由轴管、伸缩套和万向节组成。伸缩套能自动调节变速器与驱动桥之间距离的变化,万向节是保证变速器输出轴与驱动桥输入轴两轴线夹角的变化,并实现两轴的等角速传动。其效果如右图所示。

(5)执行"修剪"命令(TR),对其进行修剪处理,结果如图 9-4 所示。

图 9-4 修剪处理

(6)执行"矩形"命令(REC),绘制 39.5mm×60mm 的矩形,且与前面图形垂直中点对齐,如图 9-5 所示。

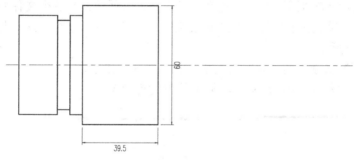

图 9-5 绘制矩形并对齐

(7)执行"倒角"命令(CHA),根据命令提示行,选择"距离"命令(D),进行距离均为 2mm 的倒角处理,结果如图 9-6 所示。

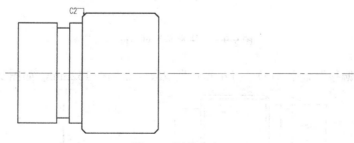

图 9-6 倒角命令

(8)执行"直线"命令(L),直线连接倒角的端点,结果如图 9-7 所示。

(9)执行"矩形"命令(REC),绘制 15mm×45mm 的矩形,且与前面图形垂直中点对齐如图 9-8 所示。

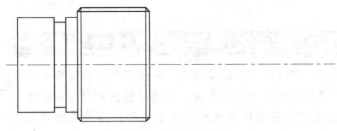

图 9-7 直线连接

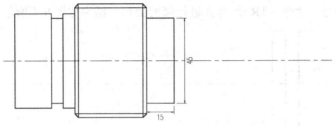

图 9-8 绘制矩形并对齐

用户可以将所绘制的图形对象创建为一个图块,以便多处或多个文件中同时享有该图形对象。用户可以通过以下任意一种方式来执行"创建图块"命令,从而打开"块定义"对话框,如图 9-9 所示。

◆ 在"常用"选项卡的"块"面板中单击"创建"按钮。
◆ 在命令行中输入"BLOCK"命令(其快捷键为"B")。

图 9-9 "块定义"对话框

(10)执行"偏移"命令(O),将左侧垂直线段向右偏移 152mm,如图 9-10 所示。

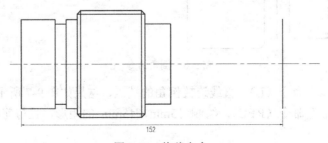

图 9-10 偏移命令

(11) 执行"圆"命令（C），拾取右垂直交点，绘制直径为 30mm 的圆，如图 9-11 所示。

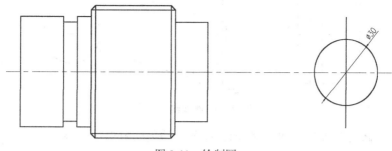

图 9-11　绘制圆

(12) 执行"偏移"命令（O），将水平中心线各向上、下侧分别偏移 8mm 和 14.5mm，且将偏移后的线段转换为"粗实线"图层，如图 9-12 所示。

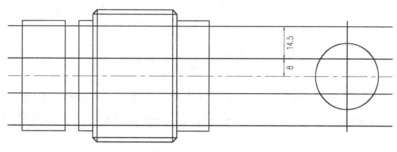

图 9-12　偏移命令

(13) 执行"直线"命令（L），直线连接圆左侧的交点，绘制垂直线段，如图 9-13 所示。

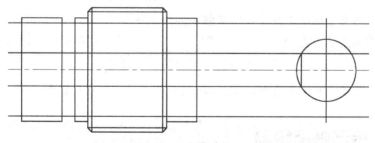

图 9-13　直线连接

(14) 执行"直线"命令（L），连接交点，绘制斜线段，如图 9-14 所示。

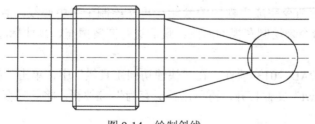

图 9-14　绘制斜线

(15) 执行"删除"命令（E），删除多余线段，如图 9-15 所示。

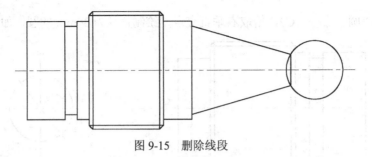

图 9-15 删除线段

（16）执行"修剪"命令（TR），修剪掉圆弧，结果如图 9-16 所示。

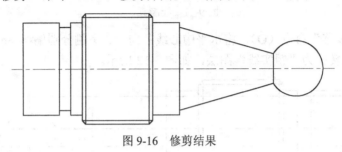

图 9-16 修剪结果

（17）切换到"尺寸线"图层，对图形分别执行"线性标注"命令（DLI）、"直径标注"命令（DDI）、"引线标注"命令（LE），对图形对象进行尺寸标注，其最终效果如图 9-1 所示。

> 为什么输入的文字高度无法改变？其解决办法如下。
> 使用字型的高度值不为 0 时，用 DTEXT 命令书写文本时都不提示输入高度，这样写出来的文本高度是不变的，包括使用该字型进行的尺寸标注。

（18）至此，该传动轴绘制完成，按"Ctrl+S"组合键对其文件进行保存。

9.2 空心传动轴的绘制

视频\09\空心传动轴的绘制.avi
案例\09\空心传动轴.dwg

首先绘制水平中心线，根据直线命令绘制图形，再进行镜像处理，绘制出基本轮廓；执行偏移、修剪、圆等命令完成主视图的绘制；再次绘制十字中心线，且与图形对齐，执行圆、偏移、修剪等命令来绘制左视剖面图；最后进行图案填充、尺寸标注，完成最终效果如图 9-17 所示。

（1）启动 AutoCAD 2013 软件，在"快速访问工具栏"中，单击"打开" 按钮，将"案例\09\机械样板.dwt"文件打开，再单击"另存为"按钮，将其另存为"案例\09\空心传动轴.dwg"文件。

（2）在"常用"选项卡的"图层"面板中，选择"中心线"图层，使之成为当前图层。

（3）执行"直线"命令（L），绘制长度为 240mm 的水平基准线，再以水平线上为起点绘制图形轮廓，如图 9-18 所示。

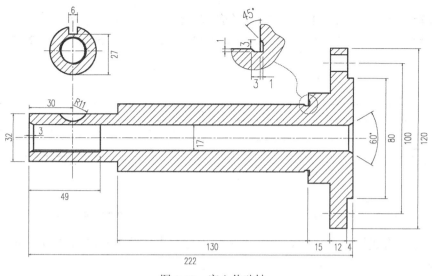

图 9-17 空心传动轴

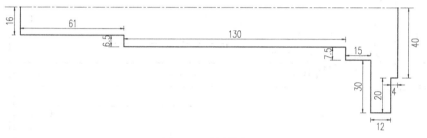

图 9-18 绘制图形

（4）执行"镜像"命令（MI），将图形以水平线进行镜像处理，结果如图 9-19 所示。

（5）执行"偏移"命令（O），将中心线向上、下侧各偏移 8.5mm，并将其转换为"粗实线"图层，如图 9-20 所示。

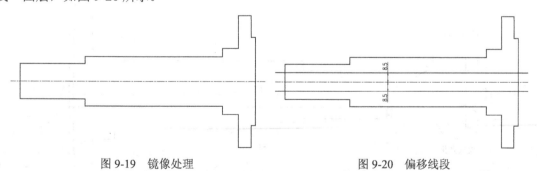

图 9-19 镜像处理　　　　　　　　　图 9-20 偏移线段

为什么有些图形能显示，却打印不出来？其解决办法如下。

如果图形绘制在 AutoCAD 自动产生的图层上，就会出现这种情况，应避免在这些层绘制图形。

（6）执行"修剪"命令（TR），修剪多余线段，结果如图 9-21 所示。

（7）执行"偏移"命令（O），将左、右垂直线段各向内偏移 3mm，如图 9-22 所示。

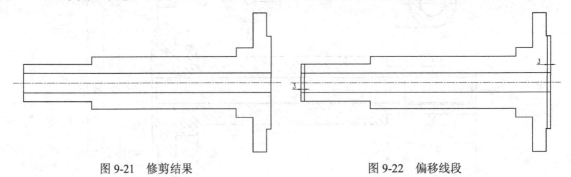

图 9-21　修剪结果　　　　　　　　图 9-22　偏移线段

（8）执行"直线"命令（L），以左十字交点为起点，绘制角度为 150°的斜线段，如图 9-23 所示。

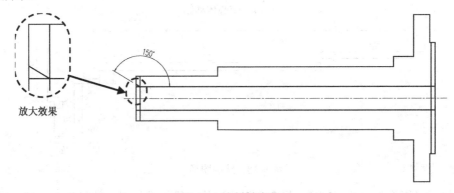

图 9-23　绘制斜线段

（9）执行"镜像"命令（MI），选择斜线，以水平中心线进行镜像，结果如图 9-24 所示。

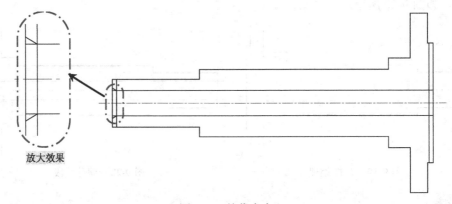

图 9-24　镜像命令

（10）执行"镜像"命令（MI），选择前两条斜线，打开正交模式，以水平中线进行垂直镜像，结果如图 9-25 所示。

（11）执行"修剪"命令（TR），修剪多余线段，结果如图 9-26 所示。

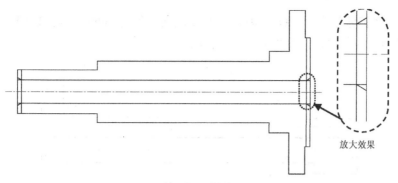

图 9-25 镜像结果

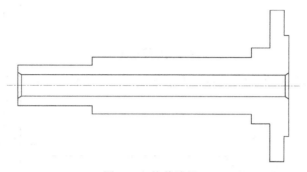

图 9-26 修剪结果

（12）执行"偏移"命令（O），将左侧垂直线段向右偏移 49mm，将左下水平线段向上偏移 6.5mm，如图 9-27 所示。

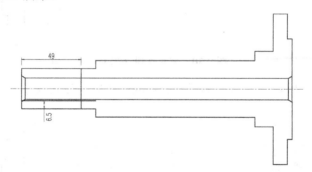

图 9-27 偏移线段

（13）执行"修剪"命令（TR），修剪多余线段，如图 9-28 所示。

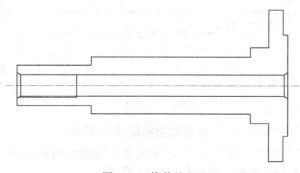

图 9-28 修剪处理

(14)执行"偏移"命令(O),将左垂直线段向右偏移 30mm,将其转换为"中心线"图层,且将其进行拉长处理,结果如图 9-29 所示。

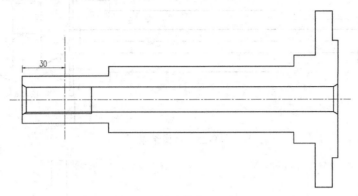

图 9-29 偏移线段(一)

(15)执行"偏移"命令(O),将左上水平线段向下偏移 5mm,如图 9-30 所示。

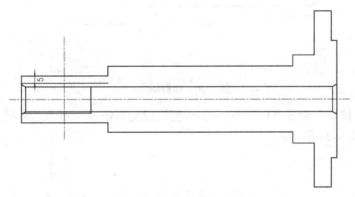

图 9-30 偏移线段(二)

(16)执行"圆"命令(C),绘制半径为 11mm 的圆,使其象限点与十字交点重合,如图 9-31 所示。

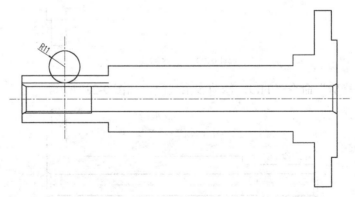

图 9-31 绘制圆

(17)执行"修剪"命令(TR),修剪结果如图 9-32 所示。

(18)执行"偏移"命令(O),右上、下侧水平线段向内各偏移 10mm,将其转换为"中心线"图层,并进行拉长处理,结果如图 9-33 所示。

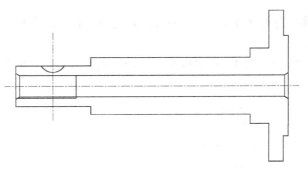

图 9-32　修剪结果

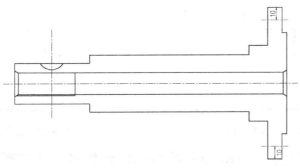

图 9-33　偏移命令

（19）执行"偏移"命令（O），将上一步操作的水平中心线向上、下侧各偏移 5.5mm，并转换为"粗实线"图层，如图 9-34 所示。

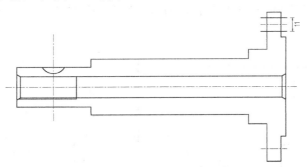

图 9-34　偏移命令

（20）执行"修剪"命令（TR），修剪结果如图 9-35 所示。

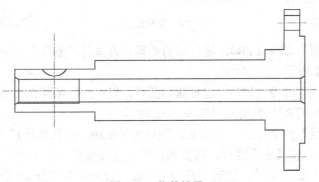

图 9-35　修剪结果

（21）执行"偏移"命令（O），将水平线段向上偏移 3mm，将与之垂直的线段向右偏移 1mm，如图 9-36 所示。

（22）执行"直线"命令（L），拾取端点绘制-45°的斜线段，与垂直线段相交，如图 9-37 所示。

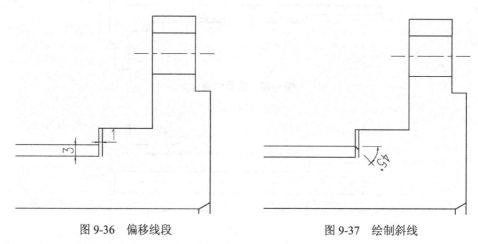

图 9-36　偏移线段　　　　　　图 9-37　绘制斜线

（23）执行"修剪"命令（TR）和执行"删除"命令（E），修剪删除多余线段，结果如图 9-38 所示。

（24）执行"偏移"命令（O），再将垂直线段向左偏移 3mm，同时将水平线向下偏移 1mm，如图 9-39 所示。

（25）执行"直线"命令（L），拾取端点，绘制-45°的斜线段，与水平线段相交，如图 9-40 所示。

图 9-38　修剪结果　　　　图 9-39　偏移线段　　　　图 9-40　绘制斜线

（26）执行"修剪"命令（TR），进行修剪处理，再执行"删除"命令（E），删除不要的线段，结果如图 9-41 所示。

（27）执行"镜像"命令（MI），选择缺口图形，以水平中心线为轴线，进行镜像处理；再执行"修剪"命令（TR），修剪结果如图 9-42 所示。

（28）执行"直线"命令（L），绘制长、高均为 40mm，且互相垂直的基准线，将其转换为"中心线"图层，且使其垂直线段，与前面图形垂直线段对齐，如图 9-43 所示。

（29）执行"圆"命令（C），绘制直径为 17mm、18mm 和 32mm 的同心圆，如图 9-44 所示。

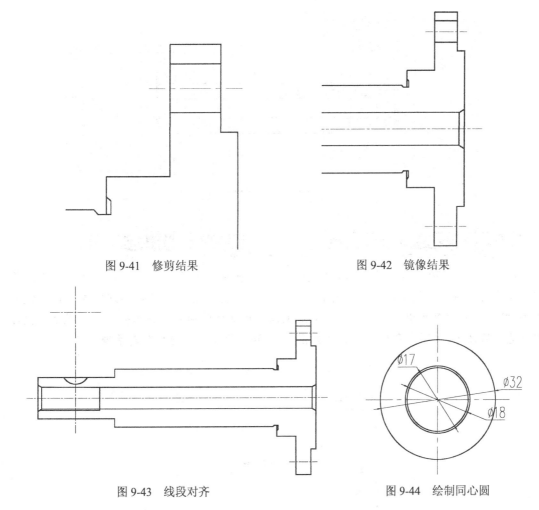

图 9-41 修剪结果　　　　　　　　图 9-42 镜像结果

图 9-43 线段对齐　　　　　　　　图 9-44 绘制同心圆

（30）执行"修剪"命令（TR），修剪多余圆弧，如图 9-45 所示。

（31）执行"偏移"命令（O），将水平中心线向上偏移 11mm，将垂直中心线向两侧各偏移 3mm，如图 9-46 所示。

（32）执行"修剪"命令（TR），修剪多余线段，结果如图 9-47 所示。

图 9-45 修剪效果　　　　图 9-46 偏移线段　　　　图 9-47 修剪线段

（33）将"剖面线"图层置为当前图层，执行"图案填充"命令（H），选择样例为"ANSI-31"，比例为 1，在指定位置进行图案填充操作，结果如图 9-48 所示。

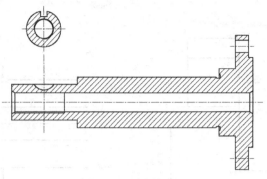

图 9-48　图案填充

在 AutoCAD 2013 中，用户可以将图块进行存盘操作（即写块操作），从而能在以后任何一个文件中使用。要进行块存盘操作，只能在命令行中输入"WBLOCK"命令，其快捷键为"W"，然后就可以将所选择的图形对象以图形文件的形式单独保存在计算机上。执行块存盘"WBLOCK"命令后，系统将弹出如图 9-49 所示的"写块"对话框。

图 9-49　"写块"对话框

（34）切换到"尺寸线"图层，对图形分别执行"线性标注"命令（DLI）、"直径标注"命令（DDI）、"角度标注"命令（DAN），对图形对象进行尺寸标注，其最终效果如图 9-17 所示。

（35）至此，该空心传动轴绘制完成，按"Ctrl+S"组合键对其文件进行保存。

9.3　齿轮轴的绘制

视频\09\齿轮轴的绘制.avi
案例\09\齿轮轴.dwg

首先绘制两条垂直基准线，再执行圆、偏移、修剪、圆角、样条曲线、图案填充等命令完成对夹紧座主视图绘制。然后根据主视图作平行线，并修剪，再根据中心线偏移确定同心圆位置，再进行复制、镜像、修剪等命令来绘制其左视图。最后进行尺寸标注，最终效果如图 9-50 所示。

第 9 章 轴套类零件的绘制

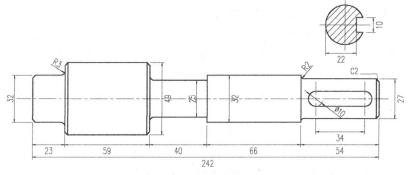

图 9-50 齿轮轴

（1）启动 AutoCAD 2013 软件，在"快速访问工具栏"中，单击"打开"按钮，将"案例\09\机械样板.dwt"文件打开，再单击"另存为"按钮，将其另存为"案例\09\齿轮轴.dwg"文件。

（2）在"常用"选项卡的"图层"面板中，选择"中心线"图层，使之成为当前图层。

（3）执行"直线"命令（L），绘制长 260mm 的水平中心线；切换到"粗实线"图层，执行"矩形"命令（REC），绘制 23mm×32mm，59mm×49mm，40mm×25mm，66mm×32mm，54mm×27mm 的五个矩形，且依次和水平中心线居中对齐如图 9-51 所示。

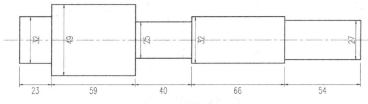

图 9-51 绘制矩形

（4）执行"分解"命令（X），对图形进行打散操作；执行"倒角"命令（CHA），根据命令提示行，选择"距离"（D），分别对❶、❷、❸、❹处上、下直角进行距离均为 2mm 的倒角处理；再执行"直线"命令（L），将❷、❸、❹倒角轮廓连接起来，如图 9-52 所示。

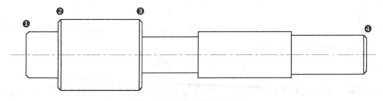

图 9-52 连接倒角轮廓

（5）执行"圆"命令（C），根据命令提示行，各选择❶、❷上、下夹角，绘制相切半径为 3mm 的圆，如图 9-53 所示。

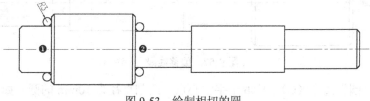

图 9-53 绘制相切的圆

（6）执行"修剪"命令（TR），修剪结果如图 9-54 所示。

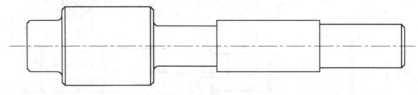

图 9-54　修剪结果

好多用户都以为修改不了块，就将其炸开，然后改完后再合并重定义成块，这是错误的，其解决办法如下。

修改块命令：REFEDIT，按命令行提示，修改好块后再用命令:REFCLOSE，确定保存，则原先的块就会按照修改后的块保存了。

（7）执行"圆"命令（C），选择❸上、下夹角，绘制相切半径为 2mm 的圆，如图 9-55 所示。

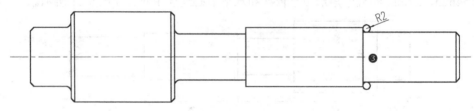

图 9-55　绘制相切圆

（8）执行"修剪"命令（TR），修剪多余线段，结果如图 9-56 所示。

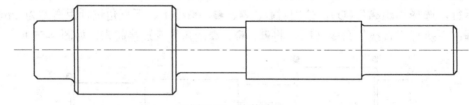

图 9-56　修剪结果

（9）执行"偏移"命令（O），将右侧垂直线段向左偏移 10mm 和 34mm，如图 9-57 所示。

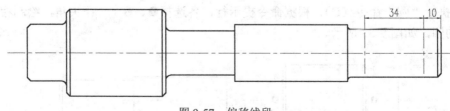

图 9-57　偏移线段

（10）执行"圆"命令（C），拾取十字中心点，绘制直径为 10mm 的圆，如图 9-58 所示。

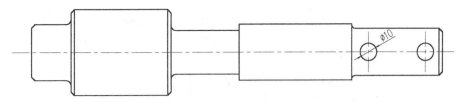

图 9-58　绘制圆

（11）执行"直线"命令（L），分别连接圆的上、下象限点，绘制线段，如图 9-59 所示。

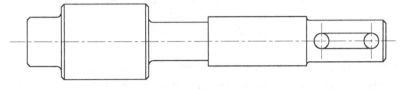

图 9-59　绘制线段

（12）执行"修剪"命令（TR），修剪圆弧，结果如图 9-60 所示。

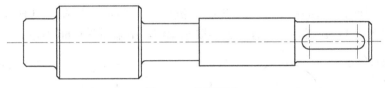

图 9-60　修剪圆弧

（13）执行"直线"命令（L），在键槽的上方，绘制长、高均为 35mm 的互相垂直的基线，并将其转换为"中心线"图层，如图 9-61 所示。

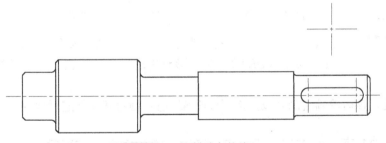

图 9-61　绘制垂直基线

当在图形文件中定义了图块后，即可在内部文件中进行任意的插入块操作，还可以改变所插入图块的比例和选中角度。用户可以通过以下任意一种方式来执行"插入块"命令。

◆ 在"常用"标签下的"块"面板单击"插入"按钮。

◆ 在命令行中输入"INSERT"(其快捷键"I")。

执行上述命令后，将打开"插入"对话框，如图 9-62 所示。

图 9-62 "插入"对话框

（14）执行"圆"命令（C），绘制直径为 27mm 的圆，如图 9-63 所示。

（15）执行"偏移"命令（O），将水平中心线向上、下侧各偏移 5mm，将垂直中心线向右偏移 8mm，如图 9-64 所示。

（16）执行"修剪"命令（TR），修剪多余线段，结果如图 9-65 所示。

（17）将"剖面线"图层置为当前图层，执行"图案填充"命令（H），选择样例为"ANSI-31"，比例为 1，在指定位置进行图案填充操作，结果如图 9-66 所示。

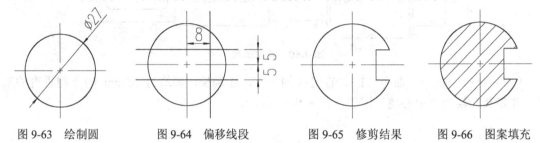

图 9-63 绘制圆　　　图 9-64 偏移线段　　　图 9-65 修剪结果　　　图 9-66 图案填充

（18）切换到"尺寸线"图层，对图形分别执行"线性标注"命令（DLI）、"直径标注"命令（DDI）、"半径标注"命令（DRA），对图形对象进行尺寸标注，其最终效果如图 9-50 所示。

（19）至此，该齿轮轴绘制完成，按"Ctrl+S"组合键对其文件进行保存。

齿轮轴指支承转动零件并与之一起回转以传递运动、扭矩或弯矩的机械零件。一般为金属圆杆状，各段可以有不同的直径，机器中作回转运动的零件就装在轴上，其效果如右图所示。

9.4 传动丝杠的绘制

视频\09\传动丝杠的绘制.avi
案例\09\传动丝杠.dwg

首先绘制垂直基线，通过偏移线段、修剪、绘制圆、倒角、直线连接等命令绘制其轮廓，再根据样条线、偏移、修剪命令绘制轴向齿形。其次绘制垂直中心线，绘制圆，通过偏移、修剪命令绘制键槽剖面部分，最后进行图案填充、尺寸标注，其最终效果如图 9-67 所示。

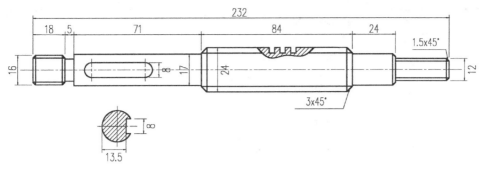

图 9-67　传动丝杆

（1）启动 AutoCAD 2013 软件，在"快速访问工具栏"中，单击"打开"按钮，将"案例\09\机械样板.dwt"文件打开，再单击"另存为"按钮，将其另存为"案例\09\传动丝杠.dwg"文件。

（2）在"常用"选项卡的"图层"面板中，选择"中心线"图层，使之成为当前图层。

（3）执行"直线"命令（L），绘制长为 246mm 的水平中心线。将"粗实线"图层置为当前图层，绘制高为 30mm 的垂直基线，使其中点和水平线左端点相距 30mm，如图 9-68 所示。

图 9-68　绘制垂直基线

（4）执行"偏移"命令（O），将垂直线段向右偏移 71mm、84mm 和 24mm，将水平中心线向上、下侧各偏移 8.5mm 和 3.5mm，如图 9-69 所示。

图 9-69　偏移线段

块的属性是将数据附着到块上的标签或标记，属性中可能包含的数据包括零件编号、价格、注释和物品的名称等。例如，建筑物中的门、窗，它可以给出门窗的型号、尺寸、材料等属性信息。用户可以通过以下方式来定义"图块的属性"，并且将打开"属性定义"对话框，如图 9-70 所示。

◆ 在"常用"选项卡的"块"面板中的小箭头符号，单击"定义属性"按钮。

◆ 在命令行中输入"ATTDEF"命令(其快捷键为"ATT")。

图 9-70　"属性定义"对话框

（5）执行"修剪"命令（TR），修剪多余线段，结果如图 9-71 所示。

图 9-71　修剪命令

（6）执行"倒角"命令（CHA），对中间矩形四个直角进行 3mm×45°的倒角处理，如图 9-72 所示。

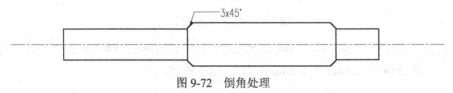

图 9-72　倒角处理

（7）执行"直线"命令（L），连接倒角的轮廓，结果如图 9-73 所示。

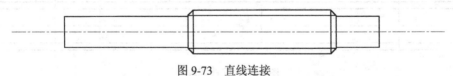

图 9-73　直线连接

（8）执行"偏移"命令（O），左垂直线段向右偏移 10mm、30mm，且将线段转换为"中心线"图层，如图 9-74 所示。

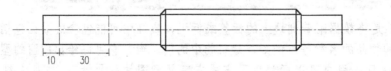

图 9-74　偏移线段

（9）执行"圆"命令（C），拾取十字中心点，绘制直径为 8mm 的圆，如图 9-75 所示。

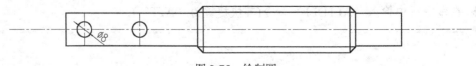

图 9-75　绘制圆

(10) 执行"直线"命令（L），分别连接两圆的上、下象限点，如图 9-76 所示。

图 9-76　直线连接

(11) 执行"修剪"命令（TR），修剪多余圆弧，结果如图 9-77 所示。

图 9-77　修剪圆弧

(12) 执行"偏移"命令（O），将左侧垂直线段向左偏移 5mm，将水平中心线向上、下各偏移 6mm，将偏移后的线段转换为"粗实线"图层，如图 9-78 所示。

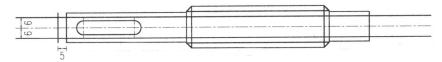

图 9-78　偏移线段

(13) 执行"修剪"命令（TR），修剪多余线段，结果如图 9-79 所示。

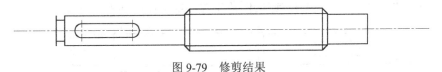

图 9-79　修剪结果

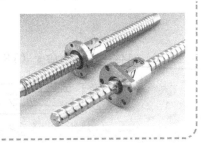

丝杠的应用是将旋转运动通过丝母转变为直线运动，由普通丝杠或滚珠丝杠传动，可获得很高的精度和平稳的运动，其效果如右图所示。

适合定位长度：按要求最长 3000mm

滑块安装：T 形条板，螺纹孔

单元安装：通过安装面上的 T 型槽或螺纹孔安装

普通丝杠：±0.2mm

滚珠丝杠：±0.025mm

普通丝杠：最大 0.5m/s

滚珠丝杠：最大 1m/s

(14) 执行"偏移"命令（O），将左垂直线段向左偏移 18mm，将水平中心线向上、下各偏移 8mm，且转换为"粗实线"图层，如图 9-80 所示。

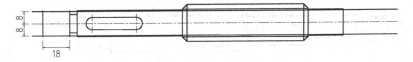

图 9-80　偏移线段

（15）执行"修剪"命令（TR），修剪多余线段，结果如图9-81所示。

图9-81 修剪效果

（16）执行"倒角"命令（CHA），根据命令提示行，选择"角度"（A），对修剪完成的对象进行1.5mm×45°的倒角处理，如图9-82所示。

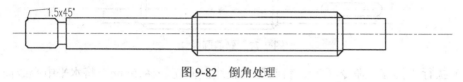

图9-82 倒角处理

（17）执行"直线"命令（L），连接倒角轮廓，结果如图9-83所示。

图9-83 直线连接

（18）执行"倒角"命令（CHA），命令提示行默认为上一倒角数值，对右边直角进行倒角处理，再执行"直线"命令（L），连接倒角轮廓，结果如图9-84所示。

图9-84 连接倒角轮廓

（19）执行"偏移"命令（O），将左侧垂直线段向右偏移30mm，将水平中心线向上、下侧各偏移6mm，并将水平线段转换为"粗实线"图层，如图9-85所示。

图9-85 偏移命令

（20）执行"修剪"命令（TR），修剪多余线段，如图9-86所示。

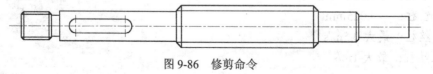

图9-86 修剪命令

（21）执行"倒角"命令（CHA），根据上次默认1.5mm×45°，对右上、下直角进行倒角处理，结果如图9-87所示。

图9-87 倒角命令

(22) 执行"直线"命令（L），垂直连接倒角轮廓，如图 9-88 所示。

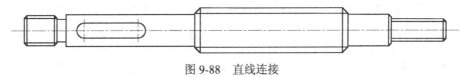

图 9-88　直线连接

(23) 执行"样条曲线"命令（SPL），在相应位置绘制剖面线，如图 9-89 所示。

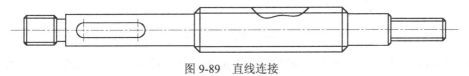

图 9-89　直线连接

(24) 执行"直线"命令（L），在曲线里面绘制连接上、下水平线的垂直线段，再执行"偏移"命令（O），将垂直线段向右偏移 3mm×5 次，如图 9-90 所示。

(25) 执行"修剪"命令（TR），修剪多余线段，如图 9-91 所示。

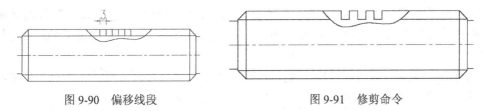

图 9-90　偏移线段　　　　　　　图 9-91　修剪命令

(26) 执行"直线"命令（L），在前面图形键槽下方，绘制长、高均为 22mm 且互相垂直的线段，并将其转换为"中心线"图层，如图 9-92 所示。

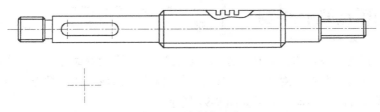

图 9-92　绘制中心线

(27) 执行"圆"命令（C），绘制直径为 17mm 的圆，如图 9-93 所示。

(28) 执行"偏移"命令（O），将水平中心线向上、下侧各偏移 4mm，再将垂直线段向右偏移 5mm，并将偏移后的线段都转换为"粗实线"图层，如图 9-94 所示。

(29) 执行"修剪"命令（TR），修剪多余线段，结果如图 9-95 所示。

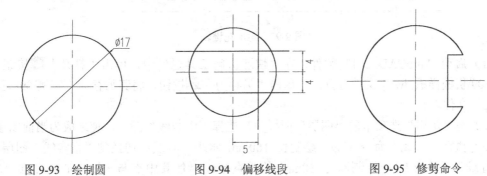

图 9-93　绘制圆　　　　　图 9-94　偏移线段　　　　　图 9-95　修剪命令

（30）将"剖面线"图层置为当前图层，执行"图案填充"命令（H），选择样例为"ANSI-31"，比例为 0.5，在指定位置进行图案填充操作，结果如图 9-96 所示。

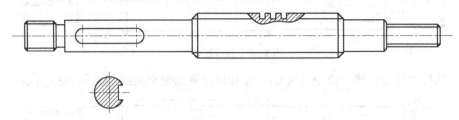

图 9-96　图案填充效果

（31）切换到"尺寸线"图层，对图形分别执行"线性标注"命令（DLI）、"引线标注"命令（LE），对图形进行尺寸标注，完成后的最终效果如图 9-67 所示。

【特殊符号的输入】用户知道，表示直径的"ϕ"用控制码％％C，表示地平面的"±"用控制码％％P、表示标注度符号的"°"用控制码％％D。在 AutoCAD 里的输入方法如下。

首先使用"文字"命令（T），并拖出一个文本框，然后在对话框的文本输入区中右击鼠标，从弹出的快捷菜单中选择"符号"命令，将会出现一些选项，供用户选择即可。

（32）至此，该传动丝杠绘制完成，按"Ctrl+S"组合键对其文件进行保存。

9.5　矩形花键轴的绘制

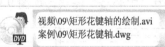

首先绘制垂直基准线，执行偏移、修剪、倒角、直线连接等命令来绘制主视图；再根据主视图绘制垂直基线，与图形对齐，通过绘制圆、偏移、修剪、图案填充命令来绘制剖面视图；最后进行尺寸标注，其最终效果如图 9-97 所示。

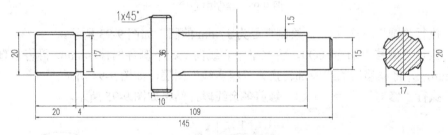

图 9-97　矩形花键轴

（1）启动 AutoCAD 2013 软件，在"快速访问工具栏"中，单击"打开"按钮，将"案例\09\机械样板.dwt"文件打开，再单击"另存为"按钮，将其另存为"案例\09\矩形花键.dwg"文件。

（2）在"常用"选项卡的"图层"面板中，选择"中心线"图层，使之成为当前图层。

（3）执行"直线"命令（L），绘制长 160mm 水平中心线；切换到"粗实线"图层，执行"直线"命令（L），绘制高为 30mm 的垂直基线，使其中点与水平中心线左端点相距

6mm，如图 9-98 所示。

图 9-98　绘制垂直基线

（4）执行"偏移"命令（O），将垂直线段向右偏移 20mm、4mm 和 109mm，再将水平中心线向上、下侧分别偏移 8.5mm 和 10mm，把偏移后的线段转换为"粗实线"图层，如图 9-99 所示。

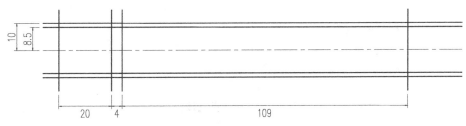

图 9-99　偏移线段

（5）执行"修剪"命令（TR），修剪多余线段，结果如图 9-100 所示。

图 9-100　修剪命令

（6）执行"偏移"命令（O），将水平中心线向两侧各偏移 18mm，把偏移后的线段转换为"粗实线"图层，再将第三条垂直线段向右偏移 33mm 和 10mm，如图 9-101 所示。

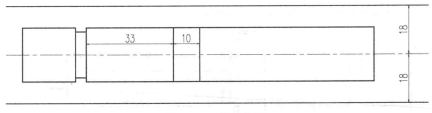

图 9-101　偏移线段

（7）执行"延伸"命令（EX），向上、下各延伸垂直线段，如图 9-102 所示。

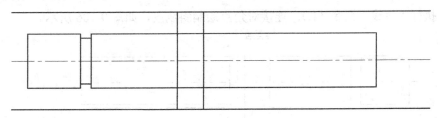

图 9-102　延伸命令

(8) 执行"修剪"命令（TR），修剪多余线段，结果如图 9-103 所示。

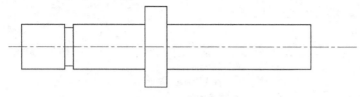

图 9-103　修剪结果

(9) 执行"倒角"命令（CHA），根据命令提示，选择"角度"（A），分别对❶、❷矩形的四个直角进行 1mm×45°的倒角处理，执行"直线"命令（L），将倒角轮廓连接起来，如图 9-104 所示。

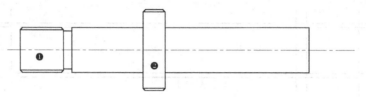

图 9-104　倒角并连接

【恢复失效的特性匹配命令】有时用户在 AutoCAD 的使用过程中，其他命令都很正常，但特性匹配却不能用，重装软件一时又找不到它的安装程序，用户可通过下面的办法来解决。

在命令行输入：menu，在弹出的"选择菜单文件"对话框中选择 acad.mnu 菜单文件，重新加载菜单即可。

(10) 执行"偏移"命令（O），将右侧垂直线段向左偏移 60mm 和 3mm，将右上、下侧的水平线段各向内偏移 1.5mm，如图 9-105 所示。

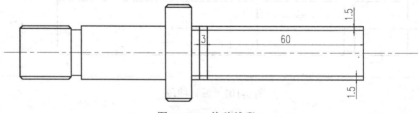

图 9-105　偏移线段

(11) 执行"直线"命令（L），连接对角点绘制斜线段，如图 9-106 所示。

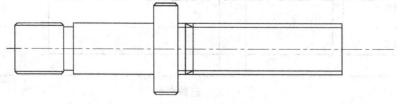

图 9-106　绘制斜线

(12）执行"修剪"命令（TR），修剪多余线段，结果如图 9-107 所示。

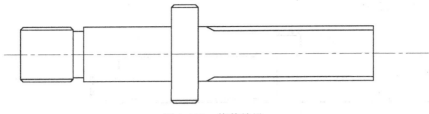

图 9-107　修剪结果

(13）执行"偏移"命令（O），将水平中心线向上、下侧各偏移 7.5mm，并转换为"粗实线"图层，如图 9-108 所示。

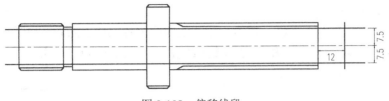

图 9-108　偏移线段

(14）执行"修剪"命令（TR），进行相应修剪，结果如图 9-109 所示。

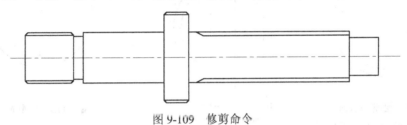

图 9-109　修剪命令

(15）执行"倒角"命令（CHA），对右上、下直角进行 1mm×45°的倒角处理，执行"直线"命令（L），将倒角轮廓连接起来，如图 9-110 所示。

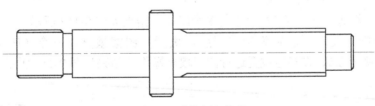

图 9-110　连接倒角线段

(16）切换到"中心线"图层，执行"直线"命令（L），绘制一条垂直线段，作为剖开的轴线，如图 9-111 所示。

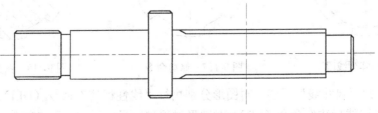

图 9-111　绘制剖切线

（17）执行"直线"命令（L），绘制长、高均为 25mm 且互相垂直的中心线，与前面图形对齐，如图 9-112 所示。

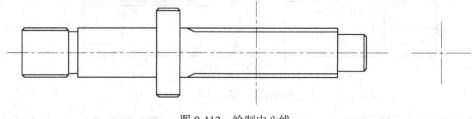

图 9-112　绘制中心线

（18）切换到"粗实线"图层，执行"圆"命令（C），绘制直径为 20mm 和 17mm 的同心圆，如图 9-113 所示。

（19）执行"偏移"命令（O），将垂直中心线向两侧各偏移 2.5mm，如图 9-114 所示。

（20）执行"修剪"命令（TR），修剪多余线段，结果如图 9-115 所示。

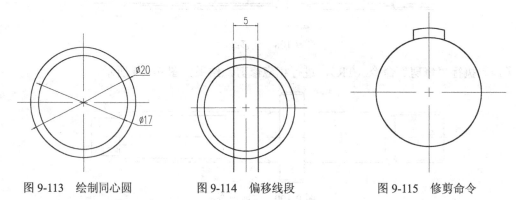

图 9-113　绘制同心圆　　　　图 9-114　偏移线段　　　　图 9-115　修剪命令

（21）执行"阵列"命令（AR），选择圆以上的图形对象，再选择"极轴(PO)"选项，再捕捉圆心作为环形阵列的中心点，并输入项目数为 6，填充角度为 360，从而对选择的对象进行环形阵列，结果如图 9-116 所示。

（22）执行"修剪"命令（TR），修剪多余线段，结果如图 9-117 所示。

（23）将"剖面线"图层置为当前图层，执行"图案填充"命令（H），选择样例为"ANSI-31"，比例为 0.5，在指定位置进行图案填充操作，结果如图 9-118 所示。

图 9-116　阵列线段　　　　图 9-117　修剪命令　　　　图 9-118　图案填充

（24）切换到"尺寸线"图层，对图形分别执行"线性标注"命令（DLI）、"直径标注"命令（DDI）、"引线标注"命令（LE），对图形对象进行尺寸标注，其最终效果如图 9-97 所示。

（25）至此，该矩形花键轴绘制完成，按"Ctrl+S"组合键对其文件进行保存。

花键轴，是机械传动零件的一种，和平键、半圆键、斜键作用一样，都是传递机械扭矩的。在轴的外表有纵向的键槽，套在轴上的旋转件也有对应的键槽，可保持跟轴同步旋转。在旋转的同时，有的还可以在轴上作纵向滑动，如变速箱换挡齿轮等，其效果如右图所示。

9.6 双键套的绘制

视频\09\双键套的绘制.avi
案例\09\双键套.dwg

首先绘制垂直基线，执行偏移、修剪、圆、直线连接、样条曲线、图案填充等命令完成主视图绘制；其次执行直线命令，在主视图上绘制剖面线，在剖面线下方绘制圆，执行偏移、修剪、图案填充等命令来绘制剖面部分；最后进行尺寸标注，其最终效果如图9-119所示。

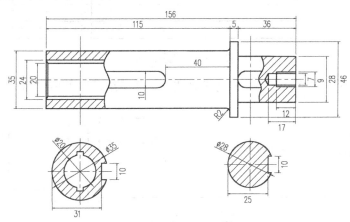

图 9-119 绘制垂直基线

（1）启动 AutoCAD 2013 软件，在"快速访问工具栏"中，单击"打开" 按钮，将"案例\09\机械样板.dwt"文件打开，再单击"另存为"按钮，将其另存为"案例\09\双键套.dwg"文件。

【错误文件的恢复】有时用户辛苦几天绘制的 AutoCAD 图会因为停电或其他原因突然打不开了，而且没有备份文件，这时用户可以试试下面的方法恢复。

"文件"→"绘图实用程序"→"修复"菜单命令，在弹出的"选择文件"对话框中选择要恢复的文件后确认，系统开始执行恢复文件操作。

（2）在"常用"选项卡的"图层"面板中，选择"中心线"图层，使之成为当前图层。

（3）执行"直线"命令（L），绘制长 166mm 的水平中心线；将"粗实线"图层置为当前图层，绘制高为 50mm 的垂直线段，使其中点与水平中心线左端点距离为 5mm，如图 9-120 所示。

图 9-120　绘制垂直基线

（4）执行"偏移"命令（O），将垂直线段向右各偏移 115mm、5mm 和 36mm，将水平中心向上、下侧各偏移 14mm、17.5mm 和 23mm，且将线段转换为"粗实线"图层，如图 9-121 所示。

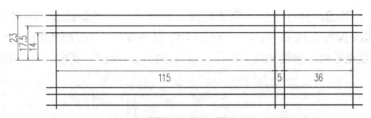

图 9-121　偏移线段

（5）执行"修剪"命令（TR），修剪多余线段，修剪结果如图 9-122 所示。

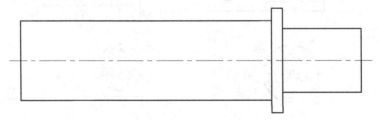

图 9-122　修剪命令

（6）执行"圆"命令（C），如图 9-123 所示，在相应直角处绘制相切半径为 2mm 的圆。

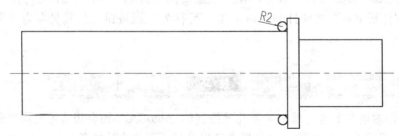

图 9-123　绘制相切圆

（7）执行"修剪"命令（TR），修剪结果如图 9-124 所示。

（8）执行"样条曲线"命令（SPL），在相应点处绘制样条曲线❶、❷，如图 9-125 所示。

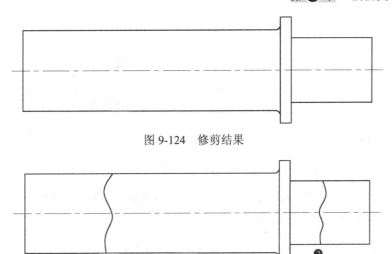

图 9-124 修剪结果

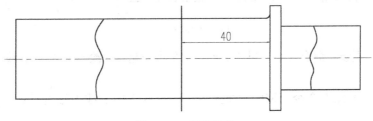

图 9-125 绘制样条曲线

（9）执行"偏移"命令（O），将垂直线段向左偏移 40mm，如图 9-126 所示。

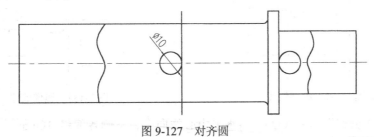

图 9-126 偏移线段

（10）执行"圆"命令（C），绘制直径为 10mm 的圆，使其象限点与偏移线段上的中心交点重合，如图 9-127 所示。

图 9-127 对齐圆

（11）执行"直线"命令（L），按 F8 打开正交模式，以圆上、下象限点绘制平行线段，如图 9-128 所示。

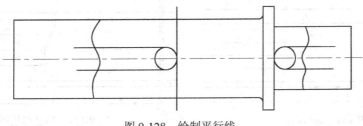

图 9-128 绘制平行线

（12）执行"修剪"命令（TR），修剪结果如图 9-129 所示。

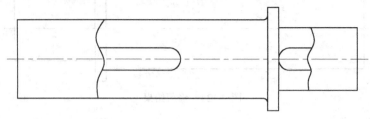

图 9-129　修剪线段

（13）执行"矩形"命令（REC），绘制 17mm×7mm、12mm×9mm 的矩形，且右垂直中点与前面图形右中点对齐，如图 9-130 所示。

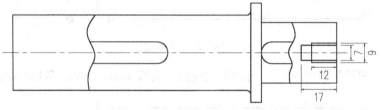

图 9-130　绘制对齐矩形

（14）执行"直线"命令（L），以长矩形左上角点为起点，绘制 60°的斜线段，如图 9-131 所示。

（15）执行"镜像"命令（MI），选择斜线，以水平中心线为轴进行镜像处理，结果如图 9-132 所示。

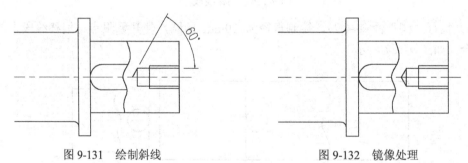

图 9-131　绘制斜线　　　　　　　　　　图 9-132　镜像处理

（16）执行"偏移"命令（O），将水平中心线向上、下侧各偏移 10mm 和 12mm，并转换为"粗实线"图层，将左侧垂直线段向右偏移 1mm，如图 9-133 所示。

（17）执行"直线"命令（L），捕捉角点进行连接，绘制斜线段，如图 9-134 所示。

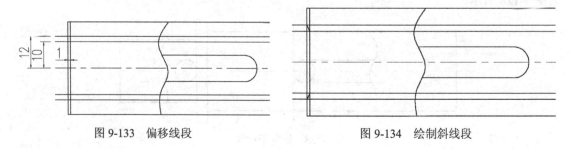

图 9-133　偏移线段　　　　　　　　　　图 9-134　绘制斜线段

（18）执行"修剪"命令（TR），修剪结果如图9-135所示。

（19）切换到"剖面线"图层，执行"图案填充"命令（H），选择样例为"ANSI-31"，比例为1，在指定位置进行图案填充操作，结果如图9-136所示。

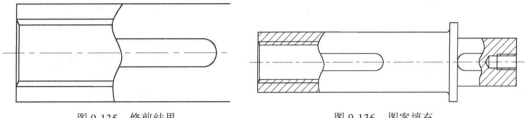

图9-135　修剪结果　　　　　　　　　图9-136　图案填充

（20）切换到"中心线"图层，执行"直线"命令（L），在右侧相应位置绘制一条垂直的剖切线，如图9-137所示。

（21）执行"直线"命令（L），绘制长、高均为32mm且互相垂直的中心线，与剖切线对齐，如图9-138所示。

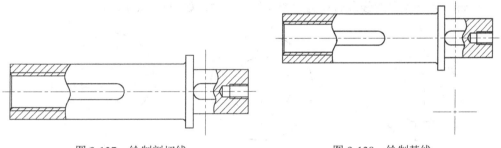

图9-137　绘制剖切线　　　　　　　　图9-138　绘制基线

（22）切换到"粗实线"图层，执行"圆"命令（C），拾取交点绘制直径为28mm的圆，如图9-139所示。

（23）执行"偏移"命令（O），将水平中心线向上、下侧各偏移5mm，且转换为"粗实线"图层，将垂直中心线向右偏移11mm，如图9-140所示。

（24）执行"修剪"命令（TR），修剪结果如图9-141所示。

图9-139　绘制圆　　　　图9-140　偏移线段　　　　图9-141　修剪命令

（25）切换到"中心线"图层，执行"直线"命令（L），在主视图左侧相应处绘制一条剖切线；在剖切线下端绘制长、高均为40mm且互相垂直的线段并对齐，如图9-142所示。

（26）切换到"粗实线"图层，执行"圆"命令（C），以垂直交点为圆心绘制直径为35mm和20mm的同心圆，如图9-143所示。

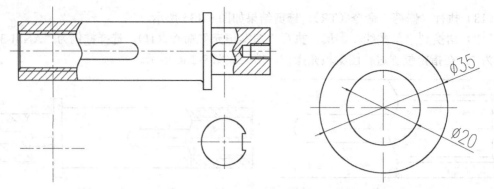

图 9-142　绘制线段　　　　　　　　图 9-143　绘制同心圆

（27）执行"偏移"命令（O），将水平中心线向上、下侧各偏移 12mm，将垂直中心线向两侧各偏移 2mm，且把所有线段转换为"粗实线"图层，如图 9-144 所示。

（28）执行"修剪"命令（TR），修剪结果如图 9-145 所示。

（29）执行"偏移"命令（O），将水平中心线向上、下侧各偏移 5mm，将垂直线段向右偏移 13.5mm，再将偏移的线段转换为"粗实线"图层，如图 9-146 所示。

图 9-144　偏移线段　　　　图 9-145　修剪命令　　　　图 9-146　偏移线段

（30）执行"修剪"命令（TR），修剪结果如图 9-147 所示。

（31）切换到"剖面线"图层，执行"图案填充"命令（H），选择样例为"ANSI-31"，比例为 1，在指定位置进行图案填充操作，结果如图 9-148 所示。

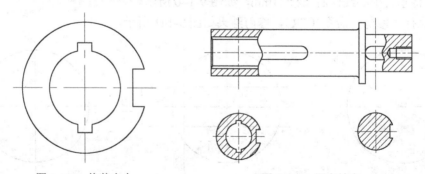

图 9-147　修剪命令　　　　　　　　图 9-148　图案填充

（32）切换到"尺寸线"图层，对图形分别执行"线性标注"命令（DLI）、"直径标注"命令（DDI）、"引线标注"命令（LE），对图形对象进行尺寸标注，其最终效果如图 9-119 所示。

（33）至此，该双键套绘制完成，按"Ctrl+S"组合键对其文件进行保存。

9.7 连接套的绘制

视频\09\连接套的绘制.avi
案例\09\连接套.dwg

首先绘制垂直中心线，跟着绘制同心圆，执行偏移、修剪、阵列等命令完成左视图绘制；然后根据左视图绘制平行投影线，执行直线、偏移、修剪、倒角、图案填充等命令来绘制主视图；最后进行尺寸标注来完成，最终效果如图 9-149 所示。

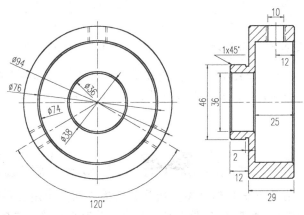

图 9-149　绘制中心线

（1）启动 AutoCAD 2013 软件，在"快速访问工具栏"中，单击"打开" 按钮，将"案例\09\机械样板.dwt"文件打开，再单击"另存为" 按钮，将其另存为"案例\09\连接套.dwg"文件。

（2）在"常用"选项卡的"图层"面板中，选择"中心线"图层，使之成为当前图层。

（3）执行"直线"命令（L），绘制长 100mm、高 100mm 的垂直中心线，如图 9-150 所示。

（4）将"粗实线"图层置为当前图层，执行"圆"命令（C），拾取交点绘制直径为 94mm、76mm、74mm、38mm 和 36mm 的同心圆，如图 9-151 所示。

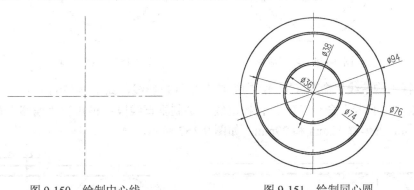

图 9-150　绘制中心线　　　　图 9-151　绘制同心圆

（5）执行"偏移"命令（O），将垂直中心线向左、右侧各偏移 5mm 和 6mm，并将线段转换为"虚线"图层，如图 9-152 所示。

（6）执行"修剪"命令（TR），修剪多余线条，结果如图 9-153 所示。

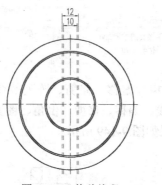
图 9-152　偏移线段

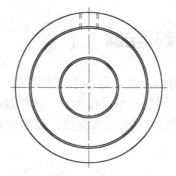
图 9-153　修剪线段

（7）执行"阵列"命令（AR），选择虚线和垂直中心线，再选择"极轴(PO)"选项，再以大圆心作为环形阵列的中心点，并输入项目数为 3，填充角度为 360，阵列结果如图 9-154 所示。

【删除顽固图层的有效方法】删除顽固图层的有效方法是采用图层影射，通过命令：laytrans，可将需删除的图层影射为 0 层即可。这个方法可以删除具有实体对象或被其他块嵌套定义的图层，可以说是万能图层删除器。

（8）执行"分解"命令（X），分解掉阵列对象；执行"修剪"命令（TR），进行相应的修剪，结果如图 9-155 所示。

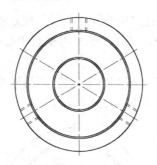
图 9-154　阵列命令

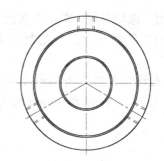
图 9-155　修剪效果

（9）执行"构造线"命令（XL），向右绘制平行投影线，如图 9-156 所示。

（10）执行"直线"命令（L），在构造线上绘制垂直线段；再执行"偏移"命令（O），将垂直线段向右各偏移 12mm 和 29mm，如图 9-157 所示。

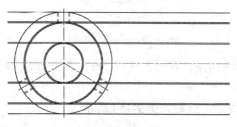
图 9-156　绘制平行线

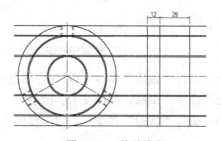
图 9-157　偏移线段

(11) 执行"修剪"命令（TR），修剪构造线，结果如图 9-158 所示。

(12) 执行"偏移"命令（O），将右垂直线段向左偏移 25mm，将水平中心线向上、下侧各偏移 23mm，并将线段转换为"粗实线"图层，如图 9-159 所示。

(13) 执行"修剪"命令（TR），修剪多余线条，结果如图 9-160 所示。

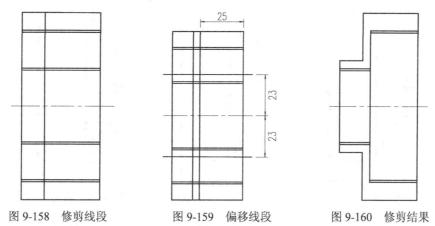

图 9-158　修剪线段　　　图 9-159　偏移线段　　　图 9-160　修剪结果

(14) 执行"偏移"命令（O），将左、右垂直线段各向内偏移 1mm，将中间垂直线段向左偏移 1mm，如图 9-161 所示。

(15) 执行"直线"命令（L），连接相应的对角点，绘制斜线段，如图 9-162 所示。

(16) 执行"修剪"命令（TR）和"删除"命令（E），修剪删除多余线段，结果如图 9-163 所示。

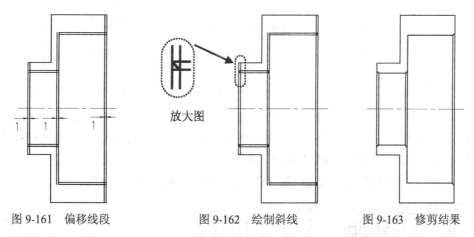

图 9-161　偏移线段　　　图 9-162　绘制斜线　　　图 9-163　修剪结果

(17) 执行"倒角"命令（CHA），对图形外部 6 个直角，进行 1mm×45°的倒角处理，如图 9-164 所示。

(18) 执行"偏移"命令（O），将左上、下水平线段各向内偏移 1mm，将与其垂直的线段向左偏移 2mm，如图 9-165 所示。

(19) 执行"修剪"命令（TR），修剪多余线条，结果如图 9-166 所示。

(20) 执行"偏移"命令（O），将右垂直线段向左偏移 12mm，并转换为"中心线"图层，将线段进行相应的拉伸处理，如图 9-167 所示。

(21) 执行"偏移"命令（O），将垂直中心线向左、右侧各偏移 5mm 和 6mm，并将相应的线段转换为"粗实线"和"虚线"图层；再执行"修剪"命令（TR），修剪多余线条，结果如图 9-168 所示。

（22）将"剖面线"图层置为当前图层，执行"图案填充"命令（H），选择样例为"ANSI-31"，比例为 1，在指定位置进行图案填充操作，结果如图 9-169 所示。

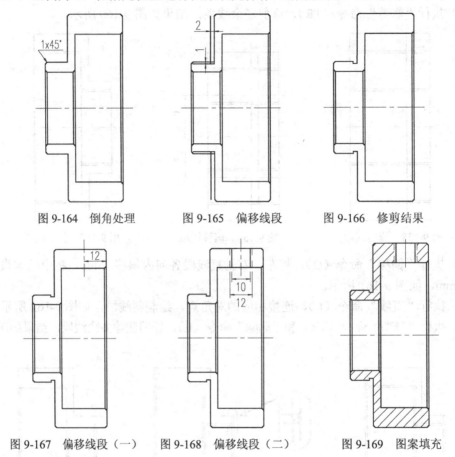

图 9-164　倒角处理　　图 9-165　偏移线段　　图 9-166　修剪结果

图 9-167　偏移线段（一）　图 9-168　偏移线段（二）　图 9-169　图案填充

（23）切换到"尺寸线"图层，对图形分别执行"线性标注"命令（DLI）、"直径标注"命令（DDI）、"引线标注"命令（LE）、"角度标注"命令（DAN）、"编辑标注"命令（ED），完成图形的尺寸标注，效果如图 9-149 所示。

（24）至此，该连接套绘制完成，按"Ctrl+S"组合键对其文件进行保存。

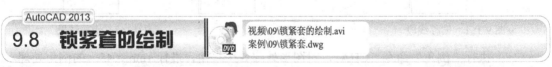

9.8　锁紧套的绘制

首先绘制水平中心线，执行偏移、修剪、绘制圆、样条线等命令绘制锁紧套主视图；其次根据主视图绘制平行投影线，通过绘制直线、偏移、修剪、绘制圆、样条线等命令完成左视图的绘制；最后进行图案填充、尺寸标注来完成。其最终效果如图 9-170 所示。

（1）启动 AutoCAD 2013 软件，在"快速访问工具栏"中，单击"打开" 按钮，将"案例\09\机械样板.dwt"文件打开，再单击"另存为" 按钮，将其另存为"案例\09\锁紧套.dwg"文件。

（2）在"常用"选项卡的"图层"面板中，选择"粗实线"图层，使之成为当前图层。

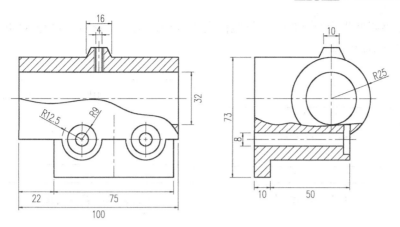

图 9-170　锁紧套

（3）执行"矩形"命令（REC），绘制 100mm×50mm 的矩形。

（4）切换到"中心线"图层，执行"直线"命令（L），绘制长为 110mm 的水平中心线，并与矩形中点对齐，如图 9-171 所示。

（5）执行"分解"命令（X），将矩形打散；执行"偏移"命令（O），将上侧水平线段向上偏移 6mm，执行"直线"命令（L），以水平线中点向上绘制一条高为 10mm 的垂直线段，并转换为"中心线"图层，如图 9-172 所示。

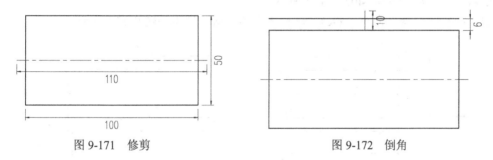

图 9-171　修剪　　　　　　　　图 9-172　倒角

（6）执行"偏移"命令（O），将垂直中心线向左、右侧各偏移 5mm 和 8mm；执行"直线"命令（L），连接对角点，绘制斜线段，如图 9-173 所示。

（7）执行"删除"命令（E）和"修剪"命令（TR），修剪删除多余线条，如图 9-174 所示。

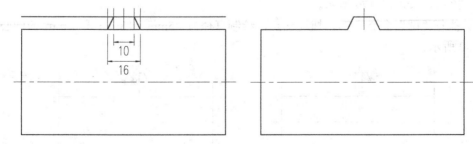

图 9-173　绘制斜线段　　　　　　图 9-174　修剪结果

（8）执行"偏移"命令（O），将水平中心线向上、下侧各偏移 16mm，再将垂直中心线向左、右侧各偏移 2mm 和 3mm，并将里面线段转换为"粗实线"图层，外面线转换为"细实线"图层，如图 9-175 所示。

(9) 执行"延伸"命令(EX),将线段向下延伸;执行"修剪"命令(TR),修剪相应线段,结果如图 9-176 所示。

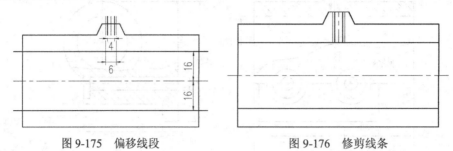

图 9-175　偏移线段　　　　　　　图 9-176　修剪线条

【图层 1 的内容被图层 2 的内容给遮住了怎么办】如果在一个图里,图层 1 的内容被图层 2 的内容给遮住了,选择"工具"→"绘图次序"→"前置"菜单命令,即可将遮住的内容显示出来。

(10) 执行"偏移"命令(O),将右侧垂直线段向左各偏移 3mm 和 75mm,再将下侧的水平线段向下偏移 23mm,如图 9-177 所示。

(11) 执行"修剪"命令(TR),进行相应的修剪,结果如图 9-178 所示。

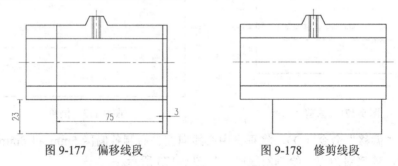

图 9-177　偏移线段　　　　　　　图 9-178　修剪线段

(12) 执行"直线"命令(L),按 F8 打开正交模式,拾取最下侧水平线段的中点,向上绘制一条垂直线段,并转换为"中心线"图层;执行"偏移"命令(O),将中心线向左、右侧各偏移 20mm,如图 9-179 所示。

(13) 执行"圆"命令(C),捕捉交点,绘制直径为 25mm、18mm 和 8mm 的同心圆,如图 9-180 所示。

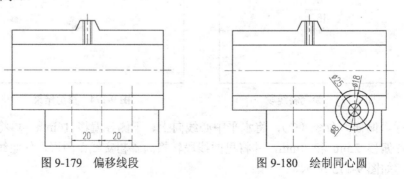

图 9-179　偏移线段　　　　　　　图 9-180　绘制同心圆

(14)执行"复制"命令(CO),选择同心圆,水平复制到相应交点,如图 9-181 所示。
(15)执行"修剪"命令(TR),修剪圆弧及多余线条,结果如图 9-182 所示。

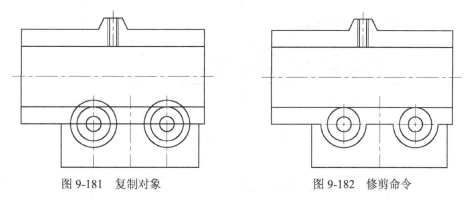

图 9-181　复制对象　　　　　　　　图 9-182　修剪命令

(16)执行"样条曲线"命令(SPL),如图 9-183 所示,在相应处绘制剖面线。
(17)将"剖面线"图层置为当前图层,执行"图案填充"命令(H),选择样例为"ANSI-31",比例为 1,在指定位置进行图案填充操作,结果如图 9-184 所示。

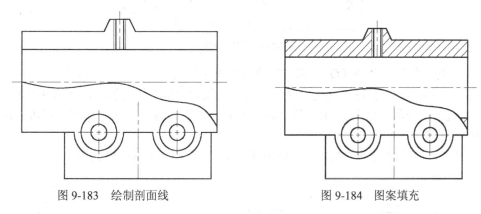

图 9-183　绘制剖面线　　　　　　　图 9-184　图案填充

(18)切换到"粗实线"图层,执行"构造线"命令(XL),绘制图形的平行投影线,如图 9-185 所示。

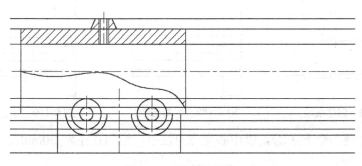

图 9-185　绘制平行线

(19)执行"直线"命令(L),连接上、下水平线段,绘制垂直线段;执行"偏移"命令(O),将垂直线段向右偏移 10mm 和 50mm,如图 9-186 所示。
(20)执行"修剪"命令(TR),修剪结果如图 9-187 所示。

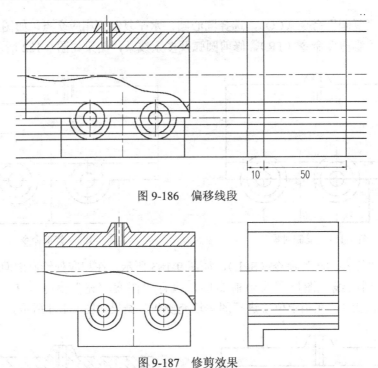

图 9-186 偏移线段

图 9-187 修剪效果

（21）执行"偏移"命令（O），将右侧垂直线段向左偏移 12mm、5mm 和 3mm，将相应线段转换为"中心线"；执行"直线"命令（L），连接对角点，绘制斜线，如图 9-188 所示。

（22）执行"修剪"命令（TR）和"删除"命令（E），修剪、删除相应的线段，结果如图 9-189 所示。

（23）执行"镜像"命令（MI），选择线段，以垂直中心线为轴镜像处理，结果如图 9-190 所示。

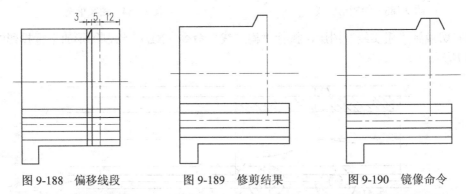

图 9-188 偏移线段　　　图 9-189 修剪结果　　　图 9-190 镜像命令

（24）执行"圆"命令（C），以中心交点为圆心，绘制直径为 50mm 和 32mm 的同心圆，如图 9-191 所示。

（25）执行"修剪"命令（TR），修剪圆弧；执行"延伸"命令（EX），延伸斜线段，结果如图 9-192 所示。

（26）执行"偏移"命令（O），将右侧垂直线段向左偏移 4mm，如图 9-193 所示。

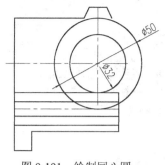
图 9-191 绘制同心圆
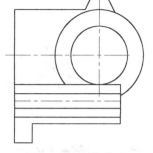
图 9-192 修剪结果
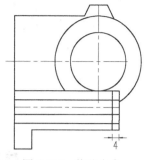
图 9-193 偏移命令

（27）执行"修剪"命令（TR），修剪多余线条，结果如图 9-194 所示。

（28）执行"样条曲线"命令（SPL），如图 9-195 所示，在相应处绘制一条剖面断裂线。

（29）将"剖面线"图层置为当前图层，执行"图案填充"命令（H），选择样例为"ANSI-31"，比例为 1，在指定位置进行图案填充操作，结果如图 9-196 所示。

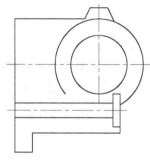
图 9-194 修剪命令
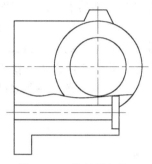
图 9-195 绘制样条线
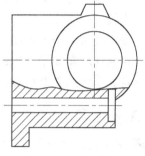
图 9-196 图案填充

（30）切换到"尺寸线"图层，对图形分别执行"线性标注"命令（DLI）、"直径标注"命令（DDI）、"半径标注"命令（DRA），对图形对象进行尺寸标注，其最终效果如图 9-170 所示。

（31）至此，该锁紧套绘制完成，按"Ctrl+S"组合键对其文件进行保存。

第10章

盘盖类零件的绘制

本章导读

各种轮子、法兰盘、轴承盘及圆盘等都属于盘盖类零件，这类零件主要起压紧、密封、支承、连接、分度及防护等作用，常用零件中的齿轮、带轮、链轮等均属盘类零件。它们的主要部分一般由回转体构成，常带有均匀分布的孔、销孔、肋板及凸台等结构。

盖类零件通常都有一个底面作为同其他零件靠紧的重要结合面，多用于密封、压紧和支承。盘盖类零件主要由端面、外圆、内孔等组成，一般零件直径大于零件的轴向尺寸。

主要内容

- ☑ 掌握定位盘和泵盖的绘制方法
- ☑ 掌握传动箱盖与端盖的绘制方法
- ☑ 掌握固定圈和法兰盘的绘制方法
- ☑ 掌握偏心盘和扇形摆轮的绘制方法

效果预览

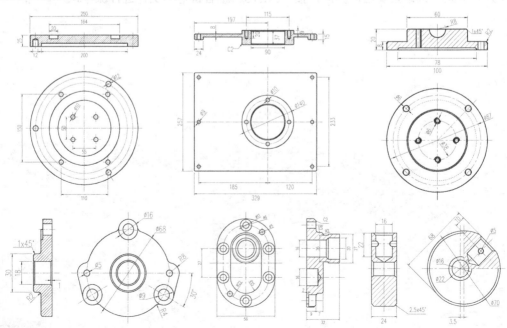

10.1 定位盘的绘制

视频\10\定位盘的绘制.avi
案例\10\定位盘.dwg

首先绘制水平中心线和矩形,并对齐图形,再执行分解、偏移、直线、删除、修剪、图案填充等命令来绘制主视图;其次根据主视图作平行投影线,绘制圆、阵列、偏移、修剪等命令绘制俯视图;最后进行尺寸标注,最终效果如图10-1所示。

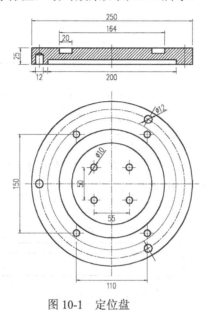

图10-1 定位盘

【盘盖类零件的功能和特点】盘类零件多用于传动支承、联结、分度和防护等方面,常用零件中的齿轮、带轮、链轮、棘轮等均属盘类零件。盖类零件通常都有一个底面作为同其他零件靠紧的重要结合面,多用于密封、压紧和支承。其常用盘盖类零件如图10-2所示。

(a)泵盖零件　　(b)齿轮零件　　(c)手轮零件　　(d)圆盖零件　　(e)端盖零件

图10-2 常用盘盖类零件

盘盖类零件主要由端面、外圆、内孔等组成,一般零件直径大于零件的轴向尺寸。这类零件对支承用的端面需要有较高的平面度、精确的轴向尺寸和两端面的平行度;对转接作用中的内孔等,要求与平面互相垂直,以及外圆、内孔之间的同轴度要求。

（1）启动 AutoCAD 2013 软件，在"快速访问工具栏"中，单击"打开"按钮，将"案例\10\机械模板.dwt"文件打开，再单击"另存为"按钮，将其另存为"案例\10\定位盘.dwg"文件。

（2）在"常用"选项卡的"图层"面板中，选择"中心线"图层，使之成为当前图层。

（3）执行"直线"命令（L），绘制高 35mm 的垂直中心线；切换到"粗实线"图层，执行"矩形"命令（REC），绘制 250mm×25mm 的矩形，使其和垂直线段居中对齐，如图 10-3 所示。

图 10-3 图形对齐

（4）执行"分解"命令（X），将矩形进行打散操作；再执行"偏移"命令（O），将上侧水平线段向下偏移 8mm，将垂直中心线向左、右侧各偏移 62mm 和 20mm，且将偏移后的线段转换为"粗实线"图层，如图 10-4 所示。

图 10-4 偏移线段

（5）执行"修剪"命令（TR），对其进行修剪处理，结果如图 10-5 所示。

图 10-5 修剪处理

（6）执行"偏移"命令（O），将垂直中心线向左、右侧各偏移 100mm，再将下方水平线段向上偏移 7mm，如图 10-6 所示。

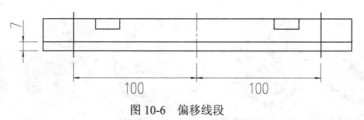

图 10-6 偏移线段

（7）执行"修剪"命令（TR），修剪多余线条，结果如图 10-7 所示。

图 10-7 修剪线条

(8) 执行"偏移"命令（O），将垂直中心线向左、右各偏移113mm，如图10-8所示。

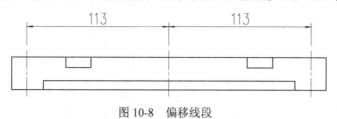

图10-8 偏移线段

(9) 执行"偏移"命令（O），将偏移后的中心线段，向左、右侧偏移6mm，并转换为"粗实线"图层，再将上侧水平线段向下偏移7mm，如图10-9所示。

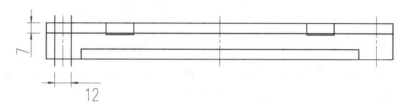

图10-9 偏移线段

(10) 执行"直线"命令（L），捕捉点交点绘制-30°的斜线段，如图10-10所示。

图10-10 绘制斜线段

(11) 执行"镜像"命令（MI），选择斜线段，以左垂直中心线进行镜像，再执行"修剪"命令（TR），修剪多余线条，结果如图10-11所示。

图10-11 修剪结果

(12) 切换到"剖面线"图层，执行"图案填充"命令（H），选择样例为"ANSI-31"，比例为1，在指定位置进行图案填充操作，结果如图10-12所示。

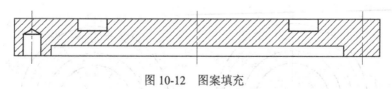

图10-12 图案填充

(13) 切换到"粗实线"图层，执行"构造线"命令（XL），绘制图形的垂直投影线，如图10-13所示。

(14) 切换到"中心线"图层，执行"直线"命令（L），在构造线上绘制一条水平线段，如图10-14所示。

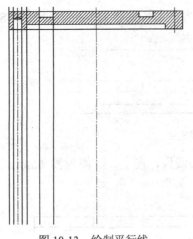
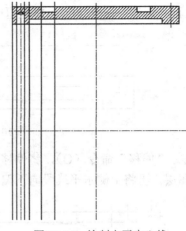

图 10-13 绘制平行线　　　　图 10-14 绘制水平中心线

（15）切换到"粗实线"图层，执行"圆"命令（C），分别拾取中心点与左边各个交点绘制圆，并改变相应线段的线型，如图 10-15 所示。

（16）执行"删除"命令（E），删除构造线，结果如图 10-16 所示。

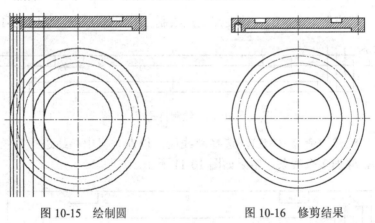

图 10-15 绘制圆　　　　图 10-16 修剪结果

（17）执行"圆"命令（C），如图 10-17 所示，在中心交点上绘制直径为 12mm 的圆。

（18）执行"阵列"命令（AR），选择小圆和水平中心线，再选择"极轴(PO)"选项，再捕捉大圆心作为环形阵列的中心点，并输入项目数为 3，填充角度为 360，阵列结果如图 10-18 所示。

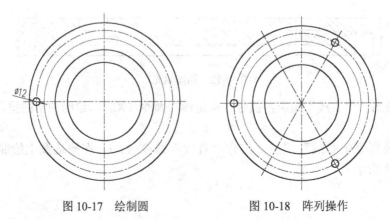

图 10-17 绘制圆　　　　图 10-18 阵列操作

（19）执行"修剪"命令（TR），修剪多余线条，结果如图 10-19 所示。

（20）执行"偏移"命令（O），将水平中心线向上、下各偏移 75mm，再将垂直中心线向左、右各偏移 55mm，如图 10-20 所示。

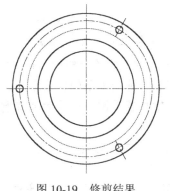

图 10-19　修剪结果

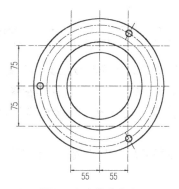

图 10-20　偏移线段

（21）执行"圆"命令（C），在偏移线段的各个十字交点绘制直径为 10mm 的圆；再执行"修剪"命令（TR），修剪结果如图 10-21 所示。

（22）执行"偏移"命令（O），将水平中心线向上、下侧各偏移 25mm，将垂直中心线向左、右各偏移 27.5mm，如图 10-22 所示。

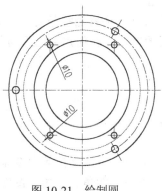

图 10-21　绘制圆

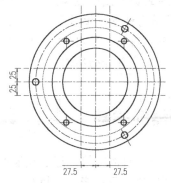

图 10-22　偏移线段

（23）执行"圆"命令（C），在偏移线段的各个十字交点绘制直径为 10mm 的圆，如图 10-23 所示。

（24）执行"修剪"命令（TR），修剪多余线条，并调节线段长度，结果如图 10-24 所示。

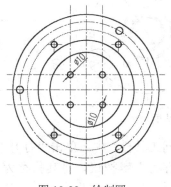

图 10-23　绘制圆

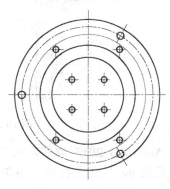

图 10-24　修剪结果

（25）切换到"尺寸线"图层，对图形分别执行"线性标注"命令（DLI）、"直径标注"命令（DDI），其绘制好的定位盘进行尺寸标注，如图 10-1 所示。

（26）至此，该定位盘绘制完成，按"Ctrl+S"组合键对其文件进行保存。

【提高绘图效率的途径和技法】如何提高画图的速度，除了一些命令需要掌握之外，还要遵循一定的作图原则，为了提高作图速度，用户最好遵循如下的作图原则。

① 作图步骤：设置图幅→设置单位及精度→建立若干图层→设置对象样式→开始绘图。

② 绘图始终使用 1:1 比例。为改变图样的大小，可在打印时于图纸空间内设置不同的打印比例。

③ 为不同类型的图元对象设置不同的图层、颜色及线宽，而图元对象的颜色、线型及线宽都应由图层控制（BYLAYER）。

④ 需精确绘图时，可使用栅格捕捉功能，并将栅格捕捉间距设为适当的数值。

⑤ 不要将图框和图形绘在同一幅图中，应在布局中将图框按块插入，然后打印出图。

⑥ 对于有名对象，如视图、图层、图块、线型、文字样式、打印样式等，命名时不仅要简明，而且要遵循一定的规律，以便于查找和使用。

⑦ 将一些常用设置，如图层、标注样式、文字样式、栅格捕捉等内容，设置在一图形模板文件中（即另存为*.DWT 文件），以后绘制新图时，可在创建新图形向导中单击"使用模板"来打开它，并开始绘图。

10.2 泵盖的绘制

视频\10\泵盖的绘制.avi
案例\10\泵盖.dwg

首先绘制互相垂直的基线，通过绘制圆、阵列、分解、直线连接等命令来绘制俯视图；其次根据俯视图绘制平行投影线，执行直线、偏移、修剪、倒角、圆角、图案填充等命令完成主视剖面图的绘制；最后进行尺寸标注，完成最终效果如图 10-25 所示。

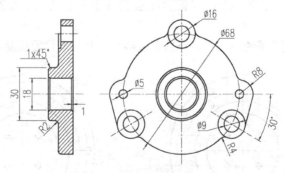

图 10-25 修剪结果

（1）启动 AutoCAD 2013 软件，在"快速访问工具栏"中，单击"打开"按钮，将"案例\10\机械模板.dwt"文件打开，再单击"另存为"按钮，将其另存为"案例\10\泵盖.dwg"文件。

（2）在"常用"选项卡的"图层"面板中，选择"中心线"图层，使之成为当前图层。

（3）执行"直线"命令（L），绘制长95mm、高95mm互相垂直的中心线；再执行"线型比例因子"命令（LTS），调整比例因子为0.5，使中心线更加符合要求，如图10-26所示。

（4）将"粗实线"图层置为当前图层，执行"圆"命令（C），捕捉中心点，绘制 ⌀68mm、⌀30mm、⌀28mm、⌀20mm 和 ⌀18mm 的同心圆，如图10-27所示。

（5）执行"圆"命令（C），拾取大圆和垂直中心线交点，绘制 ⌀16mm 和 ⌀9mm 的同心圆，如图10-28所示。

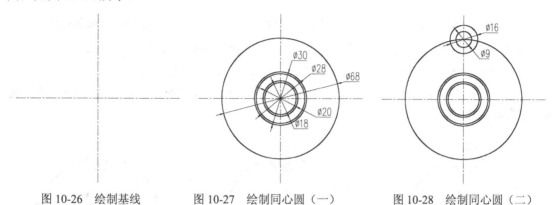

图10-26 绘制基线　　　　图10-27 绘制同心圆（一）　　　　图10-28 绘制同心圆（二）

（6）执行"圆"命令（C），如图10-29所示，拾取上侧两圆外部的切点，绘制相切半径为4mm的圆。

（7）执行"修剪"命令（TR），修剪多余圆弧，结果如图10-30所示。

（8）执行"阵列"命令（AR），选择上侧同心圆、圆弧和垂直中心线，再选择"极轴（PO）"选项，再捕捉大圆心作为环形阵列的中心点，并输入项目数为3，填充角度为360，阵列结果如图10-31所示。

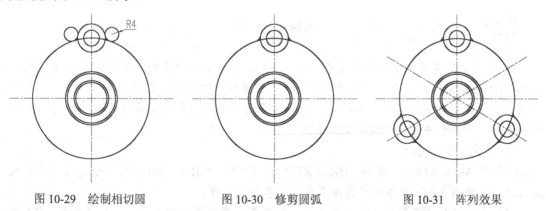

图10-29 绘制相切圆　　　　图10-30 修剪圆弧　　　　图10-31 阵列效果

（9）执行"修剪"命令（TR），修剪多余线条及圆弧，并将内部圆弧转换为"中心线"图层，如图10-32所示。

（10）执行"圆"命令（C），以水平中心线和大圆右交点为圆心，绘制 ⌀16mm 和 ⌀5mm 的同心圆，如图10-33所示。

（11）执行"圆"命令（C），如图10-34所示，绘制相切半径为4mm的圆。

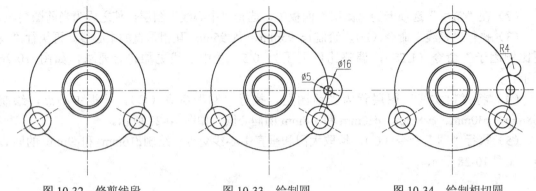

图 10-32 修剪线段　　　　图 10-33 绘制圆　　　　图 10-34 绘制相切圆

（12）执行"直线"命令（L），如图 10-35 所示，拾取两圆的切点，绘制切线。

（13）执行"修剪"命令（TR），修剪多余圆弧，结果如图 10-36 所示。

（14）执行"镜像"命令（MI），选择右侧圆弧、切线及圆对象，以垂直中心线进行镜像，结果如图 10-37 所示。

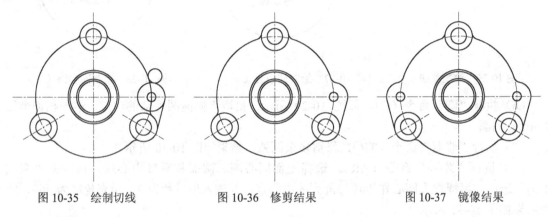

图 10-35 绘制切线　　　　图 10-36 修剪结果　　　　图 10-37 镜像结果

【选用合适的命令】用户能够驾驭 AutoCAD，是通过向它发出一系列的命令实现的。AutoCAD 接到命令后，会立即执行该命令并完成其相应的功能。在具体操作过程中，尽管可有多种途径能够达到同样的目的，但如果命令选用得当，则会明显减少操作步骤，提高绘图效率。下面列举了几个较典型的案例。

1. 生成直线或线段

（1）在 AutoCAD 中，使用 LINE、XLINE、RAY、PLINE、MLINE 命令均可生成直线或线段，但唯有 LINE 命令使用的频率最高，也最为灵活。

（2）为保证物体三视图之间"长对正、宽相等、高平齐"的对应关系，应选用 XLINE 和 RAY 命令绘出若干条辅助线，然后再用 TRIM 剪截掉多余的部分。

（3）欲快速生成一条封闭的填充边界，或想构造一个面域，则应选用 PLINE 命令。用 PLINE 生成的线段可用 PEDIT 命令进行编辑。

（4）当一次生成多条彼此平行的线段，且各条线段可能使用不同的颜色和线型时，可选择 MLINE 命令。

2. 注释文本

（1）在使用文本注释时，如果注释中的文字具有同样的格式，注释又很短，则选用 TEXT（DTEXT）命令。

（2）当需要书写大段文字，且段落中的文字可能具有不同格式，如字体、字高、颜色、专用符号、分子式等，则应使用 MTEXT 命令。

3. 复制图形或特性

（1）在同一图形文件中，若将图形只复制一次，则应选用 COPY 命令。

（2）在同一图形文件中，将某图形随意复制多次，则应选用 COPY 命令的 MULTIPLE（重复）选项；或者，使用 COPYCLIP（普通复制）或 COPYBASE（指定基点后复制）命令将需要的图形复制到剪贴板，然后再使用 PASTECLIP（普通粘贴）或 PASTEBLOCK（以块的形式粘帖）命令粘帖到多处指定的位置。

（3）在同一图形文件中，如果复制后的图形按一定规律排列，如形成若干行若干列，或者沿某圆周（圆弧）均匀分布，则应选用 ARRAY 命令。

（4）在同一图形文件中，欲生成多条彼此平行、间隔相等或不等的线条，或者生成一系列同心椭圆（弧）、圆（弧）等，则应选用 OFFSET 命令。

（5）在同一图形文件中，如果需要复制的数量相当大，为了减少文件的大小，或便于日后统一修改，则应把指定的图形用 BLOCK 命令定义为块，再选用 INSERT 或 MINSERT 命令将块插入即可。

（6）在多个图形文档之间复制图形，可采用两种办法。其一，使用命令操作。先在打开的源文件中使用 COPYCLIP 或 COPYBASE 命令将图形复制到剪贴板中，然后在打开的目的文件中用 PASTECLIP、PASTEBLOCK 或 PASTEORIG 三者之一将图形复制到指定位置。这与在快捷菜单中选择相应的选项是等效的。其二，用鼠标直接拖拽被选图形（注意：在同一图形文件中拖拽只能是移动图形，而在两个图形文档之间拖拽才是复制图形；拖拽时，光标指针一定要指在选定图形的图线上而不是指在图线的夹点上；同时还要注意的是，用左键拖拽与用右键拖拽是有区别的；用左键是直接进行拖拽，而用右键拖拽时会弹出一快捷菜单，依据菜单提供的选项选择不同方式进行复制）。

（7）在多个图形文档之间复制图形特性，应选用 MATCHPROP 命令（需与 PAINTPROP 命令匹配）。

（15）执行"构造线"命令（XL），向左绘制图形的平行投影线，如图 10-38 所示。

（16）执行"直线"命令（L），连接上、下水平线绘制垂直线段；再执行"偏移"命令（O），将垂直线段向左偏移 9mm 和 6mm，如图 10-39 所示。

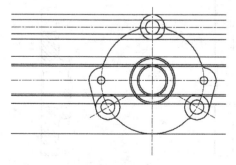

图 10-38 绘制平行线

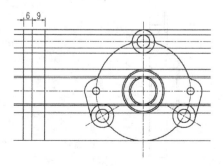

图 10-39 偏移线段

（17）执行"修剪"命令（TR），修剪多余线条，结果如图10-40所示。

（18）执行"偏移"命令（O），将左、右侧垂直线段各向内偏移1mm；再执行"直线"命令（L），连接相应的对角点，绘制斜线段，如图10-41所示。

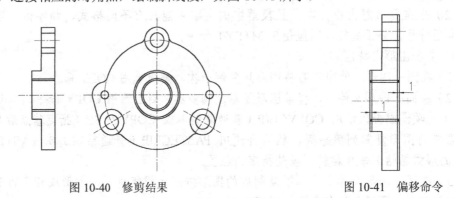

图10-40 修剪结果　　　　　　　图10-41 偏移命令

（19）执行"修剪"命令（TR），修剪多余线条，结果如图10-42所示。

（20）执行"偏移"命令（O），将左上垂直线段向右偏移1.5mm，如图10-43所示。

（21）执行"修剪"命令（TR），修剪多余线条，结果如图10-44所示。

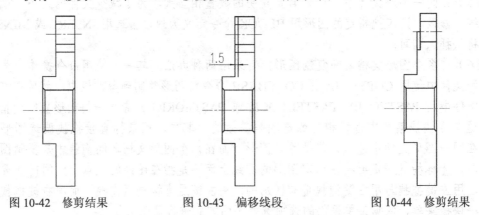

图10-42 修剪结果　　　　图10-43 偏移线段　　　　图10-44 修剪结果

（22）执行"倒角"命令（CHA），将左上、下直角进行1mm×45°的倒角，如图10-45所示。

（23）执行"圆角"命令（F），如图10-46所示，对直角进行半径为2mm的圆角处理。

（24）将"剖面线"图层切换成当前图层，执行"图案填充"命令（H），选择样例为"ANSI-31"，比例为0.5，在指定位置进行图案填充操作，如图10-47所示。

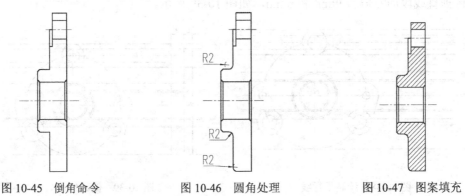

图10-45 倒角命令　　　　图10-46 圆角处理　　　　图10-47 图案填充

（25）切换到"尺寸线"图层，对图形分别执行"线性标注"命令（DLI）、"直径标注"命令（DDI）、"半径标注"命令（DRA）、"引线标注"命令（LE）、"编辑标注"命令（ED），对绘制好的泵盖进行尺寸标注，如图 10-25 所示。

（26）至此，该泵盖绘制完成，按"Ctrl+S"组合键对其文件进行保存。

在进行盘盖类零件的尺寸标注时，可参照以下方法来进行标注。
◆ 此类零件的尺寸一般为两大类：轴向及径向尺寸，径向尺寸的主要基准是回转轴线，轴向尺寸的主要基准是重要的端面。
◆ 定形和定位尺寸都较明显，尤其是在圆周上分布的小孔的定位圆直径是这类零件的典型定位尺寸，多个小孔一般采用如"4 × ϕ18 EQS"的形式标注，均布即等分圆周，角度定位尺寸不必标注，其内外结构形状尺寸应分开标注。

10.3 传动箱盖的绘制

视频\10\传动箱盖的绘制.avi
案例\10\传动箱盖.dwg

首先绘制矩形和垂直中心线，通过分解、偏移、矩形、直线连接、倒角、图案填充等命令绘制主视图；其次根据主视图向下绘制平行投影线，执行直线、修剪、偏移、圆、复制、阵列等命令绘制其俯视图；最后进行尺寸标注，完成传动箱盖的最终效果如图 10-48 所示。

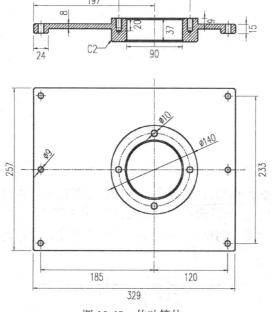

图 10-48 传动箱体

（1）启动 AutoCAD 2013 软件，在"快速访问工具栏"中，单击"打开"按钮，将"案例\10\机械模板.dwt"文件打开，再单击"另存为"按钮，将其另存为"案例\10\传动箱盖.dwg"文件。

(2) 在"常用"选项卡的"图层"面板中,选择"中心线"图层,使之成为当前图层。

(3) 执行"直线"命令(L),绘制高度为 50mm 的垂直基准线;切换到"粗实线"图层,执行"矩形"命令(REC),绘制 140mm×37mm 的矩形,与垂直线段水平居中对齐,如图 10-49 所示。

(4) 执行"分解"命令(X),将矩形进行打散操作。

(5) 执行"偏移"命令(O),将垂直中心线向左、右侧各偏移57.5mm,如图10-50所示。

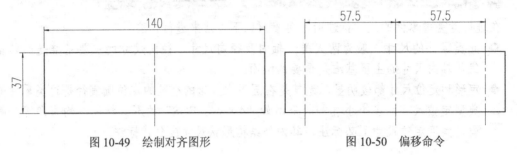

图 10-49 绘制对齐图形　　　　　　　　图 10-50 偏移命令

(6) 执行"矩形"命令(REC),绘制 10mm×15mm、8mm×20mm 且上侧水平中点对齐的矩形,并将外侧矩形转换为"细实线"图层,如图 10-51 所示。

(7) 执行"直线"命令(L),捕捉右下侧的垂直交点,绘制 30°的斜线段,如图 10-52 所示。

(8) 执行"镜像"命令(MI),选择斜线,以水平中线进行镜像;再执行"修剪"命令(TR),修剪结果如图 10-53 所示。

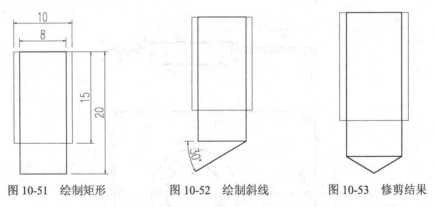

图 10-51 绘制矩形　　　　图 10-52 绘制斜线　　　　图 10-53 修剪结果

(9) 执行"复制"命令(CO),选择上一步绘制好的图形,移动复制到前面图形的相应点;执行"删除"命令(E),删除源对象,结果如图 10-54 所示。

(10) 执行"倒角"命令(CHA),对矩形下方两个直角进行距离为 2mm 的倒角处理,如图 10-55 所示。

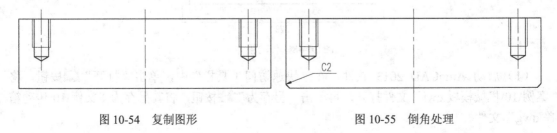

图 10-54 复制图形　　　　　　　　　　图 10-55 倒角处理

（11）执行"偏移"命令（O），将上、下侧水平线段各向内偏移 2mm，将垂直中心线向左、右侧各偏移 45mm 和 47mm，并转换为"粗实线"图层，如图 10-56 所示。

（12）执行"直线"命令（L），连接相应的对角点，绘制斜线段，如图 10-57 所示。

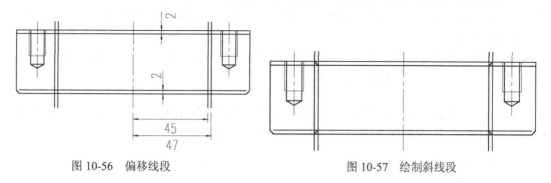

图 10-56　偏移线段　　　　　　　　　　图 10-57　绘制斜线段

（13）执行"修剪"命令（TR），修剪结果如图 10-58 所示。

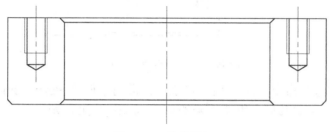

图 10-58　修剪结果

【打开或关闭一些可视要素】图形的复杂程度影响到 AutoCAD 执行命令和刷新屏幕的速度。打开或关闭一些可视要素（如填充、宽线、文本、标示点、加亮选择等）能够增强 AutoCAD 的性能。

① 如果把 FILL 设为 OFF，则关闭实体填充模式，新画的迹线、具有宽度的多义线、填充多边形等，只会显示一个轮廓，它们在打印时不被输出。而填充模式对已有图形的影响效果，可使用 REGEN 命令显示出来。另外，系统变量 FILLMODE 除控制填充模式之外，还控制着所有阴影线的显示与否。

② 关闭宽线显示。宽线增加了线条的宽度。宽线在打印时按实际值输出，但在模型空间中是按像素比例显示的。在使用 AutoCAD 绘图时，可通过状态条上的 LWT 按钮，或者从"格式"菜单中选择"宽线"选项，用"宽线设置"对话框将宽线显示关闭，以优化其显示性能。系统变量 LWDISPLAY 也控制着当前图形中的宽线显示。

③ 如果把 QTEXT 设为 ON，则打开快显文本模式。这样，在图样中新添加的文本会被隐匿起来只显示一个边框，打印输出时也是如此。该设置对已有文本的影响效果，可使用 REGEN 命令进行显示。另外，系统变量 QTEXTMODE 也控制着文本是否显示。这在图样中的文本较多时，对系统性能的影响是很明显的。

④ 禁止显示标示点。所谓标示点，是在选择图形对象或定位一点时出现在 AutoCAD 绘图区内的一些临时标记。它们能作为参考点，能用 REDRAW 或 REGEN 命令清除，但

> 打印输出时并不出现在图纸上。欲禁止标示点显示,可将 BLIPMODE 设为 OFF,以增强 AutoCAD 的性能。
>
> ⑤ 取消加亮选择。在缺省情况下,AutoCAD 使用"加亮"来表示当前正被选择的图形。然而,将系统变量 HIGHLIGHT 的值从 1 改为 0,取消加亮选择时,也可增强 AutoCAD 的性能。
>
> ⑥ 顺便一提的是,将系统变量 REGENMODE 的值设为 0,或者将 REGENAUTO 设为 OFF,可以节省图形自动重新生成的时间。

(14) 执行"偏移"命令(O),将垂直中心线向左各偏移 173mm 和 24mm,向右各偏移 108mm 和 24mm,并转换为"粗实线"图层,如图 10-59 所示。

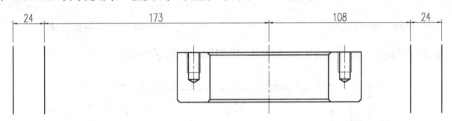

图 10-59 偏移线段(一)

(15) 执行"偏移"命令(O),将上侧水平线段向下偏移 9mm、8mm 和 7mm;执行"延伸"命令(EX),将偏移后的线段向两侧延伸,如图 10-60 所示。

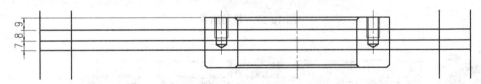

图 10-60 偏移线段(二)

(16) 执行"修剪"命令(TR),修剪多余线段,结果如图 10-61 所示。

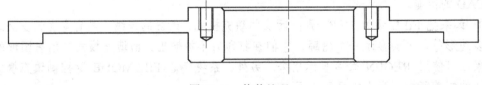

图 10-61 修剪处理

(17) 执行"偏移"命令(O),将垂直中心线向左偏移 185mm,向右偏移 120mm,并进行相应的拉伸缩短处理,如图 10-62 所示。

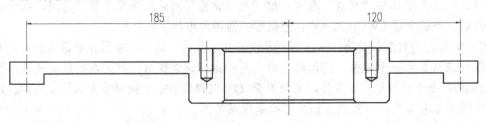

图 10-62 偏移线段(三)

(18) 执行"偏移"命令（O），将左、右侧垂直线段各向两侧偏移 4.5mm，并转换为"粗实线"图层，如图 10-63 所示。

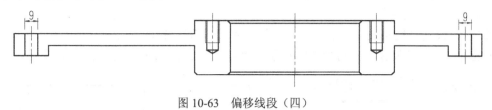

图 10-63　偏移线段（四）

(19) 执行"倒角"命令（CHA），如图 10-64 所示，对左、右侧直角进行距离为 2mm 的倒角处理。

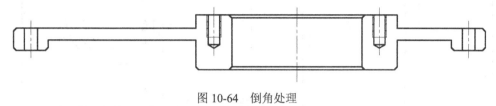

图 10-64　倒角处理

(20) 将"剖面线"图层置为当前图层，执行"图案填充"命令（H），选择样例为"ANSI-31"，比例为 1，在指定位置进行图案填充操作，结果如图 10-65 所示。

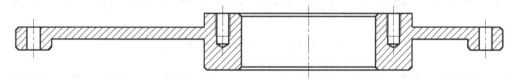

图 10-65　图案填充效果

(21) 切换到"粗实线"图层，执行"构造线"命令（XL），向下绘制图形的平行投影线；并将相应线段转换为"中心线"图层，如图 10-66 所示。

(22) 执行"直线"命令（L），绘制连接两侧垂直线段的水平线段；再执行"偏移"命令（O），将水平线段向下偏移 257mm，如图 10-67 所示。

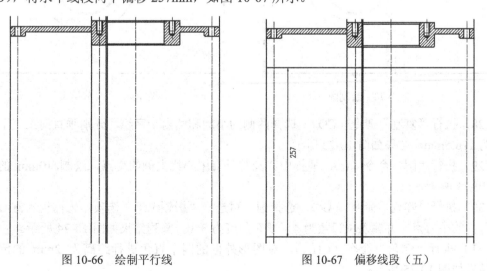

图 10-66　绘制平行线　　　　　　图 10-67　偏移线段（五）

(23) 执行"修剪"命令（TR），修剪结果如图 10-68 所示。

(24) 切换到"中心线"图层，执行"直线"命令（L），捕捉左、右侧垂直线段中点，绘制一条水平中心线段。

(25) 切换到"粗实线"图层，执行"圆"命令（C），拾取中心点，向左分别拖动到水平线上的各交点，绘制圆，并将相应圆对象转换为"中心线"图层，如图 10-69 所示。

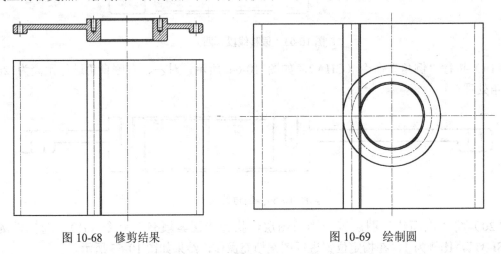

图 10-68　修剪结果　　　　　　　　图 10-69　绘制圆

(26) 执行"圆"命令（C），在左、右侧中心交点分别绘制ϕ9mm 的圆，如图 10-70 所示。

(27) 执行"修剪"命令（TR），修剪结果如图 10-71 所示。

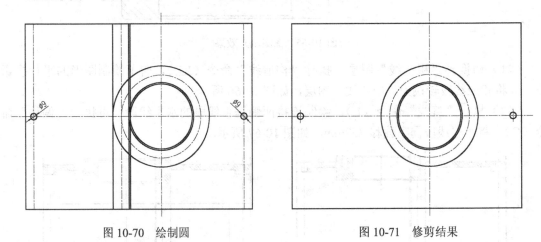

图 10-70　绘制圆　　　　　　　　图 10-71　修剪结果

(28) 执行"复制"命令（CO），选择两侧的小圆和圆内十字线，分别垂直向上、下复制距离为 116.5mm，结果如图 10-72 所示。

(29) 执行"圆"命令（C），捕捉中心圆与垂直中心线上侧的交点，绘制ϕ10mm 的圆，如图 10-73 所示。

(30) 执行"阵列"命令（AR），选择圆，再选择"极轴(PO)"选项，再捕捉大圆心作为环形阵列的中心点，并输入项目数为 4，填充角度为 360，阵列结果如图 10-74 所示。

(31) 执行"倒角"命令（CHA），对图形外框的四个直角进行距离为 2mm 的倒角处理，结果如图 10-75 所示。

第 10 章 盘盖类零件的绘制

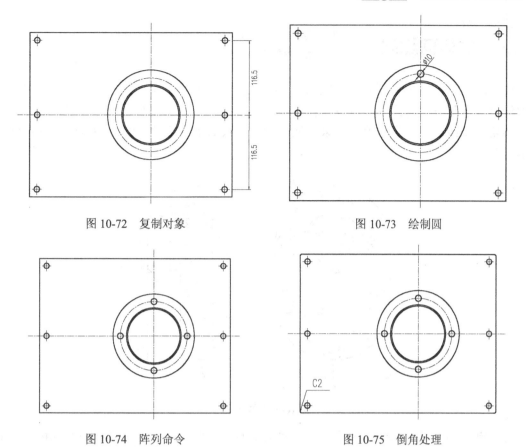

图 10-72 复制对象　　　　　　　　图 10-73 绘制圆

图 10-74 阵列命令　　　　　　　　图 10-75 倒角处理

（32）切换到"尺寸线"图层，对图形分别执行"线性标注"命令（DLI）、"直径标注"命令（DDI）、"引线标注"命令（LE），对绘制好的传动箱盖进行尺寸标注，如图 10-48 所示。

（33）至此，该传动箱盖绘制完成，按"Ctrl+S"组合键对其文件进行保存。

针对机械零件图，要让读者能够正确无误的阅读，一般应包括以下四个方面的内容。

◆ 图形——完整、正确、清晰地表达出零件各部分的结构、形状的一组图形（视图、剖视图、断面图等）。

◆ 尺寸——确定零件各部分结构、形状大小及相对位置的全部尺寸（定形、定位尺寸）。

◆ 技术要求——用规定符号、文字标注或说明表示零件在制造、检验、装配、调试等过程中应达到的要求。

◆ 标题栏——在标题栏中一般应填写零件的名称、材料、比例、数量、图号等，并由设计、制图、审核等人员签上姓名和日期。

10.4 端盖的绘制

视频\10\端盖的绘制.avi
案例\10\端盖.dwg

首先绘制垂直中心线，执行偏移、绘制圆、复制、直线、打断等命令绘制端盖俯视图；其次绘制垂直基线和前面图形对齐，根据前面图形绘制平行线，然后执行偏移、修剪、倒角、圆角、直线、图案填充等命令来绘制剖切图；最后进行尺寸标注，端盖的最终效果如图 10-76 所示。

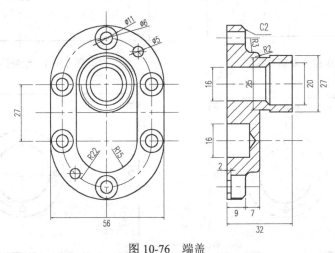

图 10-76　端盖

（1）启动 AutoCAD 2013 软件，在"快速访问工具栏"中，单击"打开" 按钮，将"案例\10\机械模板.dwt"文件打开，再单击"另存为"按钮，将其另存为"案例\10\端盖.dwg"文件。

（2）在"常用"选项卡的"图层"面板中，选择"图层控制"组合框中的"中心线"图层，使之成为当前图层。

（3）执行"直线"命令（L），绘制长 70mm、高 100mm 互相垂直的基准线，如图 10-77 所示。

（4）执行"偏移"命令（O），将水平中心线向上、下侧各偏移 13.5mm，如图 10-78 所示。

（5）将"粗实线"图层置为当前图层，执行"圆"命令（C），拾取上侧交点，绘制半径为 28mm、22mm 和 15mm 的同心圆，如图 10-79 所示。

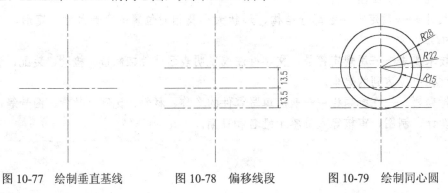

图 10-77　绘制垂直基线　　图 10-78　偏移线段　　图 10-79　绘制同心圆

（6）执行"复制"命令（CO），选择三个同心圆，以圆心为基点复制到下侧中心交点，如图10-80所示。

（7）执行"直线"命令（L），垂直连接同等圆的左、右象限点，如图10-81所示。

（8）执行"修剪"命令（TR），对圆弧进行修剪；将中间环形对象转换为"中心线"图层，结果如图10-82所示。

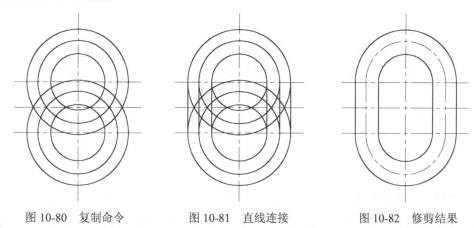

图 10-80　复制命令　　　图 10-81　直线连接　　　图 10-82　修剪结果

（9）执行"圆"命令（C），以中心圆弧右上交点处，绘制ϕ11mm和ϕ6mm的同心圆，如图10-83所示。

（10）执行"复制"命令（CO），选择同心圆，捕捉复制到各个交点处，如图10-84所示。

（11）执行"圆"命令（C），拾取上侧十字中心交点，绘制ϕ27mm、ϕ25mm、ϕ20mm和ϕ16mm的同心圆，并将ϕ25mm的圆转换为"细实线"图层，如图10-85所示。

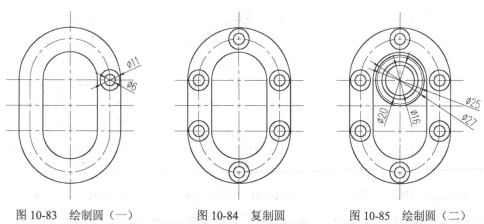

图 10-83　绘制圆（一）　　　图 10-84　复制圆　　　图 10-85　绘制圆（二）

【及时清理图形】在一个图形文件中可能存在着一些没有使用的图层、图块、文本样式、尺寸标注样式、线型等无用对象，这些无用对象不仅增大文件的尺寸，而且能降低AutoCAD的性能，用户应及时使用PURGE命令进行清理。由于图形对象经常出现嵌套，因此，往往需要用户接连使用几次PURGE命令才能将无用对象清理干净。

（12）执行"修剪"命令（TR），修剪掉ϕ25圆的左上1/4部分，如图10-86所示。

（13）执行"直线"命令（L），拾取下侧中心交点，绘制45°的斜线段，如图10-87所示。

（14）执行"圆"命令（C），拾取中心圆弧和斜线交点为圆心，绘制ϕ5mm的圆，如图10-88所示。

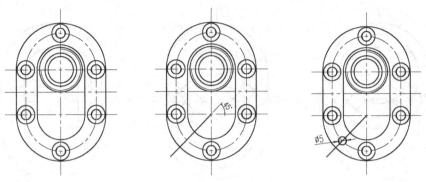

图10-86 打断处理　　图10-87 绘制斜线段　　图10-88 绘制圆

（15）执行"删除"命令（E），删除斜线；切换到"中心线"图层，再执行"直线"命令（L），绘制连接圆上、下象限点的互相垂直的线段，如图10-89所示。

（16）切换到"粗实线"图层，执行"直线"命令（L），拾取上侧中心交点，绘制45°的斜线段，如图10-90所示。

（17）执行"复制"命令（CO），选择ϕ5mm的圆和其十字线段，如图10-91所示，移动复制到斜线交点。

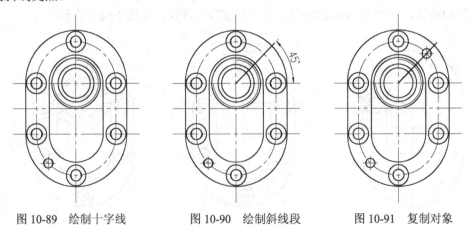

图10-89 绘制十字线　　图10-90 绘制斜线段　　图10-91 复制对象

（18）执行"删除"命令（E），删除斜线，结果如图10-92所示。

（19）执行"直线"命令（L），绘制长40mm，高100mm的线段，使垂直线段距离水平左端点5mm，将水平线段转换为"中心线"图层；并与前面图形水平对齐，如图10-93所示。

（20）执行"构造线"命令（XL），绘制前面图形的平行投影线，如图10-94所示。

（21）执行"偏移"命令（O），将垂直线段向右各偏移9mm、7mm、5mm和11mm，如图10-95所示。

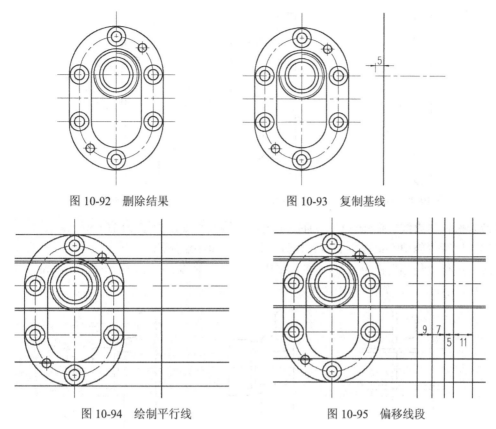

图 10-92 删除结果　　　图 10-93 复制基线

图 10-94 绘制平行线　　　图 10-95 偏移线段

（22）执行"修剪"命令（TR），修剪结果如图 10-96 所示。

（23）执行"倒角"命令（CHA），对右上、下侧直角进行距离为 2mm 的倒角处理，如图 10-97 所示。

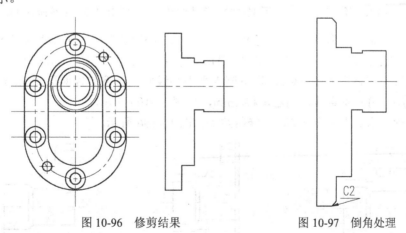

图 10-96 修剪结果　　　图 10-97 倒角处理

（24）执行"圆角"命令（F），如图 10-98 所示，对上、下直角进行半径为 3mm 的圆角处理。

（25）执行"圆角"命令（F），如图 10-99 所示，对上、下直角进行半径为 2mm 的圆角处理。

（26）执行"偏移"命令（O），将左垂直线段向右偏移 19mm 和 2mm，将水平中心线向上、下侧各偏移 8mm 和 10mm，并转换为"粗实线"图层，如图 10-100 所示。

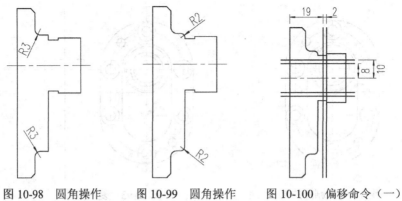

图 10-98　圆角操作　　图 10-99　圆角操作　　图 10-100　偏移命令（一）

（27）执行"直线"命令（L），捕捉对角点，绘制斜线，如图 10-101 所示。

（28）执行"修剪"命令（TR），修剪结果如图 10-102 所示。

（29）执行"偏移"命令（O），将水平中心线向上偏移 22mm，向下偏移 49mm，再进行相应的拉伸缩短处理，如图 10-103 所示。

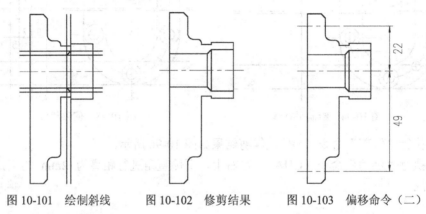

图 10-101　绘制斜线　　图 10-102　修剪结果　　图 10-103　偏移命令（二）

（30）执行"偏移"命令（O），将偏移后的水平中心线各向上、下侧偏移 3mm，并转换为"粗实线"图层，再执行"修剪"命令（TR），修剪多余线段，结果如图 10-104 所示。

（31）执行"偏移"命令（O），将下侧水平中心线向上、下侧各偏移 5.5mm，并转换为"粗实线"图层，将左垂直线段向右偏移 2mm，如图 10-105 所示。

（32）执行"修剪"命令（TR），修剪结果如图 10-106 所示。

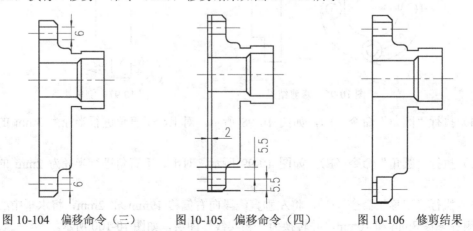

图 10-104　偏移命令（三）　　图 10-105　偏移命令（四）　　图 10-106　修剪结果

第 10 章　盘盖类零件的绘制

（33）执行"偏移"命令（O），将水平中心线向下偏移27mm，如图10-107所示。

（34）执行"偏移"命令（O），将偏移中心线向上、下侧各偏移 4mm 和 4mm，并转换为"粗实线"图层，将垂直线段向右偏移11mm和3mm，如图10-108所示。

（35）执行"直线"命令（L），捕捉角点绘制斜线段，如图10-109所示。

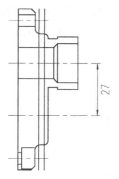 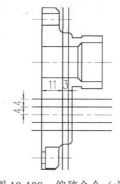 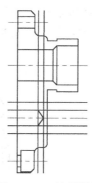

图 10-107　偏移命令（五）　　图 10-108　偏移命令（六）　　图 10-109　绘制斜线

（36）执行"修剪"命令（TR），修剪多余线条；执行"删除"命令（E），删除不要的线段，结果如图10-110所示。

（37）将"剖面线"图层置为当前图层，执行"图案填充"命令（H），选择样例为"ANSI-31"，比例为1，在指定位置进行图案填充操作，结果如图10-111所示。

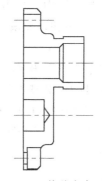 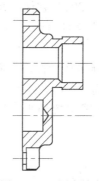

图 10-110　偏移命令（七）　　图 10-111　图案填充

（38）切换到"尺寸线"图层，对图形分别执行"线性标注"命令（DLI）、"直径标注"命令（DDI）、"半径标注"命令（DRA）、"引线标注"命令（LE），对绘制好的泵盖进行尺寸标注，如图10-76所示。

（39）至此，该端盖绘制完成，按"Ctrl+S"组合键对其文件进行保存。

端盖，是安装在电机等机壳后面的一个后盖，主要由盖体、轴承、电刷片组成，其端盖实体效果如右图所示。

衡量一个端盖的好坏，主要有 6 个标准：不高、不低、不短、不叉、不弯、不曲。

10.5 固定圈的绘制

视频\10\固定圈的绘制.avi
案例\10\固定圈.dwg

首先绘制两条垂直基准线，再绘制同心圆、斜线段，在拾取交点绘制圆，执行修剪、阵列、偏移等命令，绘制俯视图；其次根据俯视图绘制平行投影线、平行线，绘制、偏移线段，执行修剪、图案填充等命令绘制其剖面图；最后进行尺寸标注，最终效果如图 10-112 所示。

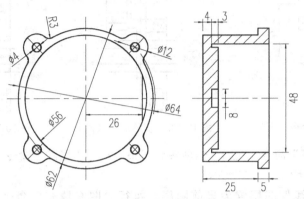

图 10-112 固定圈

（1）启动 AutoCAD 2013 软件，在"快速访问工具栏"中，单击"打开"按钮，将"案例\10\机械模板.dwt"文件打开，再单击"另存为"按钮，将其另存为"案例\10\固定圈.dwg"文件。

（2）在"常用"选项卡的"图层"面板中，选择"中心线"图层，使之成为当前图层。

（3）执行"直线"命令（L），绘制长、高均为 72mm 且垂直的中心线，如图 10-113 所示。

（4）将"粗实线"图层置为当前图层，执行"圆"命令（C），拾取交点绘制半径为 32mm、31mm 和 28mm 的同心圆，并将 32mm 的圆转换为"中心线"图层，如图 10-114 所示。

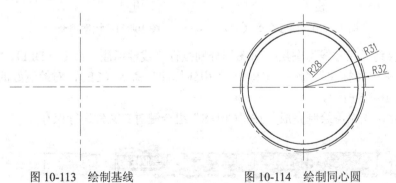

图 10-113 绘制基线　　　　　图 10-114 绘制同心圆

（5）切换到"中心线"图层，执行"直线"命令（L），捕捉中心点，绘制 45°斜线段，如图 10-115 所示。

（6）切换到"粗实线"图层，拾取斜线上的中心交点，绘制半径为 2mm 和 6mm 的同心圆，如图 10-116 所示。

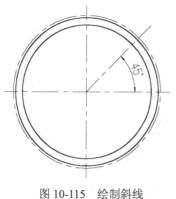
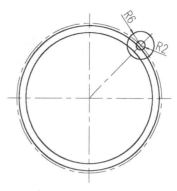

图 10-115 绘制斜线　　　　　图 10-116 绘制同心圆

（7）执行"修剪"命令（TR），修剪多余圆弧，结果如图 10-117 所示。

（8）执行"圆"命令（C），拾取外部相交圆的切点绘制半径 3mm 的相切圆，如图 10-118 所示。

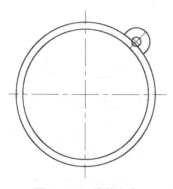
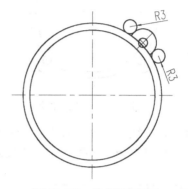

图 10-117 修剪命令　　　　　图 10-118 绘制相切圆

【ACAD.PGP 文件修改】用户都知道 LINE 命令在 COMMAND 输入时可简化为 L，为何会如此呢？因为在 AutoCAD 中有一个加密文件 ACAD.PGP 中定义了 LINE 命令的简写。先找出这个文件打开它，找到"These examples include most frequently used commands."的提示语，在其下的几行文字就可对简写的定义，记住它的左列是简写命令的文字，它的右列是默认的命令，请不要随意修改。

（9）执行"修剪"命令（TR），修剪结果如图 10-119 所示。

（10）执行"阵列"命令（AR），选择大圆以外的图形对象，再选择"极轴(PO)"选项，再捕捉大圆心作为环形阵列的中心点，并输入项目数为 4，填充角度为 360，阵列结果如图 10-120 所示。

（11）执行"修剪"命令（TR），修剪结果如图 10-121 所示。

（12）执行"偏移"命令（O），将垂直中心线向右偏移 26mm，并转换为"粗实线"图层；再执行"修剪"命令（TR），对多余线条进行修剪，结果如图 10-122 所示。

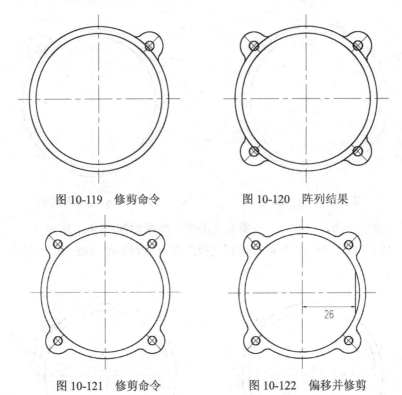

图 10-119 修剪命令　　图 10-120 阵列结果

图 10-121 修剪命令　　图 10-122 偏移并修剪

（13）执行"构造线"命令（XL），向右绘制图形的平行投影线，如图 10-123 所示。
（14）执行"偏移"命令（O），将垂直线段向右偏移 25mm 和 5mm，如图 10-124 所示。

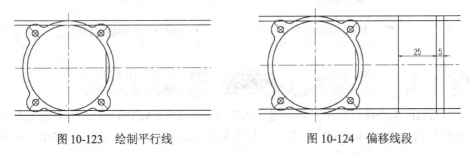

图 10-123 绘制平行线　　图 10-124 偏移线段

（15）执行"修剪"命令（TR），修剪结果如图 10-125 所示。
（16）执行"偏移"命令（O），将垂直线段向右偏移 4mm 和 3mm，再将水平中心线向上、下侧各偏移 4mm、22.5mm 和 24mm，并转换为"粗实线"图层，如图 10-126 所示。

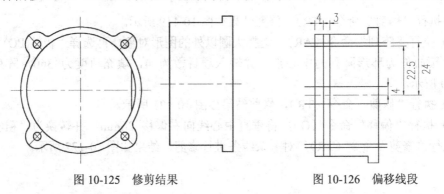

图 10-125 修剪结果　　图 10-126 偏移线段

（17）执行"修剪"命令（TR），修剪结果如图10-127所示。

（18）将"剖面线"图层置为当前图层，执行"图案填充"命令（H），选择样例为"ANSI-31"，比例为1，在指定位置进行图案填充操作，结果如图10-128所示。

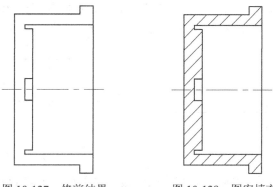

图 10-127　修剪结果　　　　图 10-128　图案填充

（19）切换到"尺寸线"图层，对图形分别执行"线性标注"命令（DLI）、"直径标注"命令（DDI）、"半径标注"命令（DRA），对绘制好的固定圈进行尺寸标注，如图10-112所示。

（20）至此，该固定圈绘制完成，按"Ctrl+S"组合键对其文件进行保存。

10.6　法兰盘的绘制

视频\10\法兰盘的绘制.avi
案例\10\法兰盘.dwg

首先绘制垂直基线，通过偏移线段、修剪、绘制圆、倒角、圆角、图案填充等命令绘制其主视图；其次绘制垂直中心线，再绘制主视平行线、绘制圆、绘制斜线、打断、阵列等命令绘制俯视图；最后进行尺寸标注，完成法兰盘的最终效果如图10-129所示。

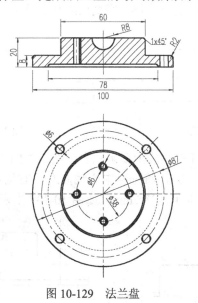

图 10-129　法兰盘

（1）启动 AutoCAD 2013 软件，在"快速访问工具栏"中，单击"打开" 按钮，将"案例\10\机械模板.dwt"文件打开，再单击"另存为"按钮，将其另存为"案例\10\法兰盘.dwg"文件。

（2）在"常用"选项卡的"图层"面板中，选择"中心线"图层，使之成为当前图层。

（3）执行"直线"命令（L），绘制高为 30mm 的垂直中心线，切换到"粗实线"图层，绘制长为 110mm 的水平基线，使其中点和垂直中心线下端点相距 5mm，如图 10-130 所示。

（4）执行"偏移"命令（O），将垂直中心线向左、右侧各偏移 30mm 和 20mm，并转换为"粗实线"图层，将水平线段向上偏移 8mm 和 12mm，如图 10-131 所示。

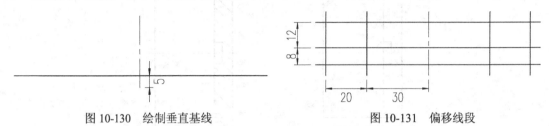

图 10-130　绘制垂直基线　　　　　　　　图 10-131　偏移线段

（5）执行"修剪"命令（TR），修剪多余线段，结果如图 10-132 所示。

（6）执行"圆角"命令（F），如图 10-133 所示，对两侧直角进行半径为 2mm 的圆角处理。

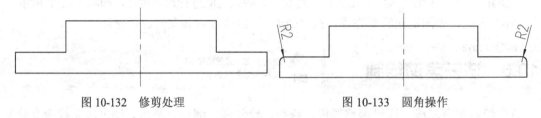

图 10-132　修剪处理　　　　　　　　　图 10-133　圆角操作

（7）执行"倒角"命令（CHA），对上侧两直角进行 1mm×45° 的倒角处理，如图 10-134 所示。

（8）执行"圆"命令（C），捕捉上侧十字交点绘制半径为 8mm 的圆，如图 10-135 所示。

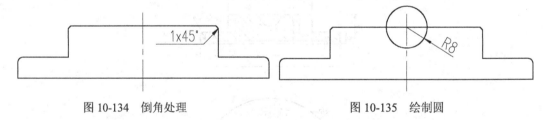

图 10-134　倒角处理　　　　　　　　　图 10-135　绘制圆

（9）执行"修剪"命令（TR），修剪多余圆弧，结果如图 10-136 所示。

（10）执行"偏移"命令（O），将垂直中心线向左、右侧各偏移 39mm，并转换为"粗实线"图层，将下侧水平线段向上偏移 2mm，如图 10-137 所示。

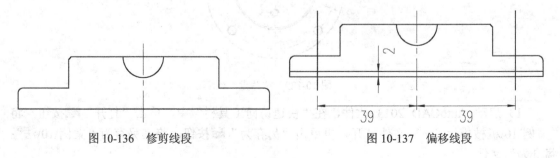

图 10-136　修剪线段　　　　　　　　　图 10-137　偏移线段

【关于选择的问题】当绘图时没有虚线框显示,例如,画一个矩形,取一点后,拖动鼠标时没有矩形虚框跟着变化,这时需修改 DRAGMODE 的系统变量,推荐修改为 AUTO。

系统变量为 ON 时,再选定要拖动的对象后,仅当在命令行中输入 DRAG 后才在拖动时显示对象的轮廓。系统变量为 OFF 时,在拖动时不显示对象的轮廓。系统变量位 AUTO 时,在拖动时总是显示对象的轮廓。

(11)执行"修剪"命令(TR),修剪多余线段;执行"倒角"命令(CHA),如图 10-138 所示,对修剪后的直角进行 1mm×45°的倒角处理。

(12)执行"偏移"命令(O),将垂直中心线向左偏移 19mm,如图 10-139 所示。

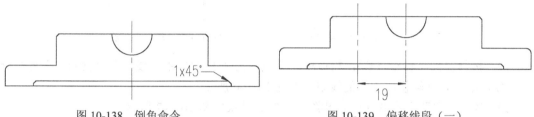

图 10-138 倒角命令　　　　　　图 10-139 偏移线段(一)

(13)执行"偏移"命令(O),将中心线向左偏移 2mm,向右偏移 2mm 和 1mm,将偏移后的线段转换为"粗实线"图层;再执行"修剪"命令(TR),修剪结果如图 10-140 所示。

(14)执行"偏移"命令(O),将垂直中心线向右偏移 43.5mm,如图 10-141 所示。

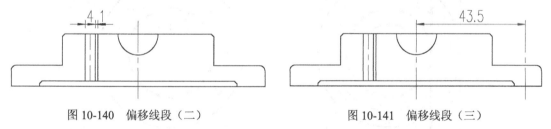

图 10-140 偏移线段(二)　　　　图 10-141 偏移线段(三)

(15)执行"偏移"命令(O),将中心线向左、右侧各偏移 3mm,将偏移后的线段转换为"粗实线"图层;再执行"修剪"命令(TR),修剪结果如图 10-142 所示。

(16)将"剖面线"图层置为当前图层,执行"图案填充"命令(H),选择样例为"ANSI-31",比例为 0.5,在指定位置进行图案填充操作,结果如图 10-143 所示。

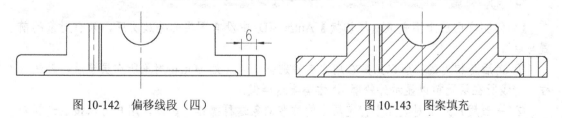

图 10-142 偏移线段(四)　　　　图 10-143 图案填充

(17)切换到"中心线"图层,绘制长、高均为 110mm 且互相垂直的线段,与图形垂直中心线下端对齐,如图 10-144 所示。

（18）执行"构造线"命令（XL），向下绘制图形的投影线，并分别转换线段的线型，如图 10-145 所示。

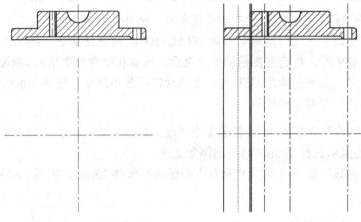

图 10-144　绘制垂直中心线　　　　图 10-145　绘制平行线

（19）执行"圆"命令（C），拾取中心交点，分别拖动到水平线上各个交点，为指定半径，绘制同心圆，并转换成相应的线型，如图 10-146 所示。

（20）执行"删除"命令（E），删除平行线，结果如图 10-147 所示。

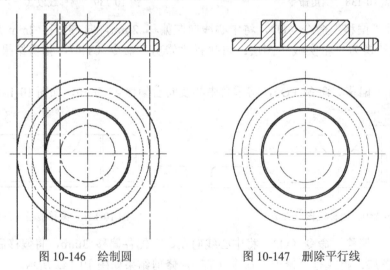

图 10-146　绘制圆　　　　图 10-147　删除平行线

【如何实现图层上下叠放次序切换】AutoCAD 中没有图层的叠放次序，只有对象的前置与后置。

① 前后是相对的，所以只是在用户有特别需要时（如 Hatch 对象所在层置后，轴线和柱，墙线所在层置前以显示外轮廓），才需要这样做。

② 一般用户只是对某几个特定层上的这些对象这样操作，因此，用户可以按层选择对象，再对这些选择的对象进行置前置后的操作。

(21) 切换到"粗实线"图层,执行"圆"命令(C),如图 10-148 所示,在中心圆交点处绘制半径 3mm 和 2mm 的同心圆。

(22) 执行"打断"命令(BR),如图 10-149 所示,在左上圆弧 1/4 交点处进行打断处理。

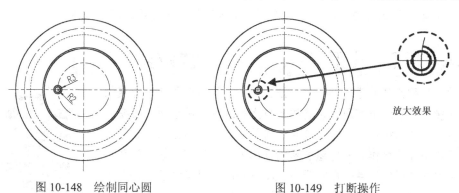

图 10-148　绘制同心圆　　　　图 10-149　打断操作

(23) 执行"阵列"命令(AR),选择同心圆,再选择"极轴(PO)"选项,再捕捉大圆心作为环形阵列的中心点,并输入项目数为 4,填充角度为 360,阵列结果如图 10-150 所示。

(24) 切换到"中心线"图层,执行"直线"命令(L),绘制 45°的斜线段,如图 10-151 所示。

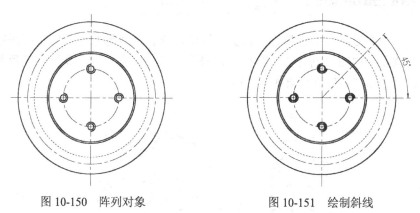

图 10-150　阵列对象　　　　图 10-151　绘制斜线

(25) 切换到"粗实线"图层,如图 10-152 所示,在中心圆与斜线交点绘制ϕ6mm 的圆。

(26) 执行"阵列"命令(AR),选择圆,再选择"极轴(PO)"选项,再捕捉大圆心作为环形阵列的中心点,并输入项目数为 4,填充角度为 360,阵列结果如图 10-153 所示。

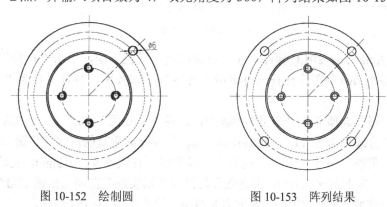

图 10-152　绘制圆　　　　图 10-153　阵列结果

(27）切换到"尺寸线"图层，对图形分别执行"线性标注"命令（DLI）、"引线标注"命令（LE）、"半径标注"命令（DRA），"直径标注"命令（DDI），对绘制好的法兰盘进行尺寸标注，如图 10-29 所示。

（28）至此，该法兰盘绘制完成，按"Ctrl+S"组合键对其文件进行保存。

法兰，又称为法兰盘或凸缘盘。法兰是使管子与管子相互连接的零件，连接于管端；也有用在设备进出口上的法兰，用于两个设备之间的连接，如减速机法兰。法兰连接或法兰接头，是指由法兰、垫片及螺栓三者相互连接作为一组组合密封结构的可拆连接，管道法兰指管道装置中配管用的法兰，用在设备上指设备的进出口法兰。法兰上有孔眼，螺栓使两法兰紧连。法兰间用衬垫密封。法兰分螺纹连接（丝扣连接）法兰和焊接法兰和卡夹法兰。其模型效果如右图所示。

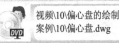

10.7 偏心盘的绘制

视频\10\偏心盘的绘制.avi
案例\10\偏心盘.dwg

首先绘制垂直中心线，执行偏移、修剪、倒角、圆、直线等命令完成主视图绘制；其次绘制垂直中心线和主视图右侧对齐，执行圆、偏移、修剪、直线等命令绘制俯视图；最后进行图案填充、尺寸标注，最终效果如图 10-154 所示。

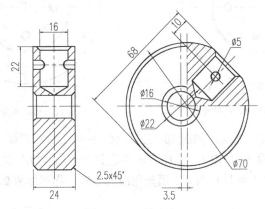

图 10-154　偏心盘

（1）启动 AutoCAD 2013 软件，在"快速访问工具栏"中，单击"打开"按钮，将"案例\10\机械模板.dwt"文件打开，再单击"另存为"按钮，将其另存为"案例\10\偏心盘.dwg"文件。

（2）在"常用"选项卡的"图层"面板中，选择"中心线"图层，使之成为当前图层。

（3）执行"直线"命令（L），绘制长 30mm、高 80mm 垂直的基线，如图 10-155 所示。

（4）执行"偏移"命令（O），将垂直中心线向左、右侧各偏移 12mm，再将水平中心线向上偏移 33mm，向下偏移 35mm，并将线段转换为"粗实线"图层，如图 10-156 所示。

（5）执行"修剪"命令（TR），修剪多余线条，结果如图 10-157 所示。

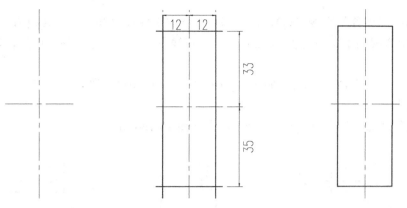

图 10-155 绘制中心线　　图 10-156 偏移线段　　图 10-157 修剪线段

（6）执行"偏移"命令（O），将水平中心线向上、下侧各偏移 6mm 和 8mm，并转换为"粗实线"图层，再将左、右垂直线段各向内偏移 2mm，如图 10-158 所示。

（7）执行"直线"命令（L），捕捉对角点进行连接，如图 10-159 所示。

（8）执行"修剪"命令（TR），修剪多余线条，结果如图 10-160 所示。

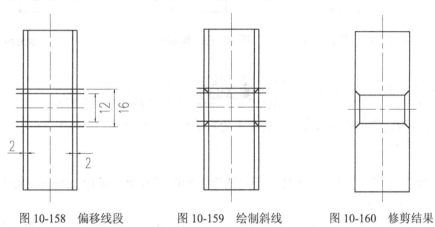

图 10-158 偏移线段　　图 10-159 绘制斜线　　图 10-160 修剪结果

（9）执行"偏移"命令（O），将水平中心线向左、右侧各偏移 8mm 和 10mm，并转换为"粗实线"图层，再将上侧水平线段向下分别偏移 2mm 和 22mm，如图 10-161 所示。

（10）执行"直线"命令（L），连接相应的点，绘制斜线段，如图 10-162 所示。

（11）执行"修剪"命令（TR），修剪多余线条，结果如图 10-163 所示。

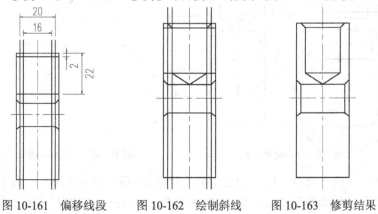

图 10-161 偏移线段　　图 10-162 绘制斜线　　图 10-163 修剪结果

（12）执行"偏移"命令（O），将上侧水平线向下偏移 10mm，并转换为"中心线"图层，再将此中心线向上、下各偏移 2.5mm，再将线段转换为"粗实线"图层，如图 10-164 所示。

（13）执行"圆"命令（C），如图 10-165 所示，在偏移线段上、下交点，选择"两点"（2P），绘制圆。

（14）执行"修剪"命令（TR），修剪结果如图 10-166 所示。

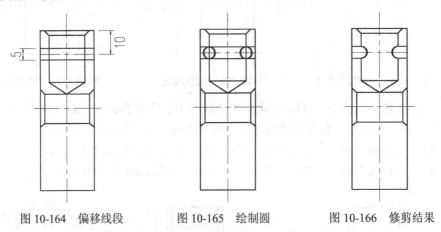

图 10-164 偏移线段　　　图 10-165 绘制圆　　　图 10-166 修剪结果

【打印的时候有印戳怎么办】在打印机的对话框中，右侧有一个打印戳记，把它前面的对勾去掉就可以了。

（15）执行"倒角"命令（CHA），在图形下侧两端直角，进行 2.5mm×45°的倒角处理，如图 10-167 所示。

（16）切换到"中心线"图层，绘制长、高均为 80mm 且互相垂直的线段，与前面图形右侧对齐，如图 10-168 所示。

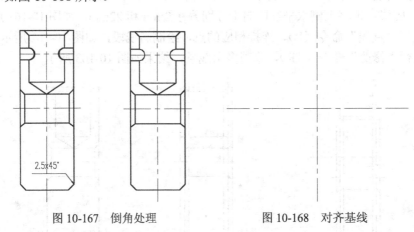

图 10-167 倒角处理　　　　　　图 10-168 对齐基线

（17）执行"直线"命令（L），拾取中心交点绘制-45°的斜线段，如图 10-169 所示。

（18）切换到"粗实线"图层，绘制$\phi 70$ 和$\phi 65$ 的同心圆，如图 10-170 所示。

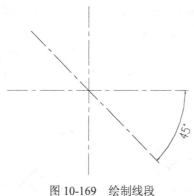

图 10-169 绘制线段　　　　　图 10-170 绘制圆

(19) 执行"偏移"命令（O），将斜线向右上侧偏移 33mm，并转换为"粗实线"图层，如图 10-171 所示。

(20) 执行"修剪"命令（TR），修剪多余线条及圆弧，结果如图 10-172 所示。

(21) 切换到"中心线"图层，拾取中心点绘制 45°的斜线段，如图 10-173 所示。

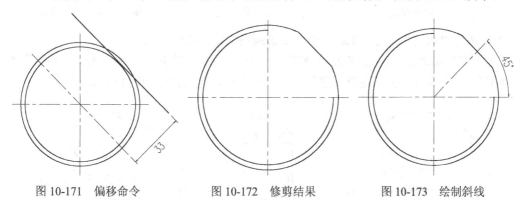

图 10-171 偏移命令　　　　图 10-172 修剪结果　　　　图 10-173 绘制斜线

(22) 执行"偏移"命令（O），将中心斜线向左上、右下侧分别各偏移 8mm 和 10mm，并转换为"粗实线"图层，再将粗实斜线向左下侧分别偏移 2mm、21mm 和 26mm，如图 10-174 所示。

(23) 执行"直线"命令（L），连接对角点，绘制斜线如图 10-175 所示。

(24) 执行"修剪"命令（TR），修剪多余线条，结果如图 10-176 所示。

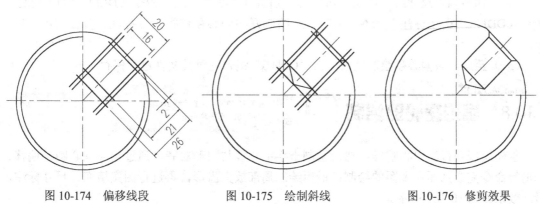

图 10-174 偏移线段　　　　图 10-175 绘制斜线　　　　图 10-176 修剪效果

（25）执行"偏移"命令（O），将斜线向左下偏移10mm，并转换为"中心线"图层再执行"圆"命令（C），在此线段交点上绘制ϕ5的圆，如图10-177所示。

（26）执行"偏移"命令（O），将垂直中心线向左偏移3.5mm，如图10-178所示。

（27）切换到"粗实线"图层，执行"圆"命令（C），捕捉左中心交点，绘制ϕ22和ϕ16的同心圆，如图10-179所示。

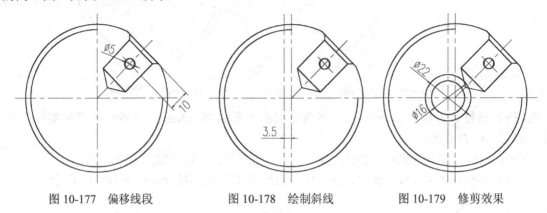

图10-177　偏移线段　　　　图10-178　绘制斜线　　　　图10-179　修剪效果

（28）执行"修剪"命令（TR），修剪多余线条，结果如图10-180所示。

（29）将"剖面线"图层置为当前图层，执行"图案填充"命令（H），选择样例为"ANSI-31"，比例为1，在指定位置进行图案填充操作，结果如图10-181所示。

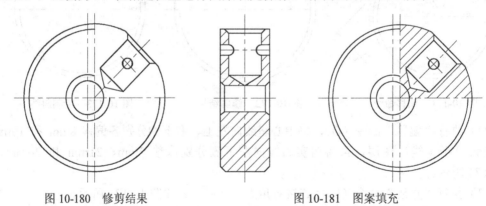

图10-180　修剪结果　　　　　　　图10-181　图案填充

（30）切换到"尺寸线"图层，对图形分别执行"线性标注"命令（DLI）、"直径标注"命令（DDI）、"引线标注"命令（LE），对绘制好的偏心盘进行尺寸标注，如图10-154所示。

（31）至此，该偏心盘绘制完成，按"Ctrl+S"组合键对其文件进行保存。

10.8　扇形摆轮的绘制

视频\10\扇形摆轮的绘制.avi
案例\10\扇形摆轮.dwg

首先绘制垂直的中心基线；然后绘制十字中心线与图形对齐，通过绘制同心圆、偏移、修剪等命令完成剖面左视图的绘制；最后绘制局部放大齿形，再进行图案填充、尺寸标注，最终效果如图10-182所示。

第 10 章　盘盖类零件的绘制

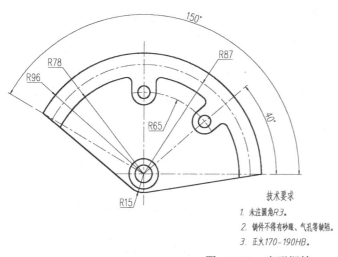
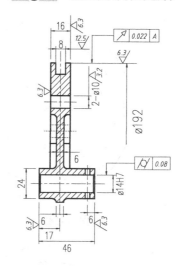

图 10-182　扇形摆轮

（1）启动 AutoCAD 2013 软件，在"快速访问工具栏"中，单击"打开"按钮，将"案例\10\机械模板.dwt"文件打开，再单击"另存为"按钮，将其另存为"案例\10\扇形摆轮.dwg"文件。

（2）在"常用"选项卡的"图层"面板中，选择"中心线"图层，使之成为当前图层。

（3）执行"直线"命令（L），绘制长、高均为 200mm 且互相垂直的基线，如图 10-183 所示。

（4）执行"直线"命令（L），拾取中心交点，绘制 150°的斜线段，如图 10-184 所示。

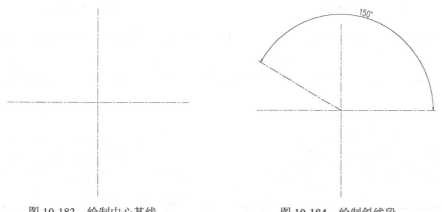

图 10-183　绘制中心基线　　　　图 10-184　绘制斜线段

（5）执行"圆"命令（C），拾取中心交点，绘制半径分别为 96mm、87mm、78mm 和 65mm 的同心圆，并转换相应圆的线型，如图 10-185 所示。

（6）执行"修剪"命令（TR），修剪多余圆弧，结果如图 10-186 所示。

（7）切换到"粗实线"图层，执行"圆"命令（C），在中心交点绘制半径为 15mm、12mm 和 7mm 的同心圆，如图 10-187 所示。

（8）执行"直线"命令（L），分别拾取外圆弧的端点拖动到下侧中心圆外侧，按住 Ctrl 键再右击鼠标，在弹出的选项框里选择"切点"，然后在圆上定切点，从而完成切线的绘制，如图 10-188 所示。

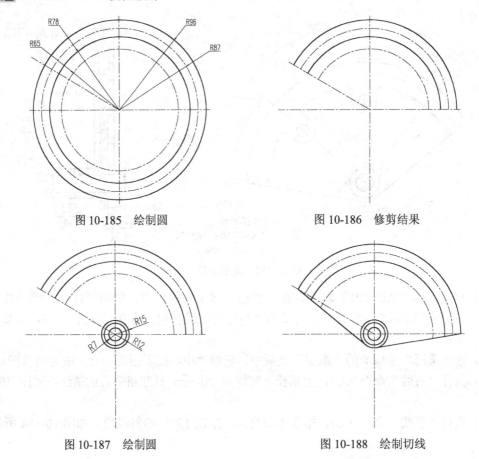

图 10-185　绘制圆　　　　　　　　图 10-186　修剪结果

图 10-187　绘制圆　　　　　　　　图 10-188　绘制切线

（9）切换到"中心线"图层，执行"直线"命令（L），绘制 40°的斜线，如图 10-189 所示。

（10）切换到"粗实线"图层，在交点处绘制半径为 5mm 和 10mm 的同心圆，如图 10-190 所示。

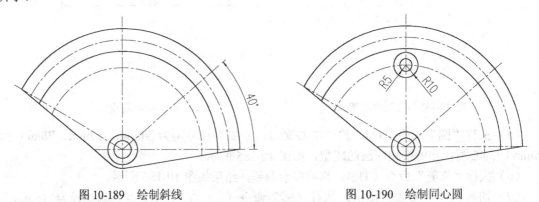

图 10-189　绘制斜线　　　　　　　　图 10-190　绘制同心圆

（11）执行"偏移"命令（O），将垂直中心线向左、右侧各偏移 10mm，并转换为"粗实线"图层；再执行"修剪"命令（TR），进行相应修剪，结果如图 10-191 所示。

（12）执行"圆"命令（C），在垂直线段与相交圆弧左、右夹角处，分别绘制相切半径为 4mm 的圆，如图 10-192 所示。

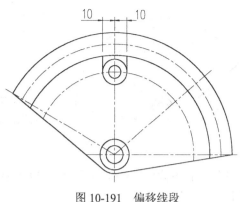

图 10-191 偏移线段

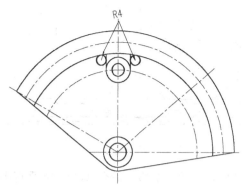

图 10-192 相切圆

（13）执行"修剪"命令（TR），进行相应的修剪，结果如图 10-193 所示。

（14）执行"旋转"命令（RO），选择修剪好的图形，以十字中心点为基点，进行 50°的复制旋转操作；再执行"修剪"命令（TR），修剪相应圆弧，如图 10-194 所示。

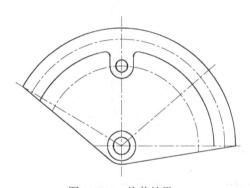

图 10-193 修剪结果

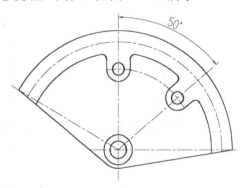

图 10-194 复制旋转对象

（15）切换到"中心线"图层，执行"直线"命令（L），绘制长 60mm 的水平中心线；再执行"复制"命令（CO），将前面图形的垂直中心线水平向右复制到距离水平中心线 24mm 的位置，如图 10-195 所示。

（16）执行"构造线"命令（XL），绘制主视图的水平投影线，如图 10-196 所示。

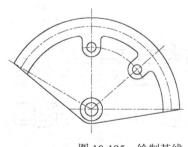

图 10-195 绘制基线

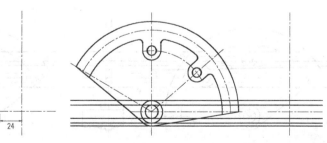

图 10-196 绘制平行线

（17）执行"偏移"命令（O），将垂直中心线向左偏移 17mm，向右偏移 29mm，并转换为"粗实线"图层，如图 10-197 所示。

（18）执行"修剪"命令（TR），修剪多余线条，结果如图 10-198 所示。

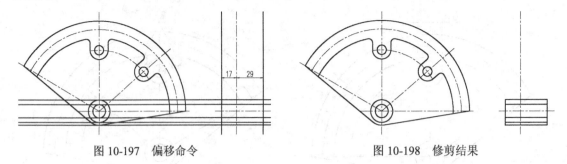

图 10-197　偏移命令　　　　　　　　图 10-198　修剪结果

（19）执行"偏移"命令（O），将垂直中心线向左、右各偏移 3mm，如图 10-199 所示。

（20）执行"修剪"命令（TR），修剪结果如图 10-200 所示。

（21）执行"圆角"命令（F），如图 10-201 所示，在垂直线段上、下四个直角进行半径 3mm 的圆角操作。

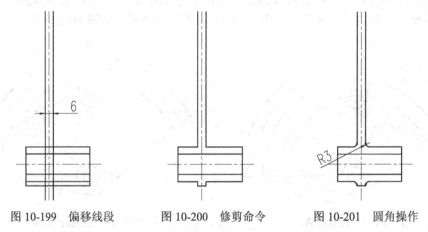

图 10-199　偏移线段　　　图 10-200　修剪命令　　　图 10-201　圆角操作

（22）执行"构造线"命令（XL），绘制主视图的平行投影线，并转换其相应的线型，如图 10-202 所示。

（23）执行"偏移"命令（O），将垂直中心线向左、右侧各偏移 8mm，并转换为"粗实线"图层，如图 10-203 所示。

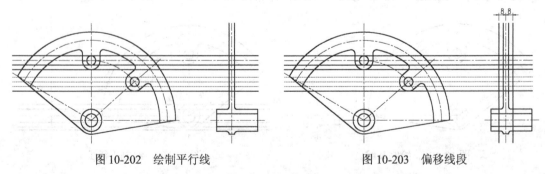

图 10-202　绘制平行线　　　　　　　图 10-203　偏移线段

（24）执行"修剪"命令（TR），修剪多余线条，结果如图 10-204 所示。

（25）执行"构造线"命令（XL），绘制主视图的平行投影线，如图 10-205 所示。

（26）执行"偏移"命令（O），将垂直中心线向左、右侧各偏移 4mm，并转换为"粗实线"图层，如图 10-206 所示。

（27）执行"修剪"命令（TR），修剪多余线条，结果如图 10-207 所示。

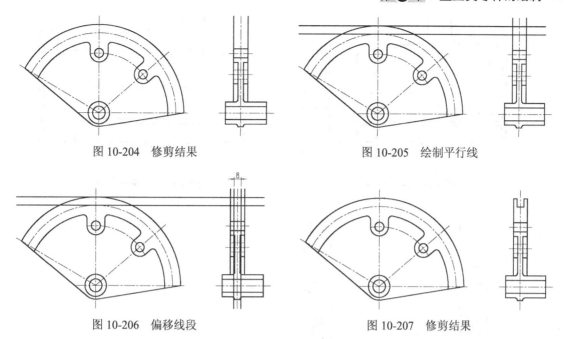

图 10-204　修剪结果　　　　　图 10-205　绘制平行线

图 10-206　偏移线段　　　　　图 10-207　修剪结果

（28）执行"圆角"命令（F），如图 10-208 所示，在直角处进行半径 3mm 的圆角操作。

（29）执行"偏移"命令（O），将右下侧垂直线段向左偏移 6mm，并转换为"中心线"图层，如图 10-209 所示。

（30）执行"偏移"命令（O），将垂直中心线向左、右侧各偏移 2mm，并转换为"粗实线"图层；再执行"修剪"命令（TR），进行修剪，结果如图 10-210 所示。

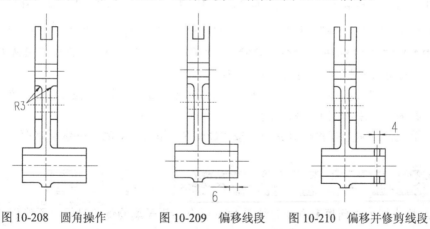

图 10-208　圆角操作　　　图 10-209　偏移线段　　　图 10-210　偏移并修剪线段

（31）执行"偏移"命令（O），将下方左、右侧垂直线段各向内偏移 1mm，将上、下水平线段各向外偏移 1mm，如图 10-211 所示。

（32）执行"直线"命令（L），连接对角点，绘制斜线，如图 10-212 所示。

（33）执行"修剪"命令（TR），修剪多余线条，结果如图 10-213 所示。

（34）将"剖面线"图层置为当前图层，执行"图案填充"命令（H），选择样例为"ANSI-31"，比例为 1.0，在指定位置进行图案填充操作，结果如图 10-214 所示。

（35）切换到"文本"图层，执行"文本"命令（T），输入技术要求内容，如图 10-215 所示。

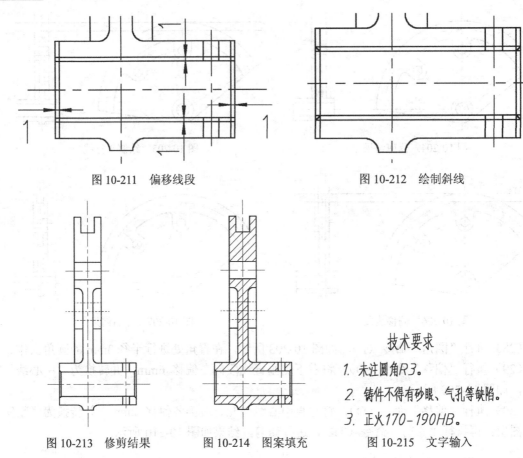

图 10-211　偏移线段　　　　　图 10-212　绘制斜线

图 10-213　修剪结果　　　图 10-214　图案填充　　　图 10-215　文字输入

（36）切换到"尺寸线"图层，对图形分别执行"线性标注"命令（DLI）、"半径标注"命令（DRA）、"角度标注"命令（DAN）、"编辑标注"命令（ED）、"公差标注"命令（TOL），对绘制好的扇形摆轮进行尺寸标注。

（37）切换到"细实线"图层，再执行"插入块"命令（I），在图形相应处插入"粗糙度符号"，其最终效果如图 10-182 所示。

（38）至此，该扇形摆轮绘制完成，按"Ctrl+S"组合键对其文件进行保存。

【MA 格式刷的小问题】有的时候用 MA 这个小刷子刷物体的时候，不能刷其线型或颜色等，用户可以通过以下办法来解决。

执行"格式刷"命令（MA），再选中源对象，再选择"设置（S）"项，从弹出的"特性设置"对话框中分别勾选指定的项目即可。

第11章

叉架类零件的绘制

本章导读

叉架类零件主要用于支承传动轴及其他零件,此类零件的形体较为复杂,一般都具有肋、板、杆、筒、座、凸台、凹坑等结构。与轴套类零件和盘盖类零件相比,叉架类零件的形状没有一定的规则,且结构一般比较复杂,常带有安装板、支承板、支承孔、肋板及螺孔等。

主要内容

☑ 掌握托架和弧形连杆的绘制方法
☑ 掌握吊钩和脚踏杆的绘制方法
☑ 掌握轴架和导向支架的绘制方法

效果预览

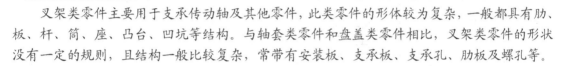

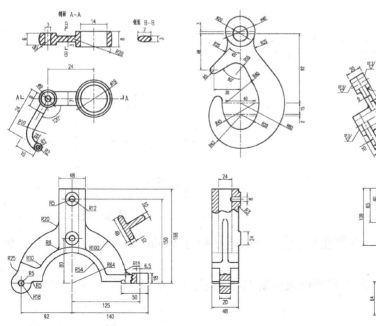

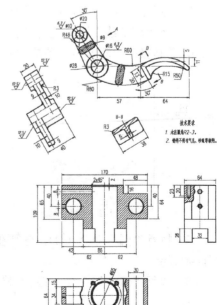

11.1 托架的绘制

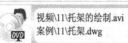
视频\11\托架的绘制.avi
案例\11\托架.dwg

首先绘制垂直基线，执行偏移、圆、修剪等命令绘制主视图；其次通过主视图绘制平行投影线，然后进行修剪、圆角、偏移等命令来绘制左视图；再次向下绘制主视图的平行投影线，执行修剪、偏移命令完成俯视图的绘制；最后进行尺寸标注，最终效果如图 11-1 所示。

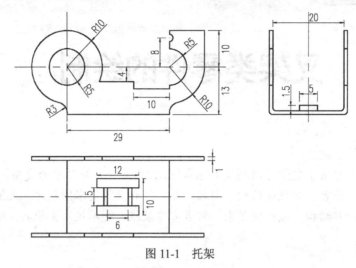

图 11-1　托架

（1）启动 AutoCAD 2013 软件，在"快速访问工具栏"中，单击"打开"按钮，将"案例\11\机械样板.dwt"文件打开，再单击"另存为"按钮，将其另存为"案例\11\托架.dwg"文件。

（2）在"常用"选项卡的"图层"面板中，选择"中心线"图层，使之成为当前图层。

（3）执行"直线"命令（L），绘制长为 60mm、高为 30mm 且互相垂直的中心线，使垂直线段中点与水平线段左端点相距 15mm，如图 11-2 所示。

（4）将"粗实线"图层置为当前图层，执行"偏移"命令（O），将垂直中心线向右偏移 29mm，并转换为"粗实线"图层，如图 11-3 所示。

图 11-2　绘制基线　　　　　　　　　图 11-3　偏移线段

（5）执行"圆"命令（C），分别在两个交点处绘制半径为 10mm 和 5mm 的同心圆，如图 11-4 所示。

（6）执行"修剪"命令（TR），修剪结果如图 11-5 所示。

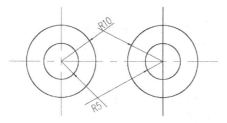
图 11-4 绘制同心圆

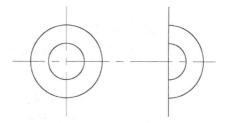
图 11-5 修剪线段

（7）执行"偏移"命令（O），将水平中心线分别向下侧偏移 4mm、2mm 和 7mm，并转换为"粗实线"图层，再将右侧垂直线段向左偏移 10mm，如图 11-6 所示。

（8）执行"修剪"命令（TR），修剪多余线条，结果如图 11-7 所示。

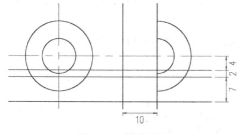
图 11-6 偏移线段

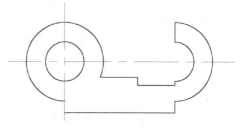
图 11-7 修剪结果

（9）执行"圆"命令（C），分别拾取下侧圆弧和垂直线段的切点，绘制半径 3mm 的相切圆，如图 11-8 所示。

（10）执行"修剪"命令（TR），修剪多余线条，结果如图 11-9 所示。

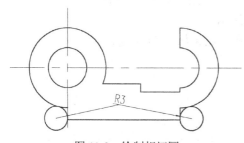
图 11-8 绘制相切圆

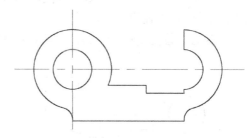
图 11-9 修剪结果

由 3 条以上相等的线段所组成的封闭界限图形即称为正多边形，因此，绘制一个正多边形是一个整体，不能单独对每个边进行编辑。用户可以通过以下任意一种方式来执行"正多边"命令。

◆ 在"常用"标签下的"绘图"面板中单击"正多边形"按钮⬠。
◆ 正多边形在命令行中输入"POLYGON"，并按 Enter 键（其快捷键为"POL"）。

执行"正多边形"命令后，命令行提示如下。

命令: POL POLYGON 输入侧面数 <6>: 6   \\ 执行"正多边形"命令，并指定边数为 6

指定正多边形的中心点或 [边(E)]:　　　　\\ 指定正多边形的中心点
输入选项 [内接于圆(I)/外切于圆(C)] <I>: i　　\\选择"内接于圆（I）"选项
指定圆的半径: 30　　　　　　　　　　　　\\输入内接圆的半径值为30mm

在执行"正多边形"命令时，其命令行中相关选项的提示如下。
- ◆ 中心点：指定某一个点作为正多边形的中心点。
- ◆ 边（E）：指定多边形的边数。
- ◆ 内接于圆（I）：指定以正多边形内接圆半径绘制正多边形。
- ◆ 外切于圆（C）：指定以正多边形外切圆半径绘制正多边形。

（11）执行"直线"命令（L），打开正交模式，如图 11-10 所示，拾取右侧外圆弧象限点，绘制垂直的线段。

（12）执行"修剪"命令（TR），修剪多余线条，结果如图 11-11 所示。

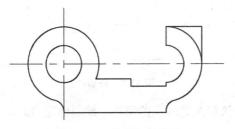

图 11-10　绘制垂直线段

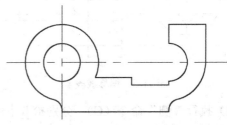

图 11-11　修剪命令

（13）执行"偏移"命令（O），将水平中心线向上偏移 8mm；再执行"圆"命令（C），在右侧交点处绘制半径为 1mm 的圆，如图 11-12 所示。

（14）执行"修剪"命令（TR），修剪多余线条，结果如图 11-13 所示。

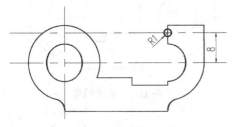

图 11-12　绘制圆

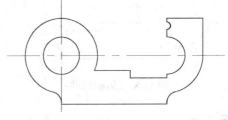

图 11-13　修剪结果

（15）执行"构造线"命令（XL），绘制图形的水平投影线；执行"复制"命令（CO），将垂直中心线向右复制一份，如图 11-14 所示。

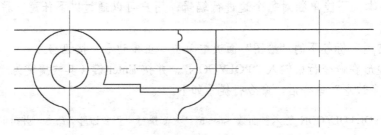

图 11-14　绘制平行线

（16）执行"偏移"命令（O），将垂直中心线向左、右侧各偏移 10mm 和 1mm，再将下侧平行线段向上偏移 1mm，如图 11-15 所示。

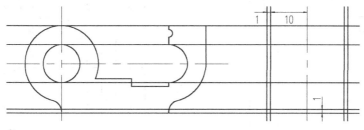

图 11-15　偏移线段

（17）执行"修剪"命令（TR），修剪多余线条，结果如图 11-16 所示。

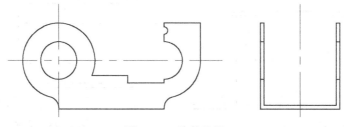

图 11-16　修剪结果

（18）执行"圆角"命令（F），在下侧的四个直角处进行半径为 1mm 的圆角操作，如图 11-17 所示。

（19）执行"偏移"命令（O），将垂直中心线向左、右侧各偏移 2.5mm，并转换为"粗实线"图层，再将水平线段向上偏移 1.5mm，如图 11-18 所示。

（20）执行"修剪"命令（TR），修剪多余线条，结果如图 11-19 所示。

图 11-17　圆角命令　　　　图 11-18　偏移线段　　　　图 11-19　修剪结果

（21）执行"构造线"命令（XL），向下绘制主视图的垂直投影线；再执行"复制"命令（CO），选择主视图的水平中心线，向下复制一份，如图 11-20 所示。

（22）执行"偏移"命令（O），将水平中心线向上、下侧分别偏移 10mm 和 11mm，并转换为"粗实线"图层，结果如图 11-21 所示。

（23）执行"修剪"命令（TR），修剪多余线条，结果如图 11-22 所示。

（24）执行"偏移"命令（O），将水平中心线向上、下侧各偏移 5mm，并转换为"粗实线"图层，再将中部左、右垂直线段各向内偏移 8.5mm，如图 11-23 所示。

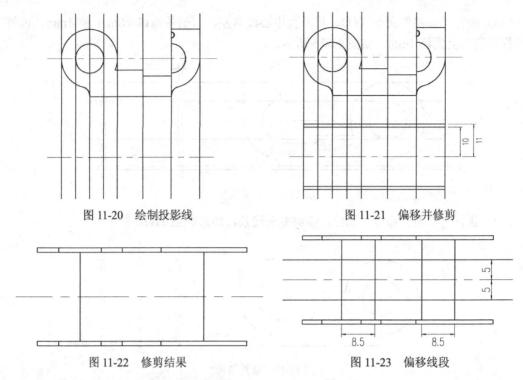

图 11-20　绘制投影线　　　　　图 11-21　偏移并修剪

图 11-22　修剪结果　　　　　图 11-23　偏移线段

（25）执行"修剪"命令（TR），修剪多余线条，结果如图 11-24 所示。

（26）执行"偏移"命令（O），如图 11-25 所示，将左、右垂直线段各向内偏移 3mm，将上、下水平线段各向内偏移 2.5mm。

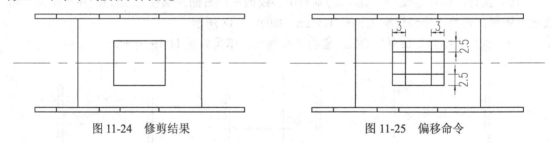

图 11-24　修剪结果　　　　　图 11-25　偏移命令

（27）执行"修剪"命令（TR），修剪多余线条，结果如图 11-26 所示。

（28）执行"偏移"命令（O），如图 11-27 所示，将左、右垂直线段各向内偏移 1mm。

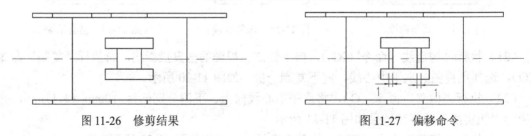

图 11-26　修剪结果　　　　　图 11-27　偏移命令

（29）切换到"尺寸线"图层，对图形分别执行"线性标注"命令（DLI）、"半径标注"命令（DRA），对绘制好的托架图形进行尺寸标注，如图 11-1 所示。

（30）至此，该托架绘制完成，按"Ctrl+S"组合键对其文件进行保存。

根据零件在机器中的作用及安装要求，叉架类零件具有多种不同的形体结构，多数为不对称零件，具有凸台、凹坑、铸（锻）造圆角、拔模斜度等常见结构。但是，大多数叉架类零件的主体部分都可以分为工作、固定及连接三大部分。

11.2 弧形连杆的绘制

视频\11\弧形连杆的绘制.avi
案例\11\弧形连杆.dwg

首先绘制互相垂直的中心线，执行偏移、圆、修剪、直线等命令完成主视图的绘制；其次根据主视图绘制垂直投影线，进行修剪、偏移、修剪、圆角、圆等命令完成剖面的绘制；再次在剖面图的右侧，执行椭圆命令来绘制剖面细节；最后进行图案填充、尺寸标注，最终效果如图11-28所示。

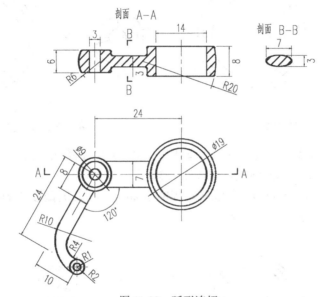

图 11-28 弧形连杆

（1）启动 AutoCAD 2013 软件，在"快速访问工具栏"中，单击"打开" 按钮，将"案例\11\机械样板.dwt"文件打开，再单击"另存为" 按钮，将其另存为"案例\11\弧形连杆.dwg"文件。

（2）在"常用"选项卡的"图层"面板中，选择"中心线"图层，使之成为当前图层。

（3）执行"直线"命令（L），绘制长为 45mm，高为 25mm 互相垂直的基准线，如图 11-29 所示。

（4）将"粗实线"图层置为当前图层，执行"圆"命令（C），捕捉交点绘制直径为 19mm、17mm 和 14mm 的同心圆，如图 11-30 所示。

图 11-29 绘制垂直基准线　　　　　　　图 11-30 绘制同心圆

（5）执行"偏移"命令（O），将垂直中心线向左侧偏移 24mm，如图 11-31 所示。

（6）执行"圆"命令（C），捕捉交点，分别绘制直径为 9mm、7mm 和 3mm 的同心圆，如图 11-32 所示。

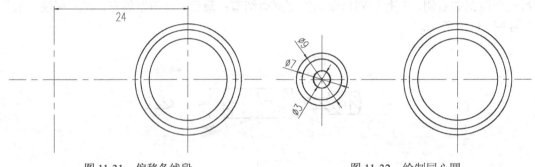

图 11-31 偏移各线段　　　　　　　图 11-32 绘制同心圆

（7）切换到"中心线"图层，执行"直线"命令（L），捕捉左侧中心交点，绘制一条长度为 24mm、角度为 120°的斜线段，如图 11-33 所示。

（8）执行"偏移"命令（O），斜线向左侧偏移 2mm，向右侧偏移 2mm 和 6mm，并转换为"粗实线"图层，如图 11-34 所示。

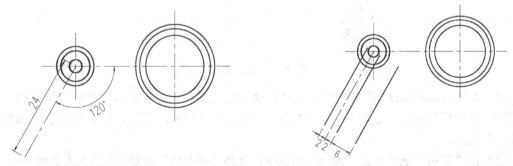

图 11-33 绘制斜线　　　　　　　图 11-34 偏移斜线段

（9）执行"圆"命令（C），拾取下侧端点绘制半径为 2mm 和 1mm 的同心圆，如图 11-35 所示。

（10）执行"圆"命令（C），如图 11-36 所示，拾取圆和斜线的切点，绘制半径为 4mm 的相切圆。

（11）执行"修剪"命令（TR），修剪多余线条；切换到"中心线"图层，执行"直线"命令（L），绘制经过下侧同心圆圆心的水平和垂直线段，如图 11-37 所示。

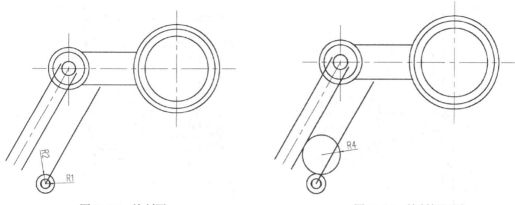

图 11-35　绘制圆　　　　　　　　图 11-36　绘制相切圆

（12）切换到"粗实线"图层，执行"直线"命令（L），连接斜线上侧端点，绘制斜线段；再执行"偏移"命令（O），将斜线向下偏移 8mm，如图 11-38 所示。

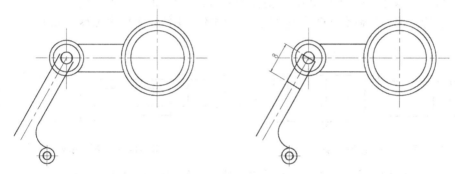

图 11-37　修剪并绘制垂直中线　　　　　　　　图 11-38　偏移线段

（13）执行"圆"命令（C），如图 11-39 所示，选择左侧斜线和下侧大圆的切点，绘制相切半径 10mm 的圆。

（14）执行"修剪"命令（TR），修剪多余线条，结果如图 11-40 所示。

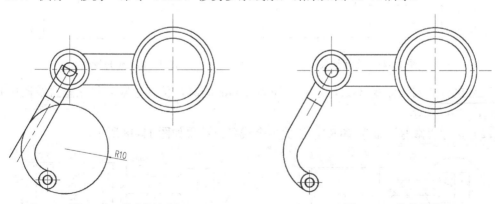

图 11-39　绘制相切圆　　　　　　　　图 11-40　修剪结果

（15）执行"构造线"命令（XL），绘制图形的垂直投影线，并调整其线型；再执行"直线"命令（L），在图形上方绘制一条水平线段，如图 11-41 所示。

（16）执行"偏移"命令（O），将水平线段分别向上偏移 1mm、6mm 和 1mm，如图 11-42 所示。

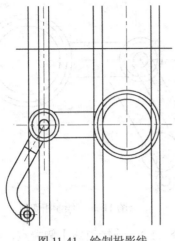
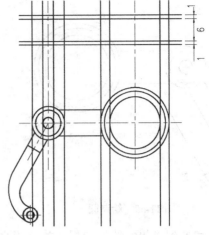

图 11-41　绘制投影线　　　　　　图 11-42　偏移线段

（17）执行"修剪"命令（TR），修剪多余线条，结果如图 11-43 所示。

（18）执行"偏移"命令（O），将左上、下侧的水平线段各向内偏移 1.5mm，如图 11-44 所示。

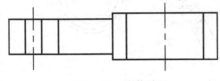
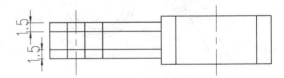

图 11-43　修剪结果　　　　　　　图 11-44　偏移线段

（19）执行"修剪"命令（TR），修剪多余线条，结果如图 11-45 所示。

（20）执行"圆角"命令（F），在上、下凹槽的四个直角处进行半径 0.5mm 的圆角处理，如图 11-46 所示。

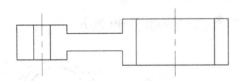
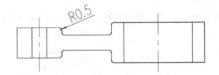

图 11-45　修剪结果　　　　　　　图 11-46　圆角操作

（21）执行"圆"命令（C），绘制半径为 6mm 的圆，使其象限点与左垂直线段中点重合，如图 11-47 所示。

（22）执行"修剪"命令（TR），修剪多余线条，结果如图 11-48 所示。

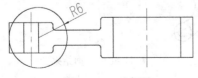
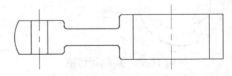

图 11-47　对齐圆　　　　　　　　图 11-48　修剪结果

（23）执行"圆"命令（C），绘制半径为 20mm 的圆，使其象限点与右垂直线段中点重合，如图 11-49 所示。

（24）执行"修剪"命令（TR），修剪多余线条，结果如图 11-50 所示。

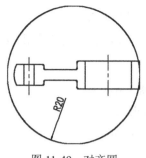

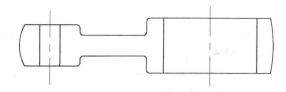

图 11-49 对齐圆　　　　　　　　　图 11-50 修剪结果

（25）执行"圆角"命令（F），对左、右侧圆弧的上、下夹角进行半径 0.5mm 的圆角操作，如图 11-51 所示。

（26）执行"椭圆"命令（EL），在图形的右侧绘制长轴为 7mm，半轴为 1.5mm 的椭圆，其命令提示如下，结果如图 11-52 所示。

```
命令: El
ELLIPSE
指定椭圆的轴端点或 [圆弧(A)/中心点(C)]:           \\ 指定起点
指定轴的另一个端点: <正交 开> 7                   \\ 输入长轴的长度为 7
指定另一条半轴长度或 [旋转(R)]: 1.5               \\ 输入半轴长度为 1.5
```

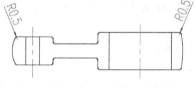　　　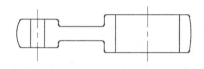　

图 11-51 圆角命令　　　　　　　　图 11-52 绘制椭圆

椭圆是一种非常重要的实体，也是一种特殊的圆，它与圆的差别就是其圆周上的点到中心的距离是变化的。在 AutoCAD 2013 中，椭圆主要是由中心、长轴与短轴这 3 个参数来控制的。用户可以通过以下任意一种方式来执行"椭圆"命令。

◆ 在"常用"选项卡的"绘图"面板中单击"椭圆"按钮 ⊙。
◆ 在命令行中输入"ELLIPSE"（其快捷键为"EL"）。

执行"椭圆"命令后，命令行提示如下。

```
命令:ELLIPSE                                     \\ 执行"椭圆"命令
指定椭圆的轴端点或 [圆弧(A)/中心点(C)]:           \\ 指定椭圆的轴端点
指定轴的另一个端点:                               \\ 指定椭圆的另一个端点
指定另一条半轴长度或 [旋转(R)]:                   \\ 输入半轴长度值
```

在执行椭圆命令时，其命令行中的相关选项如下。

◆ 圆心：通过指定圆心点、X 轴和 Y 轴半径来绘制椭圆。
◆ 轴端点：通过指定两个轴端点和 Y 轴的半径长度值来绘制椭圆。

◆ 圆弧：以绘制椭圆的指定起点角和终止角为区域的一段椭圆弧。

如果要绘制椭圆弧，首先按照绘制椭圆的方法绘制一个椭圆，再确定椭圆弧的起始角度和终止角度即可，其命令提示行如下。

```
命令: ELLIPSE                                 \\ 执行"椭圆"命令
指定椭圆弧的轴端点或 [圆弧(A)/中心点(C)]:    \\ 指定椭圆的圆心
指定椭圆弧的轴端点或[中心点(C)]:             \\ 确定椭圆绘制的端点
指定轴的另一个端点:                          \\ 指定椭圆的轴半径
指定另一条半轴长度或 [旋转(R)]:              \\ 指定椭圆的另一轴半径
指定起始角度或[参数(P)]:                     \\ 指定椭圆弧的椭圆端点位置的角度
指定终止角度或[参数(P)/包含角度(I)]:         \\ 指定起始角度的包含角度
```

在绘制椭圆弧时，其各选项的功能与含义如下。

◆ "指定椭圆弧的轴端点或[中心点(C)]:"选项：其后面的操作就是确定椭圆的绘制过程。

◆ "起始角度"选项：指定椭圆弧端点的两种方式之一，光标与椭圆中心点连线的夹角为椭圆端点位置的角度。

◆ "参数（P）"选项：指定椭圆弧端点的另一种方式，该方式同样是指定椭圆弧端点的角度，但通过矢量参数方程式创建椭圆弧：$P(u)=c+a*\cos(u)+b*\sin(u)$。其中，$c$ 是椭圆的中心点，a 和 b 分别指椭圆的长轴和短轴，u 为光标与椭圆中心点连线的夹角。

◆ "包含角度（I）"选项：定义从起始角度开始的包含角度。

（27）将"剖面线"图层置为当前图层，执行"图案填充"命令（H），选择样例为"ANSI-31"，比例为 0.5，在指定位置进行图案填充操作，结果如图 11-53 所示。

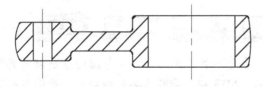

图 11-53 图案填充

（28）切换到"尺寸线"图层，分别执行"线性标注"命令（DLI）、"直径标注"命令（DDI）、"半径标注"命令（DRA）、"索引标注"命令（LE），对其弧形连杆进行尺寸标注，如图 11-28 所示。

（29）至此，该弧形连杆绘制完成，按"Ctrl+S"组合键对其文件进行保存。

11.3 吊钩的绘制

视频\11\吊钩的绘制.avi
案例\11\吊钩.dwg

首先绘制垂直中心线，在交点处绘制圆；其次偏移线段，绘制圆，执行构造线命令，绘制两条经过圆的线段，进行修剪，重复偏移得到多个交点，并在各个交点处分别绘制圆；再次进行修剪、绘制相切圆等命令得到图形轮廓；最后进行尺寸标注来完成吊钩的绘制，如图 11-54 所示。

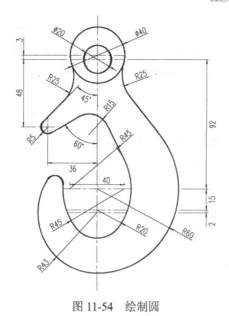

图 11-54 绘制圆

（1）启动 AutoCAD 2013 软件，在"快速访问工具栏"中，单击"打开"按钮，将"案例\11\机械样板.dwt"文件打开，再单击"另存为"按钮，将其另存为"案例\11\吊钩.dwg"文件。

（2）在"常用"选项卡的"图层"面板中，选择"中心线"图层，使之成为当前图层。

（3）执行"直线"命令（L），绘制长为85mm、高为195mm且垂直的线段，使水平线段中点与垂直线段上侧端点距离28mm，如图 11-55 所示。

（4）切换到"粗实线"图层，执行"圆"命令（C），捕捉交点绘制半径为 20mm 的圆，如图 11-56 所示。

（5）执行"偏移"命令（O），将水平中心线向下偏移 3mm；再执行"圆"命令（C），在下侧交点绘制半径为 10mm 的圆，如图 11-57 所示。

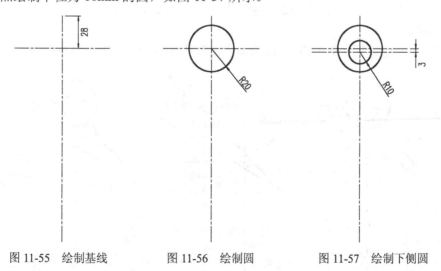

图 11-55 绘制基线　　　图 11-56 绘制圆　　　图 11-57 绘制下侧圆

（6）执行"偏移"命令（O），将垂直中心线向左偏移 36mm，将下侧水平中心线向下偏移 48mm，如图 11-58 所示。

(7) 执行"圆"命令(C),在偏移后的交点上绘制半径为5mm的圆,如图11-59所示。

(8) 执行"构造线"命令(XL),在命令提示行,选择"角度"(A),输入角度为 45,然后移动定位在小圆的左上角,与圆弧重合,如图11-60所示。

```
命令: XL
XLINE
指定点或 [水平(H)/垂直(V)/角度(A)/二等分(B)/偏移(O)]: a      \\ 选择角度(A)
输入构造线的角度 (0) 或 [参照(R)]: 45                        \\ 输入角度值45
指定通过点:                                                  \\ 移动定位到圆左上角
指定通过点:×取消×                                            \\ 按 Esc
```

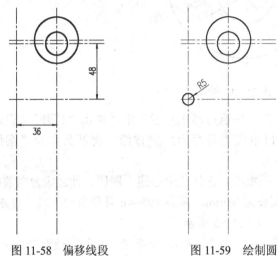

图 11-58 偏移线段　　　　图 11-59 绘制圆　　　　图 11-60 绘制构造线

(9) 执行"构造线"命令(XL),在命令提示行,选择"角度"(A),输入角度为 30,然后移动定位在小圆的右下角,与圆弧重合,如图11-61所示。

(10) 执行"圆"命令(C),拾取 45°斜线和大圆的切点,绘制相切半径为 25mm 的圆,如图11-62所示。

(11) 执行"修剪"命令(TR),修剪多余线条及圆弧,结果如图11-63所示。

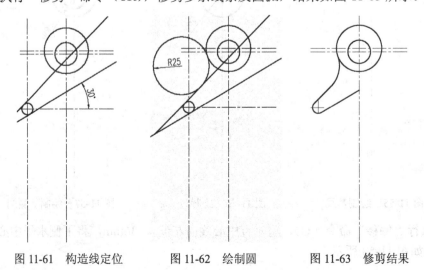

图 11-61 构造线定位　　　　图 11-62 绘制圆　　　　图 11-63 修剪结果

绘制定数等分点是以等分长度的方式在指定对象上绘制点对象，它只是按要求在等分对象上作出点标记。可作为定数等分的对象有直线、圆、圆弧、多段线等。用户可以通过以下任意一种方式来执行"等分点"命令。

◆ 在"常用"标签下的"绘图"面板中单击"定数等分"按钮 。
◆ 在命令行中输入"DIVIDE"（其快捷键为"DIV"）。

执行"等分点"命令后，命令行提示如下。

```
命令: DIV DIVIDE           \\ 执行"定数等分点"命令
选择要定数等分的对象:       \\ 选择定数等分的对象
输入线段数目或 [块(B)]:    \\ 等分的数量
```

（12）执行"偏移（O）"命令，将水平中心线向下侧偏移 92mm；执行"圆"命令（C），在偏移线段交点绘制半径为 60mm 的圆，如图 11-64 所示。

（13）执行"直线"命令（L），捕捉上侧中心点，拖动到大圆右侧，按 Ctrl 键再右击鼠标，在弹出选项框里选择"切点"选项，然后在圆上拾取切点，绘制切线，结果如图 11-65 所示。

（14）执行"圆"命令（C），捕捉切线和上侧圆的切点，绘制相切半径为 25mm 的圆，如图 11-66 所示。

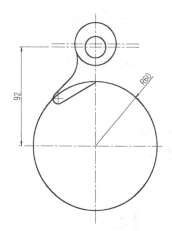
图 11-64 偏移线段绘制圆

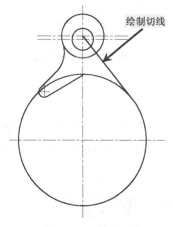
图 11-65 绘制斜线

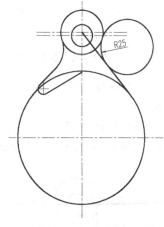
图 11-66 绘制相切圆

（15）执行"修剪"命令（TR），修剪多余线条及圆弧，结果如图 11-67 所示。
（16）执行"偏移"命令（O），将垂直中心线向左、右侧各偏移 20mm，如图 11-68 所示。
（17）执行"圆"命令（C），拾取左下交点，绘制半径为 45mm 的圆，如图 11-69 所示。
（18）执行"直线"命令（L），按 Ctrl 键再右击鼠标，拾取上一操作圆的右上切点，连接与其相交斜线段的上端点，绘制斜线如图 11-70 所示。
（19）执行"修剪"命令（TR），修剪多余线条及圆弧，结果如图 11-71 所示。
（20）执行"圆"命令（C），在斜线段夹角处绘制相切半径15mm 的圆，如图 11-72 所示。
（21）执行"修剪"命令（TR），修剪多余圆弧，结果如图 11-73 所示。

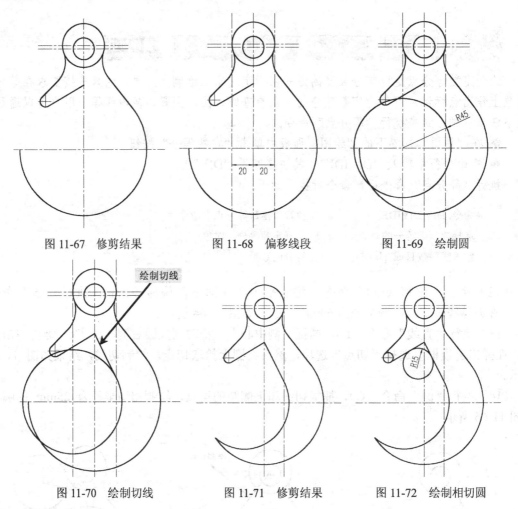

图 11-67 修剪结果　　　图 11-68 偏移线段　　　图 11-69 绘制圆

图 11-70 绘制切线　　　图 11-71 修剪结果　　　图 11-72 绘制相切圆

（22）执行"圆"命令（C），在右下侧十字中心交点绘制半径为 45mm 的圆，如图 11-74 所示。

（23）执行"偏移"命令（O），将下侧水平中心线向下偏移 15mm；再执行"圆"命令（C），在偏移线段的左交点绘制半径为 20mm 的圆，如图 11-75 所示。

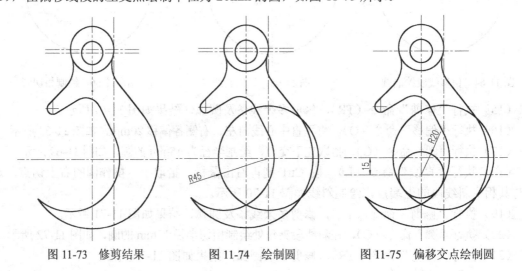

图 11-73 修剪结果　　　图 11-74 绘制圆　　　图 11-75 偏移交点绘制圆

（24）执行"修剪"命令（TR），修剪多余圆弧，结果如图 11-76 所示。

（25）执行"偏移"命令（O），将下侧的水平中心线再向下偏移 2mm；再执行"圆"命令（C），拾取偏移交点绘制半径为 43mm 的圆，如图 11-77 所示。

（26）执行"修剪"命令（TR），修剪多余线条及圆弧，结果如图 11-78 所示。

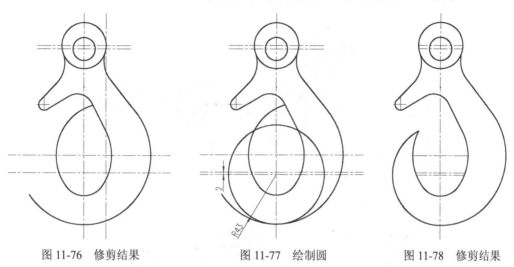

图 11-76　修剪结果　　　　图 11-77　绘制圆　　　　图 11-78　修剪结果

（27）执行"圆"命令（C），在图形尖角内部绘制相切半径为 6mm 的圆，如图 11-79 所示。

（28）执行"修剪"命令（TR），修剪多余圆弧，结果如图 11-80 所示。

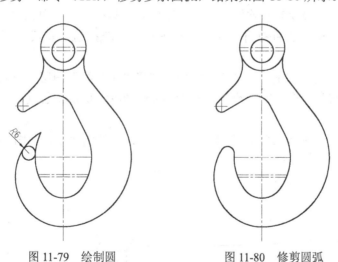

图 11-79　绘制圆　　　　　　　　图 11-80　修剪圆弧

（29）切换到"尺寸线"图层，分别执行"线性标注"命令（DLI）、"半径标注"命令（DRA）、"直径标注"命令（DDI）、"角度标注"命令（DAN），对其吊钩进行尺寸标注，如图 11-54 所示。

（30）至此，该吊钩绘制完成，按"Ctrl+S"组合键对其文件进行保存。

11.4　脚踏杆的绘制

AutoCAD 2013　　视频\11\脚踏杆的绘制.avi　　案例\11\脚踏杆.dwg

首先绘制垂直中心线和同心圆，执行直线、偏移、修剪、圆、图案填充等命令完成主视图的绘制；其次再绘制垂直基线，执行偏移、修剪、圆角、样条曲线、旋转等命令绘制斜视图；再次执行矩形、圆角、偏移、修剪、圆角、圆、复制图案填充、旋转等命令绘制斜剖图；最后标注尺寸，最终效果如图 11-81 所示。

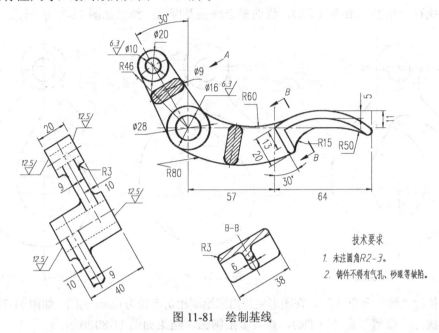

图 11-81 绘制基线

（1）启动 AutoCAD 2013 软件，在"快速访问工具栏"中，单击"打开" 按钮，将"案例\11\机械样板.dwt"文件打开，再单击"另存为" 按钮，将其另存为"案例\11\脚踏杆.dwg"文件。

（2）在"常用"选项卡的"图层"面板中，选择"中心线"图层，使之成为当前图层。

（3）执行"直线"命令（L），绘制长为 150mm、高为 100mm 且垂直的线段，如图 11-82 所示。

（4）执行"直线"命令（L），拾取交点，绘制 120°的斜线段，如图 11-83 所示。

图 11-82 绘制基线　　　　　　　图 11-83 绘制斜线段

（5）切换到"粗实线"图层，执行"圆"命令（C），捕捉交点绘制半径分别为 46mm、14mm 和 8mm 的同心圆，并将大圆转换为"中心线"图层，如图 11-84 所示。

（6）执行"圆"命令（C），在中心圆和斜线的交点处绘制半径为 10mm 和 5mm 的同心圆，如图 11-85 所示。

（7）执行"直线"命令（L），如图 11-86 所示，按 Ctrl 键右击鼠标，分别拾取两圆的切点，绘制切线。

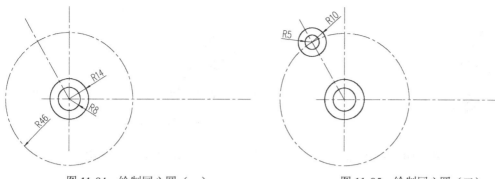

图 11-84　绘制同心圆（一）　　　　图 11-85　绘制同心圆（二）

（8）执行"修剪"命令（TR），修剪多余圆弧；切换到"中心线"图层，再执行"直线"命令（L），连接两条切线的下端点，绘制斜线；再执行"偏移"命令（O），将斜线向上偏移 26mm，如图 11-87 所示。

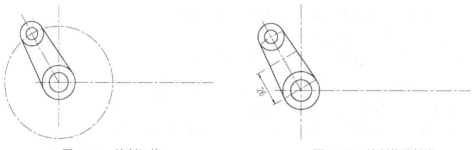

图 11-86　绘制切线　　　　图 11-87　绘制偏移斜线

（9）执行"偏移"命令（O），将偏移后的斜线向上、下侧各偏移 4.5mm，并转换为"粗实线"图层，如图 11-88 所示。

（10）切换到"粗实线"图层，执行"圆"命令（C），拾取偏移后的粗实斜线和切线的切点，绘制相切直径 9mm 的圆，如图 11-89 所示。

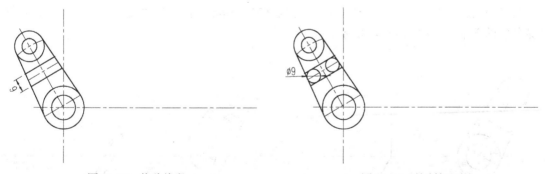

图 11-88　偏移线段　　　　图 11-89　绘制相切圆

（11）执行"修剪"命令（TR），修剪多余线条及圆弧，结果如图 11-90 所示。
（12）执行"偏移"命令（O），将垂直中心线向右偏移 57mm，如图 11-91 所示。

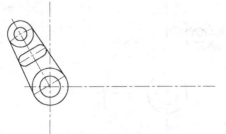
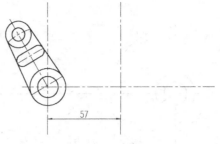

图 11-90　修剪结果　　　　　　　　　　　图 11-91　偏移线段

拉伸是对图形对象的拉伸、缩短和移动。用户可以通过以下任意一种方式来执行"拉伸"命令（S）。
◆ 在"常用"标签下的"修改"面板中单击"拉伸"按钮。
◆ 在命令行中输入"STRETCH"(其快捷键为"S")。
在执行"拉伸"命令过程中，其命令行提示如下。

命令:STRETCH   \\ 执行"拉伸"命令
以交叉窗口或交叉多边形选择要拉伸的对象...
选择对象: 指定对角点: 找到 1 个   \\ 选择要拉伸的对象
选择对象: \\ 按空格键结束
指定基点或 [位移(D)] <位移>:   \\ 捕捉拉伸的基点位置
指定第二个点或 <使用第一个点作为位移>:   \\ 指定拉伸基点的第二个点

（13）执行"直线"命令（L），绘制长度为 20mm，角度为-60°的斜线段，如图 11-92 所示。

（14）执行"偏移"命令（O），将斜线向右偏移 5mm；再执行"直线"命令（L），连接两条斜线的下端点，如图 11-93 所示。

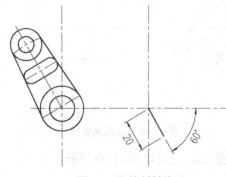
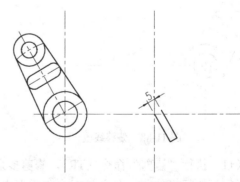

图 11-92　绘制斜线　　　　　　　　　　　图 11-93　偏移线段

（15）执行"圆"命令（C），选择垂直的两条斜线的切点，绘制直径为 5mm 相切的圆，如图 11-94 所示。

（16）执行"修剪"命令（TR），修剪多余圆弧，结果如图 11-95 所示。

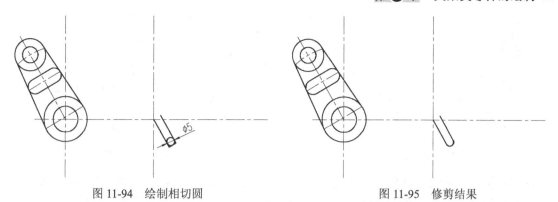

图 11-94　绘制相切圆　　　　　　　图 11-95　修剪结果

（17）执行"偏移"命令（O），将水平中心线向上偏移 11mm；再执行"圆"命令（C），绘制半径为 50mm 的圆，使圆的象限点在偏移线段上，移动圆和下侧水平中心线的交点到十字中心点，结果如图 11-96 所示。

（18）执行"偏移"命令（O），将圆向内偏移 5mm，如图 11-97 所示。

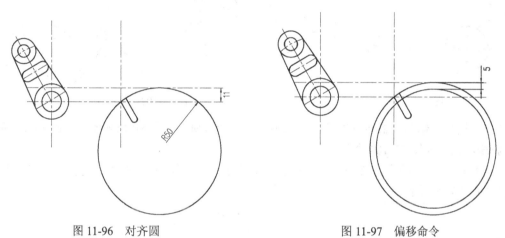

图 11-96　对齐圆　　　　　　　　　图 11-97　偏移命令

（19）执行"修剪"命令（TR），修剪多余线条及圆弧，结果如图 11-98 所示。

（20）执行"偏移"命令（O），将右垂直线段向右偏移 64mm；再执行"延伸"命令（EX），把圆弧右端进行延伸，如图 11-99 所示。

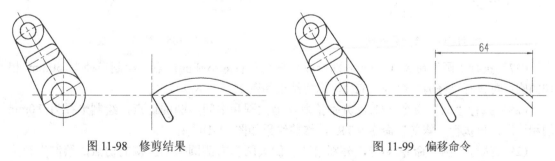

图 11-98　修剪结果　　　　　　　　图 11-99　偏移命令

（21）执行"圆"命令（C），拾取右侧垂直线段和圆弧的切点，绘制直径为 5mm 的相切圆，如图 11-100 所示。

（22）执行"修剪"命令（TR），修剪多余圆弧，结果如图 11-101 所示。

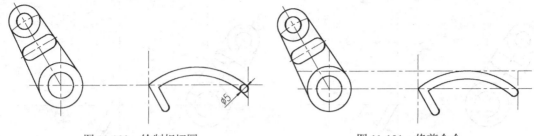

图 11-100　绘制相切圆　　　　　　　图 11-101　修剪命令

（23）执行"直线"命令（L），选择第二中心点绘制 30°的斜线，如图 11-102 所示。

（24）执行"偏移"命令（O），将斜线向下偏移 13mm；再执行"圆"命令（C），分别拾取偏移斜线和下侧小圆的切点，绘制半径为 15mm 的相切圆，如图 11-103 所示。

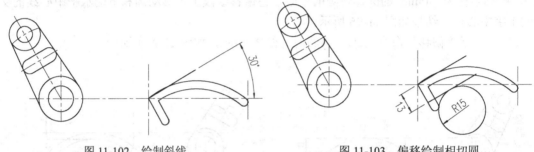

图 11-102　绘制斜线　　　　　　　图 11-103　偏移绘制相切圆

（25）执行"修剪"命令（TR），修剪多余线条段及圆弧；执行"删除"命令（E），删除上侧斜线，结果如图 11-104 所示。

（26）执行"直线"命令（L），捕捉圆弧端点，向右绘制水平线，使右端点在右圆弧上，如图 11-105 所示。

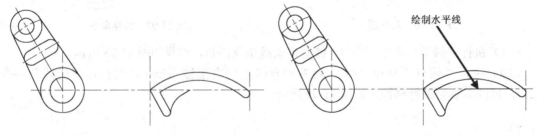

图 11-104　修剪删除操作　　　　　　图 11-105　绘制水平线

（27）执行"圆"命令（C），分别拾取水平线和右侧小圆的切点，绘制半径为 50mm 相切的圆；再执行"修剪"命令（TR），修剪结果如图 11-106 所示。

（28）执行"圆"命令（C），分别拾取左侧大圆和中间小圆的切点，绘制半径为 80mm 的相切圆；再执行"修剪"命令（TR），修剪结果如图 11-107 所示。

（29）执行"圆"命令（C），分别拾取左侧大圆和右侧圆弧的上侧的切点，绘制半径为 60mm 的相切圆；再执行"修剪"命令（TR），修剪结果如图 11-108 所示。

（30）执行"偏移"命令（O），将左垂直线段向右偏移 31.5mm；执行"直线"命令（L），拾取中心交点，绘制 80°的斜线段，如图 11-109 所示。

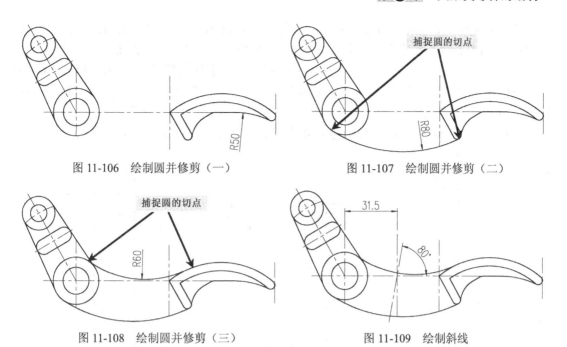

图 11-106 绘制圆并修剪（一）　　　　图 11-107 绘制圆并修剪（二）

图 11-108 绘制圆并修剪（三）　　　　图 11-109 绘制斜线

（31）执行"偏移"命令（O），将斜线向左、右侧各偏移 4.5mm，并转换为"粗实线"图层，如图 11-110 所示。

（32）执行"圆"命令（C），各选择偏移的斜线和上、下圆弧的切点，绘制直径为 9mm 的相切圆，如图 11-111 所示。

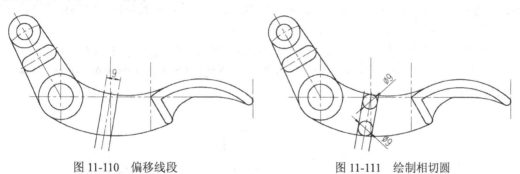

图 11-110 偏移线段　　　　图 11-111 绘制相切圆

（33）执行"修剪"命令（TR），修剪多余线段及圆弧，结果如图 11-112 所示。

（34）将"剖面线"图层置为当前图层，执行"图案填充"命令（H），选择样例为"ANSI-31"，比例为 0.5，在指定位置进行图案填充操作，结果如图 11-113 所示。

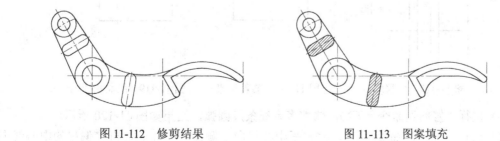

图 11-112 修剪结果　　　　图 11-113 图案填充

(35) 切换到"中心线"图层,执行"直线"命令(L),绘制长为 50mm、高为 105mm 且互相垂直的中心线,使垂直线段上端点和水平线段中点相距20mm,如图 11-114 所示。

(36) 执行"偏移"命令(O),将垂直中心线向左、右侧各偏移 10mm,并转换为"粗实线"图层;将水平中心线向上、下侧各偏移 5mm,并转换为"虚线"图层,再将水平中心线向上、下侧各偏移 10mm,并转换为"粗实线"图层,如图 11-115 所示。

(37) 执行"修剪"命令(TR),修剪多余线条,结果如图 11-116 所示。

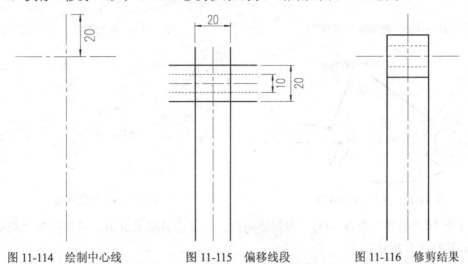

图 11-114 绘制中心线　　图 11-115 偏移线段　　图 11-116 修剪结果

(38) 执行"偏移"命令(O),将垂直中心线向左偏移 4.5mm 和 25.5mm,向右偏移 4.5mm,再将水平中心线向下侧偏移 32mm 和 28mm,并进行拉长处理,将偏移的线段都转换为"粗实线"图层,如图 11-117 所示。

(39) 执行"修剪"命令(TR),修剪多余线条及圆弧,结果如图 11-118 所示。

(40) 执行"圆"命令(C),在中间的四个直角处,绘制相切半径为 3mm 的圆,如图 11-119 所示。

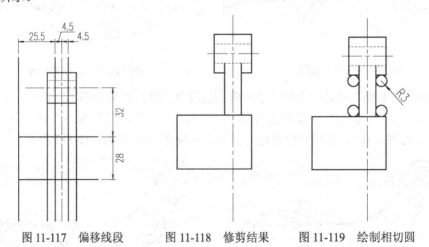

图 11-117 偏移线段　　图 11-118 修剪结果　　图 11-119 绘制相切圆

(41) 执行"修剪"命令(TR),修剪多余线条及圆弧,结果如图 11-120 所示。

(42) 执行"偏移"命令(O),将水平中心线向下侧偏移 46mm,再将偏移的中心线向上、下侧各偏移 8mm,并转换为"虚线"图层;再执行"修剪"命令(TR),修剪多余线条，结果如图 11-121 所示。

（43）执行"偏移"命令（O），将垂直中心线向左偏移 20mm，再将偏移的线段向左、右侧各偏移 4.5mm，并转换为"粗实线"图层，如图 11-122 所示。

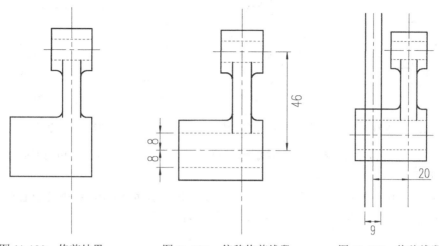

图 11-120　修剪结果　　　图 11-121　偏移修剪线段　　　图 11-122　偏移线段

（44）执行"修剪"命令（TR），修剪多余线条，结果如图 11-123 所示。

（45）执行"圆"命令（C），在下侧垂直线段两端直角处，绘制相切半径为 3mm 的圆；再执行"修剪"命令（TR），进行修剪，结果如图 11-124 所示。

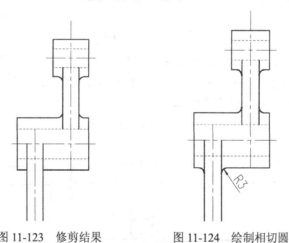

图 11-123　修剪结果　　　图 11-124　绘制相切圆

（46）执行"样条曲线"命令（SPL），在图形下方绘制一条断裂线；再执行"修剪"命令（TR），进行修剪，如图 11-125 所示。

（47）执行"旋转"命令（RO），选择图形，进行 30°的旋转操作，结果如图 11-126 所示，从而完成斜视图的绘制。

（48）执行"矩形"命令（REC），绘制 38mm×20mm 的矩形，如图 11-127 所示。

（49）切换到"中心线"图层，绘制高为 30mm 的垂直线段，与矩形居中对齐，如图 11-128 所示。

（50）执行"分解"命令（X），将矩形进行打散操作。

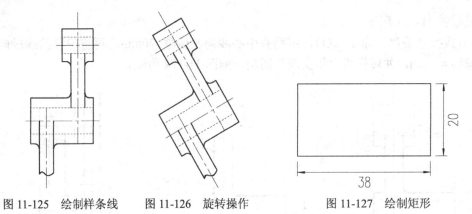

图 11-125　绘制样条线　　图 11-126　旋转操作　　图 11-127　绘制矩形

（51）执行"圆角"命令（F），对矩形的四个直角进行半径为 3mm 的圆角处理，如图 11-129 所示。

（52）执行"偏移"命令（O），将上侧水平线段向下偏移 5mm，将垂直中心线向左、右侧各偏移 3mm，并转换为"粗实线"图层，如图 11-130 所示。

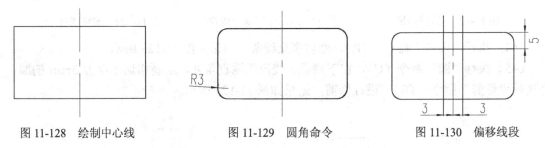

图 11-128　绘制中心线　　　　图 11-129　圆角命令　　　　图 11-130　偏移线段

（53）执行"修剪"命令（TR），修剪多余线条，结果如图 11-131 所示。

（54）切换到"粗实线"图层，执行"圆"命令（C），绘制半径为 3mm 的圆，使其象限点与下侧十字交点重合，如图 11-132 所示。

（55）执行"修剪"命令（TR），修剪多余线条及圆弧，结果如图 11-133 所示。

图 11-131　修剪结果　　　　图 11-132　绘制圆　　　　图 11-133　修剪线条及圆弧

（56）执行"复制"命令（CO），选择圆弧，向上移动复制 7mm，如图 11-134 所示。

（57）执行"旋转"命令（RO），将图形旋转 30°，旋转结果如图 11-135 所示。

（58）将"剖面线"图层置为当前图层，执行"图案填充"命令（H），选择样例为"ANSI-31"，比例为 0.5，在指定位置进行图案填充操作，结果如图 11-136 所示。

（59）切换到"文本"图层，执行"多行文字"命令（MT），输入技术要求内容，如图 11-137 所示。

第 11 章 叉架类零件的绘制

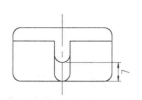 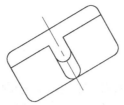 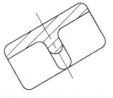

技术要求
1. 未注圆角R2-3。
2. 铸件不得有气孔、砂眼等缺陷。

图 11-134 复制对象　　图 11-135 旋转命令　　图 11-136 图案填充　　图 11-137 输入文字

（60）切换到"尺寸线"图层，对图形分别执行"线性标注"命令（DLI）、"半径标注"命令（DRA）、"直径标注"命令（DDI）、"角度标注"命令（DAN），"引线标注"命令（LE），对脚踏杆图形进行尺寸标注。

（61）切换到"细实线"图层，再执行"插入块"命令（I），插入"粗糙度符号"到图形相应位置，完成最终效果如图11-81所示。

（62）至此，该脚踏杆绘制完成，按"Ctrl+S"组合键对其文件进行保存。

> 叉架类零件结构较复杂，需经多种加工，常以工作位置或自然位置放置，主视图主要由形状特征和工作位置来确定。一般需要两个以上基本视图，并用斜视图、局部视图，以及剖视、断面等表达内外形状和细部结构，如图 11-138 所示。
>
>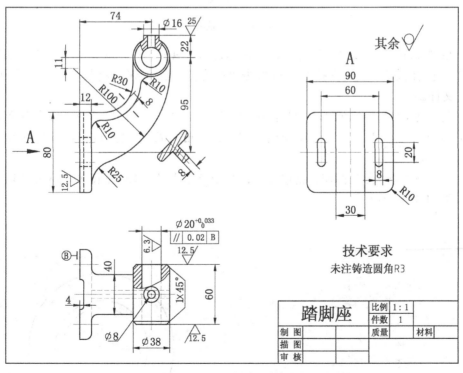
>
> 图 11-138　叉架类零件视图

11.5 轴架的绘制

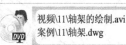
视频\11\轴架的绘制.avi
案例\11\轴架.dwg

首先绘制垂直中心线，绘制多个同心圆，执行偏移、修剪、绘制圆、直线、样条线等命令来绘制轴架主视图；其次向右绘制平行投影线，执行直线、偏移、修剪、圆角、圆弧、样条线等命令完成侧视图绘制；再次绘制矩形、绘制圆，执行修剪、旋转等命令完成主视图细节；最后对图案填充、尺寸标注来完成轴架的绘制，结果如图 11-139 所示。

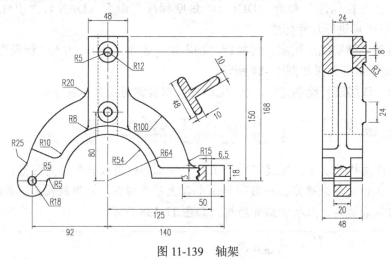

图 11-139 轴架

（1）启动 AutoCAD 2013 软件，在"快速访问工具栏"中，单击"打开"按钮，将"案例\11\机械样板.dwt"文件打开，再单击"另存为"按钮，将其另存为"案例\11\轴架.dwg"文件。

（2）在"常用"选项卡的"图层"面板中，选择"中心线"图层，使之成为当前图层。

（3）执行"直线"命令（L），绘制长为 220mm、高为 200mm 且垂直的线段，如图 11-140 所示。

（4）切换到"粗实线"图层，拾取交点，绘制半径分别为 100mm、64mm 和 54mm 的同心圆，如图 11-141 所示。

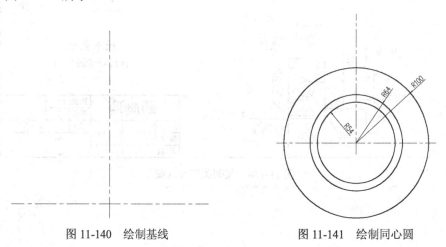

图 11-140 绘制基线　　　　　图 11-141 绘制同心圆

（5）执行"修剪"命令（TR），修剪多余圆弧，结果如图 11-142 所示。

（6）执行"偏移"命令（O），将水平中心线向上偏移 168mm，将垂直中心线向左、右侧各偏移 24mm，并将偏移的线段转换为"粗实线"图层，如图 11-143 所示。

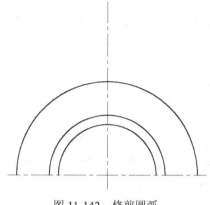

图 11-142　修剪圆弧

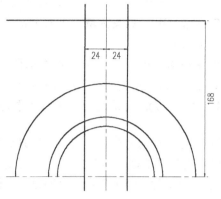

图 11-143　偏移线段

（7）执行"修剪"命令（TR），修剪多余线条，结果如图 11-144 所示。

（8）执行"圆"命令（C），在垂直线段和大圆两边夹角处，各绘制相切半径为 20mm 的圆；在垂直线段下端点夹角处，各绘制相切半径为 8mm 的圆，如图 11-145 所示。

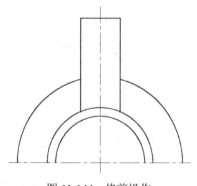

图 11-144　修剪操作

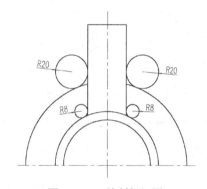

图 11-145　绘制相切圆

拉长是对线性对象的命令，它可以改变一些非闭合直线、圆弧，非闭合多段线、椭圆弧及非闭合的样条曲线等的长度，还可以改变圆弧的角度。

用户可以通过以下任意一种方式来执行"拉长"命令。

◆ 在"常用"标签下的"修改"面板中单击"拉长"按钮 。
◆ 在命令行中输入"LENGTHEN"（其快捷键为"LEN"）。

在"拉长"命令的过程中，其命令行提示如下。

命令:LENGTHEN	\\ 执行"拉长"命令
选择对象或 [增量(DE)/百分数(P)/全部(T)/动态(DY)]:	\\ 选择"增量(DE)"选项
输入长度增量或 [角度(A)] <0.0000>:	\\ 输入增量长度

选择要修改的对象或 [放弃(U)]:	\\ 选择拉长对象
选择要修改的对象或 [放弃(U)]:	\\ 按空格键结束

在执行"拉长"命令时，各选项内容的功能与含义如下。

- ◆ 增量(DE)：指定以增量方式来修改对象的长度，该增量从距离选择点最近的端点处开始测量。
- ◆ 百分数(P)：可按百分比形式来改变对象的长度。
- ◆ 全部(T)：可通过指定对象的新长度来改变其总长度。
- ◆ 动态(DY)：可通过动态拖动对象的端点来改变其长度。

（9）执行"修剪"命令（TR），修剪多余线条及圆弧，结果如图11-146所示。

（10）执行"偏移"命令（O），将垂直中心线向左、右侧各偏移12mm，并转换为"虚线"图层；再执行"修剪"命令（TR），进行修剪，结果如图11-147所示。

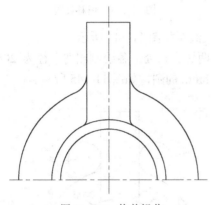

图11-146 修剪操作

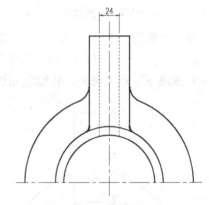

图11-147 偏移线段（一）

（11）执行"偏移"命令（O），将水平中心线向上偏移80mm和70mm，如图11-148所示。

（12）执行"圆"命令（C），拾取偏移交点，绘制半径为12mm和5mm的同心圆，如图11-149所示。

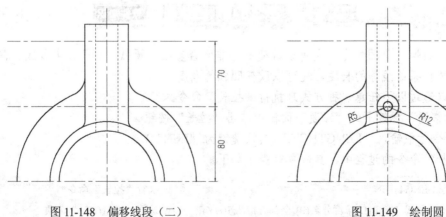

图11-148 偏移线段（二）

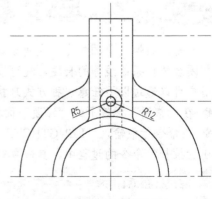

图11-149 绘制圆

（13）执行"复制"命令（CO），将同心圆移动并复制到上侧交点，如图11-150所示。

(14) 执行"直线"命令（L），捕捉下侧中心点绘制158°的斜线段，如图11-151所示。

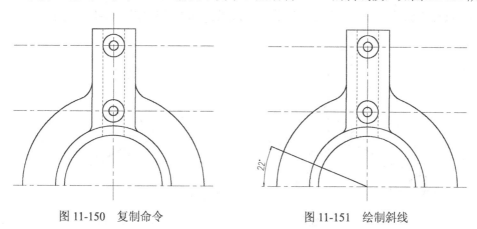

图 11-150　复制命令　　　　　　图 11-151　绘制斜线

(15) 执行"圆"命令（C），如图 11-152 所示，在斜线和圆弧夹角处绘制相切半径为10mm 的圆。

(16) 执行"修剪"命令（TR），修剪多余线条及圆弧，结果如图 11-153 所示。

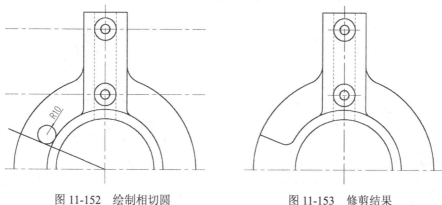

图 11-152　绘制相切圆　　　　　　图 11-153　修剪结果

(17) 执行"偏移"命令（O），将垂直中心线向左侧偏移92mm，如图 11-154 所示。

(18) 执行"圆"命令（C），在交点绘制半径为 18mm 和 5mm 的同心圆，如图 11-155 所示。

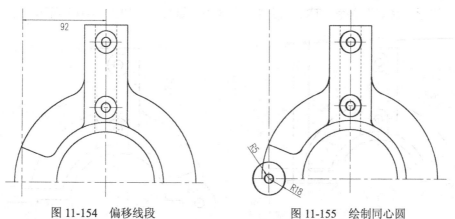

图 11-154　偏移线段　　　　　　图 11-155　绘制同心圆

(19) 执行"偏移"命令（O），将水平中心线向上侧偏移 3mm，并转换为"粗实线"图层,如图 11-156 所示。

(20)执行"修剪"命令(TR),修剪多余线条,修剪效果如图 11-157 所示。

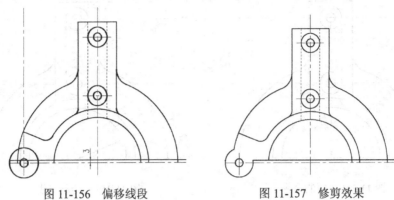

图 11-156　偏移线段　　　　　　　图 11-157　修剪效果

(21)执行"圆"命令(C),拾取左外侧两个圆弧切点,绘制相切半径为 25mm 的圆,同样,在水平线段和左圆下端相交处绘制相切半径为 5mm 的圆,如图 11-158 所示。

(22)执行"修剪"命令(TR),修剪多余线条及圆弧,修剪效果如图 11-159 所示。

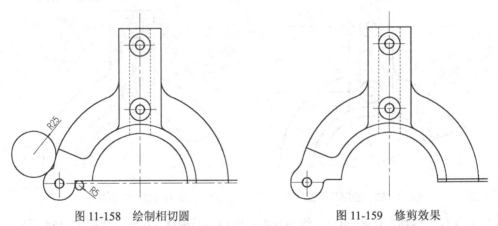

图 11-158　绘制相切圆　　　　　　　图 11-159　修剪效果

(23)执行"偏移"命令(O),将垂直中心线向右分别偏移 90mm、20mm 和 30mm,并转换为"粗实线"图层,再将右侧水平线段向上偏移 15mm 和 3mm,如图 11-160 所示。

(24)执行"修剪"命令(TR),修剪多余线条,修剪结果如图 11-161 所示。

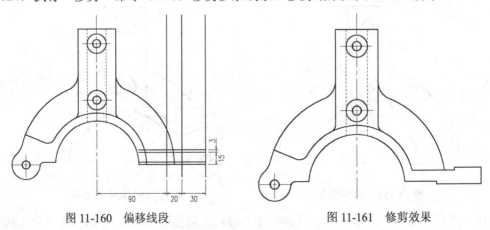

图 11-160　偏移线段　　　　　　　图 11-161　修剪效果

（25）执行"圆"命令（C），在右圆弧外侧和水平线段夹角处，如图 11-162 所示，分别绘制半径为 15mm 和半径 5mm 相切的圆。

（26）执行"修剪"命令（TR），修剪多余线条；再执行"偏移"命令（O），将右侧垂直线段向左偏移 15mm 和 6.5mm，将偏移 15mm 的线段转换为"中心线"图层，结果如图 11-163 所示。

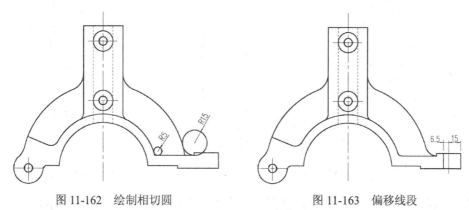

图 11-162　绘制相切圆　　　　图 11-163　偏移线段

（27）执行"样条曲线"命令（SPL），如图 11-164 所示，拾取垂直端点，向下绘制一条断裂线。

（28）执行"构造线"命令（XL），绘制图形的水平投影线，如图 11-165 所示。

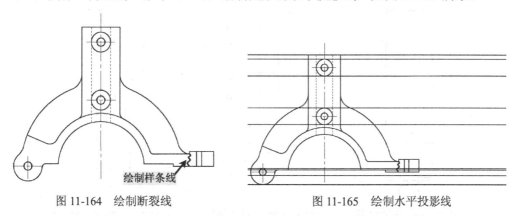

图 11-164　绘制断裂线　　　　图 11-165　绘制水平投影线

（29）执行"直线"命令（L），连接上、下水平线，绘制垂直线段；再执行"偏移"命令（O），将垂直线段向右偏移 48mm 和 4mm，如图 11-166 所示。

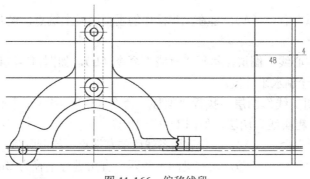

图 11-166　偏移线段

(30) 执行"修剪"命令（TR），修剪多余线条，修剪效果如图 11-167 所示。

(31) 执行"偏移"命令（O），将下侧水平线段向上偏移 45mm 和 10mm，再将左、右垂直线段各向内偏移 14mm，如图 11-168 所示。

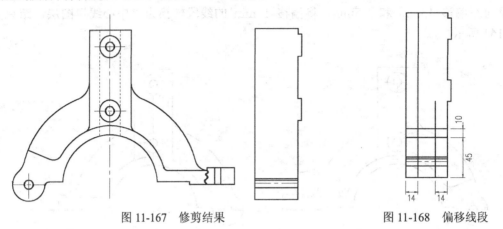

图 11-167　修剪结果　　　　　　　　图 11-168　偏移线段

(32) 执行"修剪"命令（TR），修剪多余线条，修剪效果如图 11-169 所示。

(33) 执行"偏移"命令（O），将上侧水平线段向下偏移 62mm，再将左、右垂直线段各向内偏移 19mm，如图 11-170 所示。

(34) 执行"修剪"命令（TR），修剪多余线条，结果如图 11-171 所示。

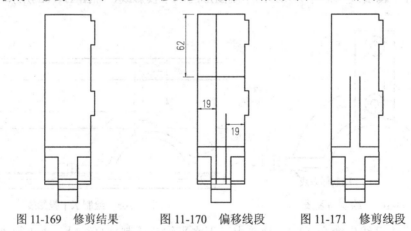

图 11-169　修剪结果　　　图 11-170　偏移线段　　　图 11-171　修剪线段

(35) 执行"圆角"命令（F），将修剪的直角进行半径为 5mm 的倒圆角处理，如图 11-172 所示。

(36) 执行"圆弧"命令（A），各在上步操作的垂直线段上端点，绘制圆弧，如图 11-173 所示。

(37) 切换到"中心线"图层，执行"直线"命令（L），如图 11-174 所示，捕捉垂直线段中点，拖动鼠标，绘制水平线段。

(38) 切换到"粗实线"图层，执行"偏移"命令（O），将水平中心线向上、下侧各偏移 4mm，并转换为"粗实线"图层，如图 11-175 所示。

(39) 执行"圆弧"命令（A），以偏移两条线段的左端点，绘制圆弧，如图 11-176 所示。

(40) 执行"圆角"命令（F），在右侧凹下的四个直角进行半径为 3mm 的倒圆角处理，如图 11-177 所示。

第 11 章 叉架类零件的绘制

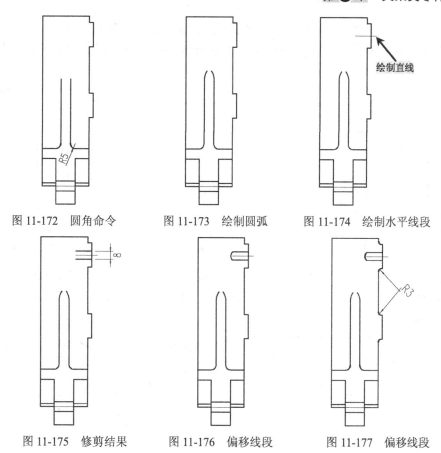

图 11-172　圆角命令　　图 11-173　绘制圆弧　　图 11-174　绘制水平线段

图 11-175　修剪结果　　图 11-176　偏移线段　　图 11-177　偏移线段

（41）执行"样条曲线"命令（SPL），如图 11-178 所示，在图形相应处绘制两条断裂线。

（42）执行"偏移"命令（O），将左垂直线段向右偏移 12mm 和 24mm，再将上侧水平线段向下偏移 114mm，并转换为"虚线"图层，如图 11-179 所示。

（43）执行"打断"命令（BR），将偏移的两条垂直线段，在和样条线交点处进行打断处理，再将打断的下半部分转换为"虚线"图层，再执行"修剪"命令（TR），修剪多余线条，结果如图 11-180 所示。

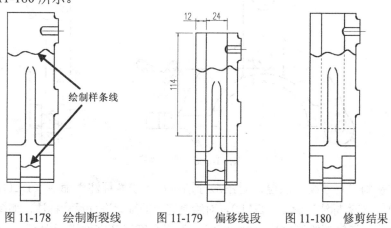

图 11-178　绘制断裂线　　图 11-179　偏移线段　　图 11-180　修剪结果

（44）执行"矩形"命令（REC），绘制 48mm×10mm 和 10mm×35mm 的矩形，并水平居中对齐，如图 11-181 所示。

（45）执行"修剪"命令（TR），修剪多余线条，修剪效果如图 11-182 所示。

（46）执行"圆"命令（C），分别绘制半径为 5mm 的圆，使圆象限点和线段中点重合，如图 11-183 所示。

图 11-181　绘制矩形　　　　图 11-182　修剪线段　　　　图 11-183　绘制圆

（47）执行"修剪"命令（TR），修剪多余线条及圆弧，修剪结果如图 11-184 所示。

（48）执行"旋转"命令（RO），拾取图形，对图形进行 120°的旋转处理，结果如图 11-185 所示。

图 11-184　修剪结果　　　　图 11-185　旋转操作

（49）将"剖面线"图层置为当前图层，执行"图案填充"命令（H），选择样例为"ANSI-31"，比例为 1.5，在指定位置进行图案填充操作，结果如图 11-186 所示。

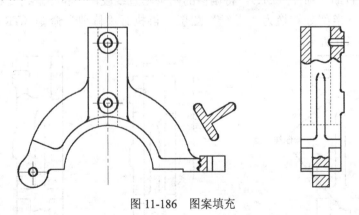

图 11-186　图案填充

（50）切换到"尺寸线"图层，对图形分别执行"线性标注"命令（DLI）、"半径标注"命令（DRA）、"对齐标注"命令（DAL），对绘制完成的轴架进行尺寸标注，如图 11-139 所示。

（51）至此，该轴架绘制完成，按"Ctrl+S"组合键对其文件进行保存。

第11章 叉架类零件的绘制

叉架类零件的长、宽、高方向的主要基准，一般为加工的大底面、对称平面或大孔的轴线。其上的定位尺寸较多，一般注出孔的轴线（中心）间的距离，或孔轴线到平面间的距离，或平面到平面间的距离。定形尺寸多按形体分析法标注，内外结构形状要保持一致，如图11-187所示。

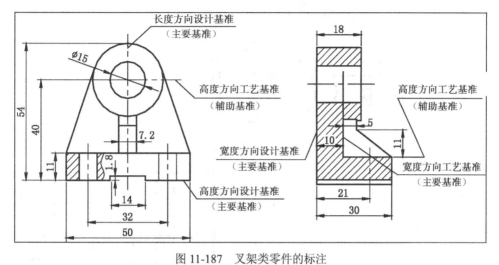

图11-187 叉架类零件的标注

11.6 导向支架的绘制

视频\11\导向支架的绘制.avi
案例\11\导向支架.dwg

首先，绘制垂直基线，通过偏移、修剪命令绘制基本轮廓；其次，执行偏移、修剪、圆、矩形、倒角等命令，绘制主视图；第三，由主视图向右绘制平行投影线，执行直线、偏移、修剪、圆、矩形、打断、样条线等命令完成左视图绘制；第四，执行构造线绘制主视图的垂直投影线，执行直线、偏移、修剪、圆、打断、阵列、样条线等命令绘制俯视图；最后进行图案填充、尺寸标注，最终效果如图11-188所示。

（1）启动 AutoCAD 2013 软件，在"快速访问工具栏"中，单击"打开" 按钮，将"案例\11\机械样板.dwt"文件打开，再单击"另存为"按钮，将其另存为"案例\11\导向支架.dwg"文件。

（2）在"常用"选项卡的"图层"面板中，选择"中心线"图层，使之成为当前图层。

（3）执行"直线"命令（L），绘制高为120mm的垂直线段；切换到"粗实线"图层，执行"直线"命令（L），绘制长为180mm的水平线段，与前面线段垂直相交，如图11-189所示。

（4）执行"偏移"命令（O），将垂直中心线向左、右侧各偏移25mm、18mm和42mm，并转换为"粗实线"图层，再将水平线段向上偏移44mm和65mm，如图11-190所示。

（5）执行"修剪"命令（TR），修剪多余线条，结果如图11-191所示。

（6）执行"偏移"命令（O），将上侧水平线段向下分别偏移16mm和64mm，再将右侧垂直线段向左偏移48mm，如图11-192所示。

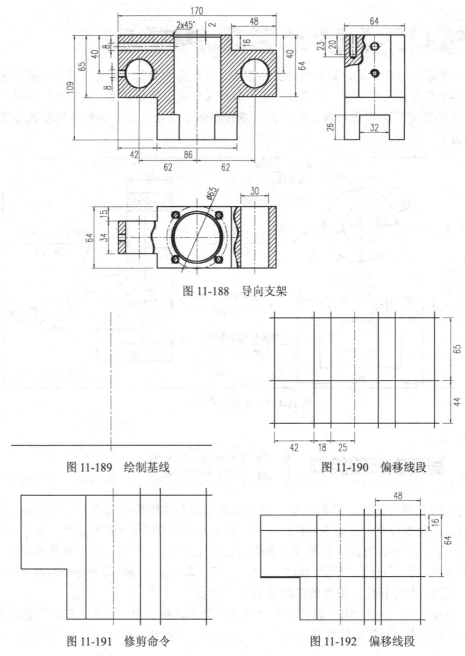

图 11-188 导向支架

图 11-189 绘制基线

图 11-190 偏移线段

图 11-191 修剪命令

图 11-192 偏移线段

（7）执行"修剪"命令（TR），修剪多余线条，结果如图 11-193 所示。

（8）执行"偏移"命令（O），将下侧水平线段向上偏移 26mm，再将垂直中心线向左、右侧各偏移 19mm，如图 11-194 所示。

（9）执行"修剪"命令（TR），修剪多余线条，结果如图 11-195 所示。

（10）执行"偏移"命令（O），将垂直中心线向左、右侧各偏移 62mm，再将上侧水平线段向下偏移 40mm，并转换为"中心线"图层，如图 11-196 所示。

（11）执行"圆"命令（C），拾取两侧中心交点绘制半径为 15mm 的圆，执行"修剪"命令（TR），对十字线进行修剪，结果如图 11-197 所示。

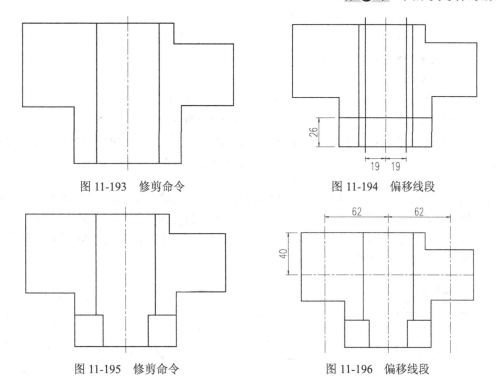

图 11-193 修剪命令　　　　　图 11-194 偏移线段

图 11-195 修剪命令　　　　　图 11-196 偏移线段

（12）执行"偏移"命令（O），将左侧水平中心线向上、下侧各偏移 3mm 和 4mm，并将外面线段转换为"细实线"图层，如图 11-198 所示。

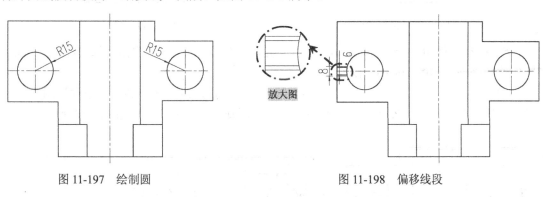

图 11-197 绘制圆　　　　　　图 11-198 偏移线段

拉长是对线性对象的命令，它可以改变一些非闭合直线、圆弧，非闭合多段线、椭圆弧及非闭合的样条曲线等的长度，还可以改变圆弧的角度。

延伸是将未闭合的直线、圆等图形对象延伸到一个边界对象，使其与边界相交，但用户在选择要延伸的对象时，一定要选择在靠近延伸的端点位置处单击。用户可以通过以下任意一种方式来执行"延伸"命令。

◆ 在"常用"选项卡的"修改"面板中单击"延伸"按钮 --/。
◆ 在命令行中输入"EXTEND"(其快捷键为"EX"）。

在执行"延伸"命令过程中，其命令行提示如下。

```
命令:EXTEND                              \\ 执行"延伸"命令
当前设置:投影=UCS，边=延伸                \\ 显示当前设置
选择边界的边...
选择对象或 <全部选择>： 找到 1 个         \\ 指定延伸到的边界
选择对象：                                \\ 选择要延伸的对象
选择要延伸的对象，或按住 Shift 键选择要修剪的对象，或[栏选(F)/窗交(C)/投影(P)/边(E)/放
弃(U)]：                                  \\ 选择要延伸至的边
```

（13）执行"偏移"命令（O），将上侧水平线段向下偏移 12mm，并转换为"中心线"图层，再将中心线向上、下侧各偏移 4mm，并转换为"粗实线"图层，如图 11-199 所示。

（14）执行"矩形"命令（REC），绘制 54mm×2mm 矩形，如图 11-200 所示，使其中点与图形上侧十字中心交点重合。

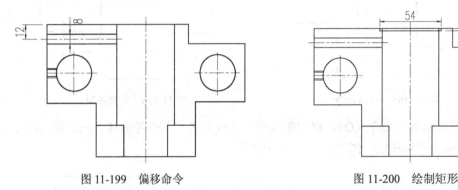

图 11-199　偏移命令　　　　　　　　图 11-200　绘制矩形

（15）执行"倒角"命令（CHA），选择"角度"（A），对矩形下端点两直角进行 2mm×45°的倒角处理，如图 11-201 所示。

（16）执行"构造线"命令（XL），绘制图形的平行投影线；切换到"中心线"图层，再执行"直线"命令（L），连接上、下水平线段，绘制垂直中心线段，如图 11-202 所示。

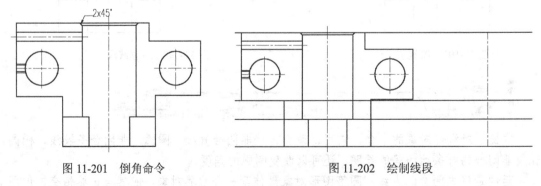

图 11-201　倒角命令　　　　　　　　图 11-202　绘制线段

（17）执行"偏移"命令（O），将垂直中心线向左、右侧各偏移 16mm 和 16mm，如图 11-203 所示。

（18）执行"修剪"命令（TR），修剪多余线条，结果如图 11-204 所示。

（19）执行"偏移"命令（O），将垂直中心线向左、右侧各偏移 17mm，并转换为"粗实线"图层；再执行"修剪"命令（TR），修剪结果如图 11-205 所示。

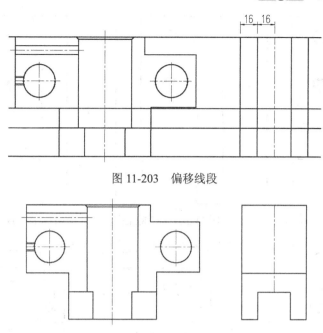

图 11-203　偏移线段

图 11-204　修剪结果

（20）执行"偏移"命令（O），将上侧水平线段向下偏移 12mm 和 40mm，并转换为"中心线"图层，如图 11-206 所示。

（21）执行"圆"命令（C），分别在上、下的中心交点绘制半径为 4mm 的圆，如图 11-207 所示。

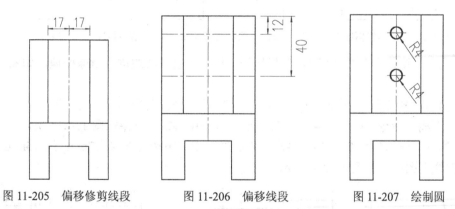

图 11-205　偏移修剪线段　　图 11-206　偏移线段　　图 11-207　绘制圆

（22）执行"偏移"命令（O），将下侧圆向内偏移 1mm，如图 11-208 所示。

（23）执行"打断"命令（BR），如图 11-209 所示，将上步偏移源对象，在左下 1/4 交点处进行打断操作。

（24）执行"样条曲线"命令（SPL），在相应的位置绘制断裂线，如图 11-210 所示。

（25）执行"偏移"命令（O），将左垂直线段向右偏移 9mm，并转换为"中心线"图层；再执行"修剪"命令（TR），进行相应修剪，结果如图 11-211 所示。

（26）执行"矩形"命令（REC），绘制 20mm×8mm，23mm×6mm 的矩形，且矩形上侧居中对齐，将前者矩形转换为"细实线"图层，然后将矩形对齐点与垂直中心线上端点重合，如图 11-212 所示。

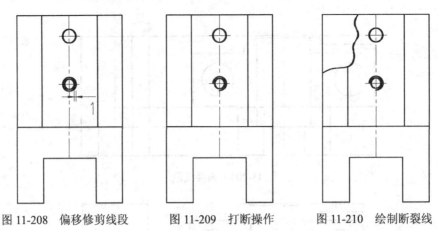

图 11-208　偏移修剪线段　　图 11-209　打断操作　　图 11-210　绘制断裂线

（27）执行"直线"命令（L），拾取矩形下侧直角点，绘制-30°的斜线，如图 11-213 所示。

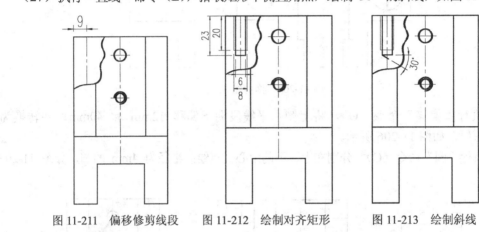

图 11-211　偏移修剪线段　　图 11-212　绘制对齐矩形　　图 11-213　绘制斜线

（28）执行"镜像"命令（MI），选择斜线，以左垂直中心线进行镜像处理，如图 11-214 所示。

（29）执行"构造线"命令（XL），向下绘制图形的垂直投影线；切换到"中心线"图层，执行"直线"命令（L），连接投影线，绘制水平中心线，结果如图 11-215 所示。

（30）执行"偏移"命令（O），将水平中心线向上、下侧各偏移 17mm 和 15mm，并转换为"粗实线"图层，如图 11-216 所示。

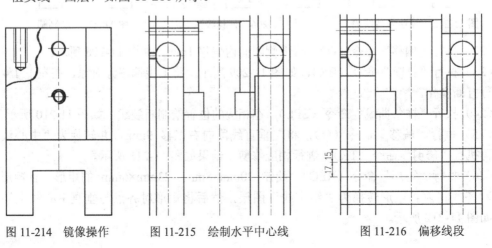

图 11-214　镜像操作　　图 11-215　绘制水平中心线　　图 11-216　偏移线段

（31）执行"修剪"命令（TR），修剪多余线条，结果如图 11-217 所示。

（32）执行"圆"命令（C），拾取图形中心交点，绘制半径分别为 32.5mm、25mm 和 27mm 的同心圆，并将两个小圆转换为"粗实线"图层，如图 11-218 所示。

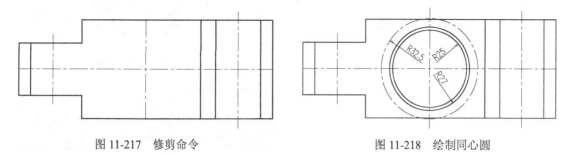

图 11-217　修剪命令　　　　　　　　　图 11-218　绘制同心圆

（33）执行"直线"命令（L），拾取中心点，绘制45°的斜线，如图 11-219 所示。

（34）切换到"粗实线"图层，拾取中心圆和斜线交点绘制直径为 8mm 和 6mm 的同心圆，结果如图 11-220 所示。

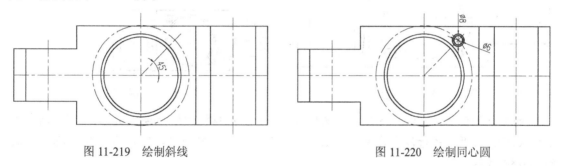

图 11-219　绘制斜线　　　　　　　　　图 11-220　绘制同心圆

（35）执行"修剪"命令（TR），修剪多余线段和圆弧，结果如图 11- 221 所示。

（36）执行"阵列"命令（AR），选择两小圆和斜线对象，再选择"极轴(PO)"选项，再捕捉大圆心作为环形阵列的中心点，并输入项目数为 4，填充角度为 360，阵列结果如图 11-222 所示。

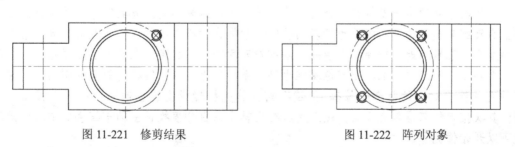

图 11-221　修剪结果　　　　　　　　　图 11-222　阵列对象

（37）执行"偏移"命令（O），将水平中心线向上、下侧各偏移 3mm 和 4mm，将外侧线段转换为"细实线"图层，如图 11-223 所示。

（38）执行"样条曲线"命令（SPL），如图 11-224 所示，在图形相应处绘制两条断裂线。

（39）执行"修剪"命令（TR），修剪多余线条，结果如图 11-225 所示。

（40）将"剖面线"图层置为当前图层，执行"图案填充"命令（H），选择样例为"ANSI-31"，比例为1，在指定位置进行图案填充操作，结果如图 11-226 所示。

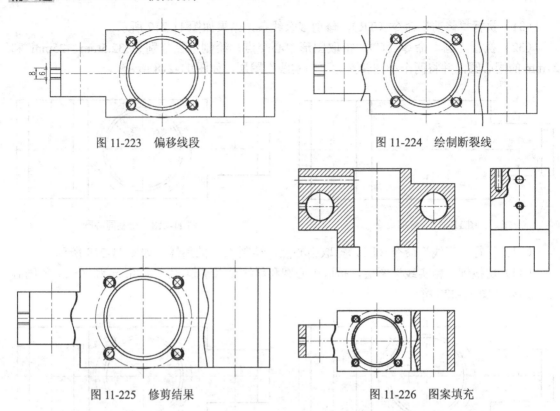

图 11-223　偏移线段　　　　　　　图 11-224　绘制断裂线

图 11-225　修剪结果　　　　　　　图 11-226　图案填充

（41）切换到"尺寸线"图层，对图形分别执行"线性标注"命令（DLI）、"半径标注"命令（DRA）、"对齐标注"命令（DAL），对绘制完成的导向支架图形进行尺寸标注，如图 11-188 所示。

（42）至此，该导向支架绘制完成，按"Ctrl+S"组合键对其文件进行保存。

　　叉架类零件通常是安装在机器设备的基础件上、装配和支持着其他零件的构件。当叉架上有装配轴类等零件用的位置精确的孔时，常需在镗床上镗削。当叉架批量大、镗孔位置精度高、孔数多时，镗模是有效的镗削前对刀用的工艺装备。在镗模上，根据叉架的设计基准确定工艺定位基准，以定位基准为坐标系的原点，以足够精度的坐标制出与叉架相应的孔并镶有耐磨的衬套（镗套）。镗孔前，首先将镗模安装在镗床台面上，找正、紧固；其次按定位基准装夹叉架；然后用装在主轴上的百分表找正主轴与镗套的中心；最后就可以开始镗孔了。

第12章

箱体类零件的绘制

本章导读

箱体类零件是机械及其部件的基础，它将机械部件中的轴、轴承、套和齿轮等零件按一定的相互位置关系装配在一起，按规定的传动关系协调运动，一般起支承、容纳、定位和密封等作用。此类零件的结构往往较为复杂，一般带有空腔、轴孔、肋板、凸台、沉孔及螺孔等结构。

主要内容

- ☑ 掌握蜗轮箱的绘制方法
- ☑ 掌握尾座的绘制方法
- ☑ 掌握升降机箱体的绘制方法
- ☑ 掌握变速箱下箱体的绘制方法

效果预览

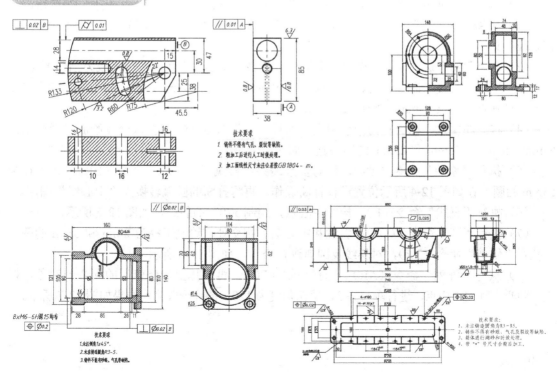

12.1 蜗轮箱的绘制

视频\12\蜗轮箱的绘制.avi
案例\12\蜗轮箱.dwg

首先绘制垂直中心基线，再执行圆、直线、阵列、修剪、偏移、圆角等命令来绘制主视图；其次根据主视图绘制平行投影线，执行直线、偏移、修剪、圆、圆角等命令完成左视图；再次执行矩形、偏移、圆、修剪等命令，绘制俯视图，且与主视图下侧对齐；最后进行图案填充、尺寸标注等，最终效果如图12-1所示。

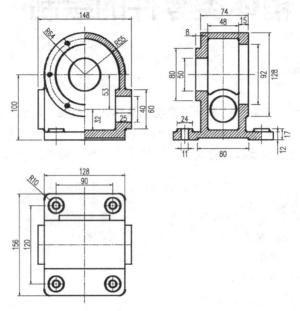

图12-1 蜗轮箱

（1）启动 AutoCAD 2013 软件，在"快速访问工具栏"中，单击"打开" 按钮，将"案例\12\机械样板.dwt"文件打开，再单击"另存为"按钮，将其另存为"案例\12\蜗轮箱.dwg"文件。

（2）在"常用"选项卡的"图层"面板中，选择"中心线"图层，使之成为当前图层。

（3）执行"直线"命令（L），绘制长为140mm、高为170mm垂直的中心线，使水平线中点距离垂直上端点63mm，如图12-2所示。

（4）将"粗实线"图层置为当前图层，执行"圆"命令（C），拾取交点绘制半径分别为64mm、55mm、46mm和25mm的同心圆，如图12-3所示。

（5）执行"修剪"命令（TR），修剪多余线条；再执行"打断"命令（BR），将半径为55mm的圆，在如图12-4所示位置进行打断操作，再将打断的圆弧转换为"中心线"图层。

（6）执行"直线"命令（L），拾取中心点，绘制120°的斜线，如图12-5所示。

（7）执行"圆"命令（C），在斜线和中心圆弧相交处，绘制半径为2mm和3mm的圆；再执行"修剪"命令（TR），对斜线及圆弧进行修剪，如图12-6所示。

（8）执行"阵列"命令（AR），选择极轴（PO），再选择上步修剪后的同心圆对象，以大圆圆心为阵列中心点，进行项目为3，填充角度为120°的环形阵列，结果如图12-7所示。

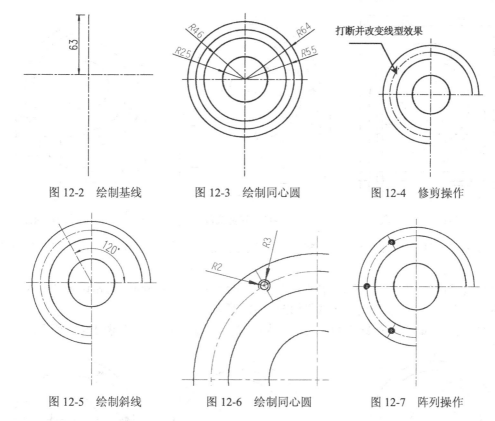

图 12-2 绘制基线　　图 12-3 绘制同心圆　　图 12-4 修剪操作

图 12-5 绘制斜线　　图 12-6 绘制同心圆　　图 12-7 阵列操作

（9）执行"偏移"命令（O），将水平中心线向下偏移 88mm 和 12mm，如图 12-8 所示。

（10）执行"直线"命令（L），将圆弧象限点和下侧的水平线垂直连接，如图 12-9 所示。

（11）执行"偏移"命令（O），水平中心线向下偏移 53mm，再将偏移后的中心线段向上、下侧各偏移 20mm 和 30mm，如图 12-10 所示。

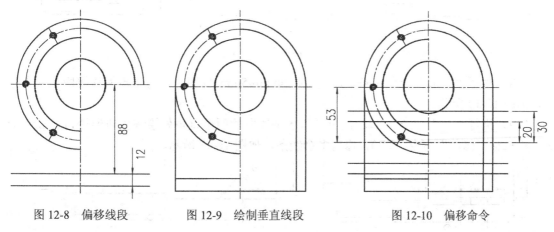

图 12-8 偏移线段　　图 12-9 绘制垂直线段　　图 12-10 偏移命令

（12）执行"偏移"命令（O），将垂直中心线向左偏移 74mm，向右偏移 49mm 和 25mm，如图 12-11 所示。

（13）执行"修剪"命令（TR），修剪多余线条，如图 12-12 所示。

（14）执行"偏移"命令（O），将下侧水平中心线向下偏移 32mm 和 12mm，并转换为"粗实线"图层；再执行"修剪"命令（TR），进行修剪，结果如图 12-13 所示。

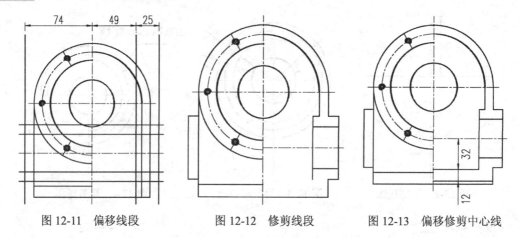

图 12-11　偏移线段　　　　图 12-12　修剪线段　　　　图 12-13　偏移修剪中心线

（15）执行"圆角"命令（F），将图形右侧指定的直角进行半径为 3mm 的圆角处理，如图 12-14 所示。

（16）执行"圆"命令（C），在左侧指定角位绘制半径为 3mm 的相切圆，再执行"修剪"命令（TR），修剪多余线条，结果如图 12-15 所示。

（17）执行"偏移"命令（O），将垂直中心线向左偏移 45mm，如图 12-16 所示。

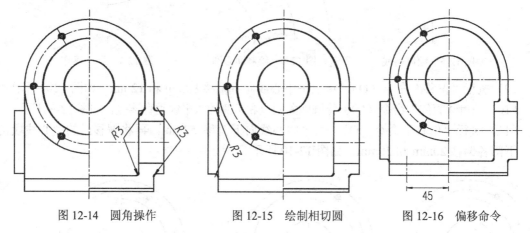

图 12-14　圆角操作　　　　图 12-15　绘制相切圆　　　　图 12-16　偏移命令

（18）执行"矩形"命令（REC），绘制 24mm×5mm 的矩形，与上步偏移线段上交点重合，如图 12-17 所示。

（19）执行"圆"命令（C），在矩形和水平线段的两个直角处绘制相切半径为 3mm 的圆；再执行"修剪"命令（TR），修剪多余线条，如图 12-18 所示。

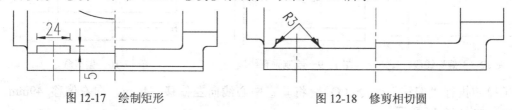

图 12-17　绘制矩形　　　　　　　　图 12-18　修剪相切圆

（20）执行"构造线"命令（XL），绘制主视图的水平投影线；切换到"中心线"图层，执行"直线"命令（L），连接水平线段，绘制垂直中心线，如图 12-19 所示。

（21）执行"偏移"命令（O），将垂直中心线向左侧偏移 43mm 和 35mm，向右侧偏移 39mm 和 39mm，并转换为"粗实线"图层，如图 12-20 所示。

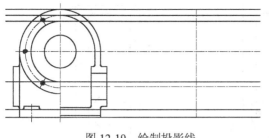
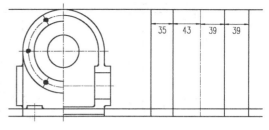

图 12-19　绘制投影线　　　　　　　图 12-20　偏移线段

（22）执行"修剪"命令（TR），修剪多余线条，结果如图 12-21 所示。

（23）执行"偏移"命令（O），将垂直中心线向左偏移 24mm，再向右偏移 24mm 和 11mm；再以主视图绘制投影线，如图 12-22 所示。

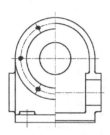
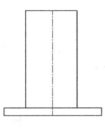
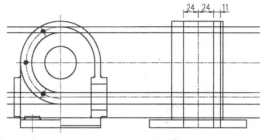

图 12-21　修剪结果　　　　　　　　图 12-22　偏移线段

（24）执行"修剪"命令（TR），修剪多余线条，如图 12-23 所示。

（25）执行"偏移"命令（O），将左垂直线段向右偏移 8mm，再将水平中心线向上、下侧各偏移 25mm 和 15mm，并转换为"粗实线"图层，如图 12-24 所示。

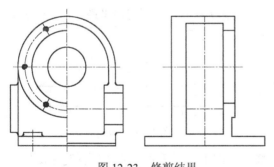
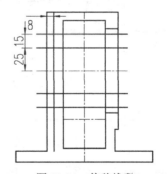

图 12-23　修剪结果　　　　　　　　图 12-24　偏移线段

（26）执行"修剪"命令（TR），修剪多余线条，结果如图 12-25 所示。

（27）执行"圆"命令（C），捕捉下侧中心点，绘制半径为 30mm 和 20mm 的同心圆，如图 12-26 所示。

（28）执行"修剪"命令（TR），修剪多余圆弧，如图 12-27 所示。

（29）执行"圆"命令（C），在圆弧左、右端点夹角处绘制半径为 3mm 的相切圆；再执行"修剪"命令（TR），修剪多余线条，结果如图 12-28 所示。

（30）执行"圆角"命令（F），将图形中间矩形的四个直角和图形右侧凹槽内的直角，进行半径为 3mm 的圆角处理，如图 12-29 所示。

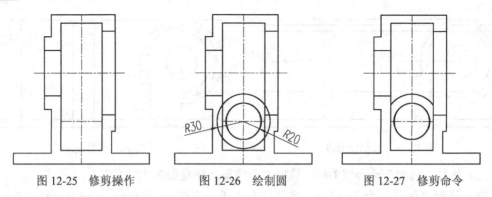

图 12-25　修剪操作　　　图 12-26　绘制圆　　　图 12-27　修剪命令

（31）执行"偏移"命令（O），将垂直中心线向左、右侧各偏移 60mm，在将左侧偏移的中心线段向其左、右侧各偏移 5.5mm，如图 12-30 所示。

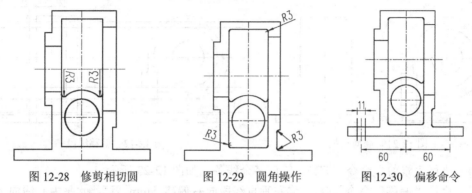

图 12-28　修剪相切圆　　　图 12-29　圆角操作　　　图 12-30　偏移命令

（32）执行"矩形"命令（REC），绘制 24mm×5mm 的矩形，使其水平中点与偏移的垂直中心线上侧交点重合，如图 12-31 所示。

（33）执行"圆"命令（C），在矩形和水平线段夹角处绘制相切半径为 3mm 的圆，再执行"修剪"命令（TR），进行修剪，结果如图 12-32 所示。

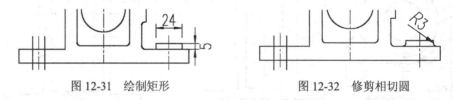

图 12-31　绘制矩形　　　　　　　图 12-32　修剪相切圆

（34）执行"镜像"命令（MI），选择修剪的图形，以垂直中心线进行镜像操作；再执行"修剪"命令（TR），修剪左侧多余线条，结果如图 12-33 所示。

（35）执行"圆角"命令（F），如图 12-34 所示，对图形指定直角进行半径为 3mm 的圆角。

（36）执行"偏移"命令（O），将下侧水平线段向上偏移 3mm，再将垂直中心线向左、右侧各偏移 40mm，并将偏移后的线段转换为"粗实线"图层；再执行"修剪"命令（TR），修剪多余线条，结果如图 12-35 所示。

（37）执行"圆角"命令（F），对上步修剪完的两个直角进行半径为 3mm 的圆角，如图 12-36 所示。

（38）将"剖面线"图层置为当前图层，执行"图案填充"命令（H），选择样例为"ANSI-31"，比例为 1，在指定位置进行图案填充操作，结果如图 12-37 所示。

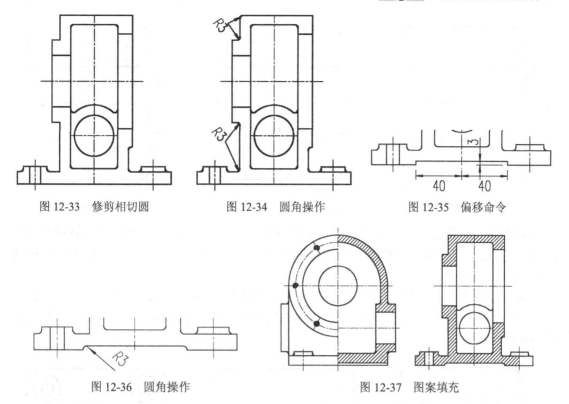

图 12-33 修剪相切圆　　图 12-34 圆角操作　　图 12-35 偏移命令

图 12-36 圆角操作　　　　图 12-37 图案填充

（39）执行"矩形"命令（REC），选择"圆角"（F），输入半径为 10mm，绘制 128mm×156mm 的圆角矩形，如图 12-38 所示。

（40）切换到"中心线"图层，执行"直线"命令（L），绘制经过矩形水平、垂直中点的中心线段，如图 12-39 所示。

（41）执行"偏移"命令（O），将水平中心线向上、下侧各偏移 37mm，并转换为"粗实线"图层；再执行"修剪"命令（TR），修剪结果如图 12-40 所示。

图 12-38 绘制矩形　　图 12-39 绘制中心线　　图 12-40 偏移命令

（42）切换到"粗实线"图层，执行"矩形"命令（REC），绘制 10mm×60mm 的矩形使右垂直中点与图形左侧垂直中点重合，如图 12-41 所示。

（43）执行"镜像"命令（MI），选择矩形，以垂直中心线进行镜像，结果如图 12-42 所示。

（44）执行"矩形"命令（REC），绘制 80mm×8mm 的矩形，使矩形水平中点与图形中间十字交点对齐，如图 12-43 所示。

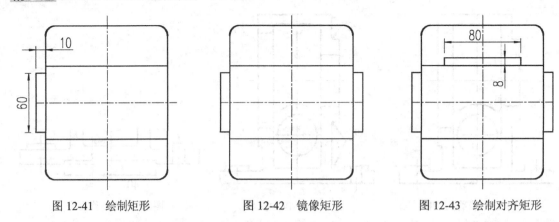

图 12-41 绘制矩形　　　　图 12-42 镜像矩形　　　　图 12-43 绘制对齐矩形

（45）执行"偏移"命令（O），将水平中心线向下偏移 60mm，将垂直中心线向左偏移 45mm；再执行"圆"命令（C），捕捉偏移线段的中心点，绘制直径为 11mm 和 24mm 的同心圆，如图 12-44 所示。

（46）执行"镜像"命令（MI），选择同心圆，以垂直中心线进行镜像，如图 12-45 所示。

（47）执行"镜像"命令（MI），选择两组同心圆，再以水平中心线进行镜像，结果如图 12-46 所示。

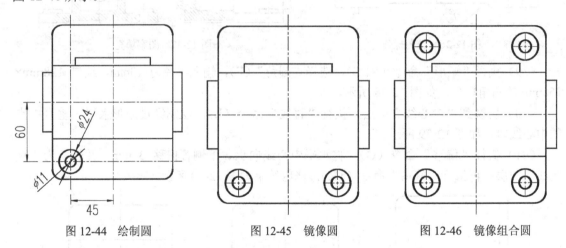

图 12-44 绘制圆　　　　图 12-45 镜像圆　　　　图 12-46 镜像组合圆

（48）切换到"尺寸线"图层，对图形分别执行"线性标注"命令（DLI），"半径标注"命令（DRA），对绘制好的蜗轮箱进行尺寸标注，如图 12-1 所示。

（49）至此，该蜗轮箱绘制完成，按"Ctrl+S"组合键对其文件进行保存。

箱体类零件的主要功能主要包括以下几个方面。

◆ 支承并包容各种传动零件，如齿轮、轴、轴承等，使它们能够保持正常的运动关系和运动精度。

◆ 可以储存润滑剂，实现各种运动零件的润滑。

◆ 安全保护和密封作用，使箱体内的零件不受外界环境的影响，又保护机器操作者的人身安全，并有一定的隔振、隔热和隔音作用。

◆ 使机器各部分分别由独立的箱体组成，各成单元，便于加工、装配、调整和修理。
◆ 改善机器造型，协调机器各部分比例，使整机造型美观。

12.2 尾座的绘制

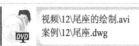
视频\12\尾座的绘制.avi
案例\12\尾座.dwg

首先绘制垂直中心基线，再绘制圆，执行偏移、修剪、直线、矩形等命令绘制主视剖面图；其次绘制主视投影线，执行直线、偏移、修剪、圆、打断等命令绘制左视图；再次主视图向下绘制投影线，执行直线、偏移修剪命令完成俯视图绘制；最后进行图案填充、尺寸标注，最终效果如图12-47所示。

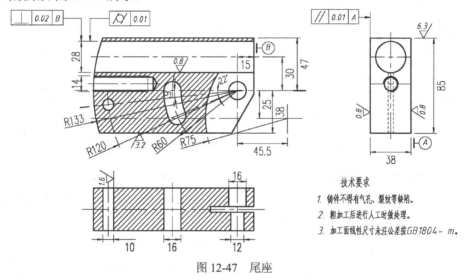

图 12-47　尾座

（1）启动 AutoCAD 2013 软件，在"快速访问工具栏"中，单击"打开"按钮，将"案例\12\机械样板.dwt"文件打开，再单击"另存为"按钮，将其另存为"案例\12\尾座.dwg"文件。

（2）在"常用"选项卡的"图层"面板中，选择"中心线"图层，使之成为当前图层。

（3）执行"直线"命令（L），绘制长为 180mm，高为 100mm 垂直的基准线，将垂直线段转换为"粗实线"图层，并使垂直中心点与水平线段右端点相距 30mm，如图 12-48 所示。

（4）将"粗实线"图层置为当前图层，执行"圆"命令（C），捕捉交点绘制半径为133mm、120mm、60mm 和 8mm 的同心圆，如图 12-49 所示。

（5）执行"偏移"命令（O），将水平中心线向上偏移 47mm，向下偏移 38mm，再将垂直中心线向右偏移 15mm，将偏移的线段都转换为"粗实线"图层，如图 12-50 所示。

（6）执行"修剪"命令（TR），修剪多余线条和圆弧，结果如图 12-51 所示。

（7）执行"偏移"命令（O），将水平中心线向上偏移 30mm，再将偏移得到的中心线段向其上、下侧各偏移 14mm，并转换为"粗实线"图层，如图 12-52 所示。

（8）执行"修剪"命令（TR），修剪多余线条，如图 12-53 所示。

（9）切换到"中心线"图层，执行"直线"命令（L），拾取十字中心交点，绘制 202°的斜线，如图 12-54 所示。

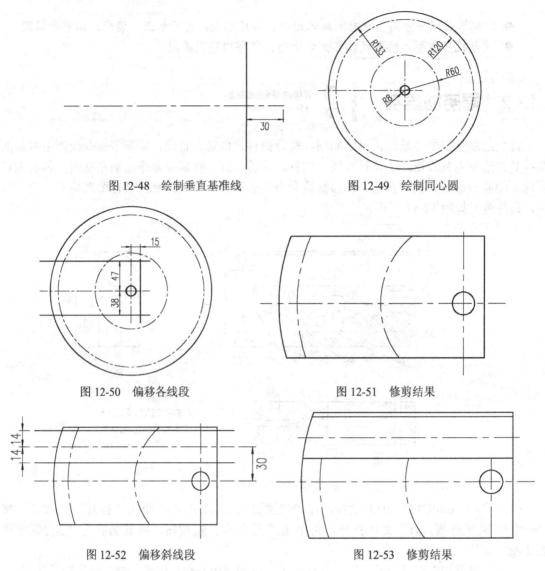

图 12-48　绘制垂直基准线　　　　图 12-49　绘制同心圆

图 12-50　偏移各线段　　　　图 12-51　修剪结果

图 12-52　偏移斜线段　　　　图 12-53　修剪结果

（10）切换到"粗实线"图层，执行"圆"命令（C），在中心圆弧的两个中心交点上分别绘制半径为 8mm 的圆，如图 12-55 所示。

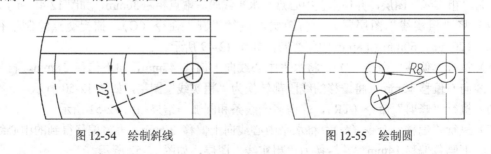

图 12-54　绘制斜线　　　　图 12-55　绘制圆

（11）执行"偏移"命令（O），将中心圆弧向左、右侧各偏移 8mm，并转换为"粗实线"图层，如图 12-56 所示。

（12）执行"修剪"命令（TR），修剪多余圆弧，结果如图 12-57 所示。

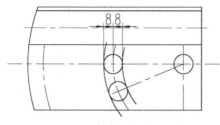

图 12-56 偏移命令

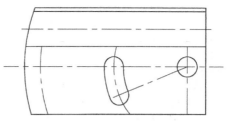

图 12-57 修剪命令

（13）切换到"中心线"图层，捕捉十字中心点，绘制186°的斜线，如图 12-58 所示。

（14）切换到"粗实线"图层，捕捉交点绘制半径为 5mm 的圆，如图 12-59 所示。

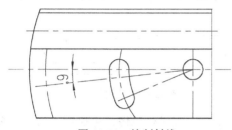

图 12-58 绘制斜线

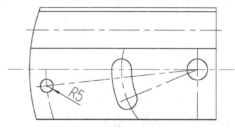

图 12-59 绘制圆

（15）执行"偏移"命令（O），将上侧水平线段向下偏移 50mm；再执行"直线"命令（L），捕捉偏移得到线段的右端点，绘制-120°的斜线段，如图 12-60 所示。

（16）执行"修剪"命令（TR），修剪结果如图 12-61 所示。

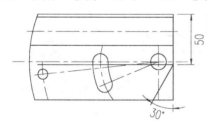

图 12-60 偏移并绘制斜线

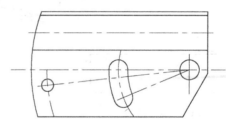

图 12-61 修剪结果

（17）执行"偏移"命令（O），将水平中心线向下偏移 25mm 并拉长，再将垂直中心线向右偏移 45.5mm，如图 12-62 所示。

（18）执行"圆"命令（C），捕捉偏移后的交点，绘制半径为 75mm 的圆，如图 12-63 所示。

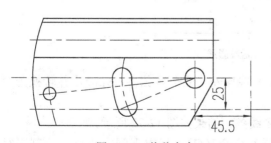

图 12-62 偏移命令

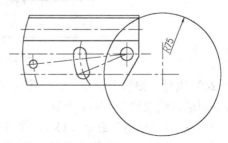

图 12-63 绘制圆

（19）执行"修剪"命令（TR），修剪多余线条及圆弧，结果如图 12-64 所示。

（20）执行"偏移"命令（O），将水平中心线向上偏移 6mm，如图 12-65 所示。

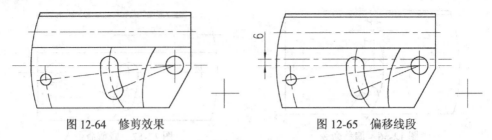

图 12-64 修剪效果　　　　　　图 12-65 偏移线段

（21）执行"矩形"命令（REC），分别绘制 55mm×12mm、50mm×14mm 的矩形，将后者转换为"细实线"图层，并将矩形左侧垂直居中对齐，如图 12-66 所示。

（22）执行"直线"命令（L），拾取右上角点，绘制-60°的斜线，如图 12-67 所示。

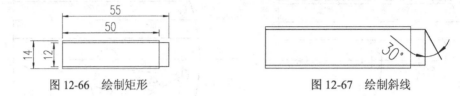

图 12-66 绘制矩形　　　　　　图 12-67 绘制斜线

（23）执行"镜像"命令（MI），选择斜线，以垂直中线进行镜像；再执行"修剪"命令（TR），修剪多余线条，结果如图 12-68 所示。

（24）执行"移动"命令（M），选择绘制好的矩形对象，以垂直对齐中点为基点，移动到前面图形偏移线段的左交点，如图 12-69 所示。

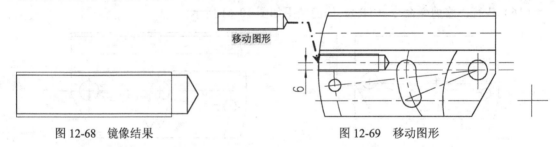

图 12-68 镜像结果　　　　　　图 12-69 移动图形

（25）执行"构造线"命令（XL），绘制主视图的水平投影线，切换到"中心线"图层，执行"直线"命令（L），在右侧绘制垂直中心线，如图 12-70 所示。

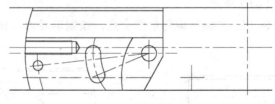

图 12-70 绘制投影线

（26）执行"偏移"命令（O），将垂直中心线向左、右侧各偏移 19mm，并转换为"粗实线"图层，结果如图 12-71 所示。

（27）执行"修剪"命令（TR），修剪多余线条，结果如图 12-72 所示。

（28）切换到"粗实线"图层，执行"圆"命令（C），捕捉上侧中心点，绘制半径为 14mm 的圆；再执行"偏移"命令（O），将垂直中心线向左、右侧各偏移 2.5mm，并转换为"虚线"图层，如图 12-73 所示。

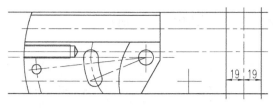
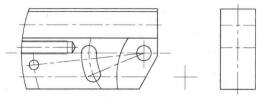

图 12-71 偏移线段　　　　　　　图 12-72 修剪结果

（29）执行"修剪"命令（TR），修剪多余线条，结果如图 12-74 所示。

（30）执行"圆"命令（C），拾取下侧中心点，绘制直径为 12mm 和 14mm 的同心圆，并将直径为 14mm 的圆转换为"细实线"图层，再执行"修剪"命令（TR），修剪外侧圆弧，结果如图 12-75 所示。

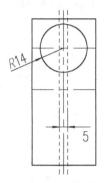
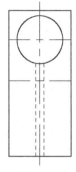
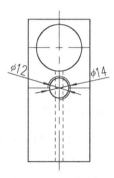

图 12-73 绘制图形　　图 12-74 修剪命令　　图 12-75 绘制圆

（31）执行"构造线"命令（XL），绘制主视图的垂直投影线；切换到"中心线"图层，再执行"直线"命令（L），在图形下方绘制水平中心线段，如图 12-76 所示。

（32）执行"偏移"命令（O），将水平中心线向上、下侧各偏移 19mm，并转换为"粗实线"图层，如图 12-77 所示。

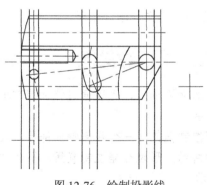
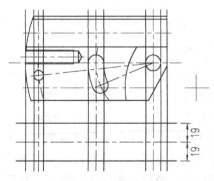

图 12-76 绘制投影线　　　　　　图 12-77 偏移线段

（33）执行"修剪"命令（TR），修剪多余线条，结果如图 12-78 所示。

（34）执行"偏移"命令（O），将水平中心线向上、下侧各偏移 2.5mm，再将右侧垂直中心线向左偏移 6mm 和 19mm，向右侧偏移 6mm，并将偏移后的线段都转换为"粗实线"图层，如图 12-79 所示。

（35）执行"修剪"命令（TR），修剪多余线条，结果如图 12-80 所示。

（36）将"剖面线"图层置为当前图层，执行"图案填充"命令（H），选择样例为

"ANSI-31",比例为1,在指定位置进行图案填充操作,结果如图12-81所示。

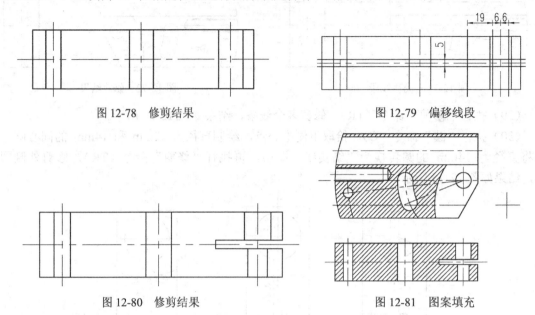

图12-78 修剪结果　　图12-79 偏移线段

图12-80 修剪结果　　图12-81 图案填充

(37) 切换到"文本"图层,执行"文本"命令(T),输入技术要求内容,如图12-82所示。

(38) 切换到"尺寸线"图层,对图形分别执行"线性标注"命令(DLI)、"半径标注"命令(DRA)、"公差标注"命令(TOL)、"编辑标注"命令(ED),对绘制好的尾座对象进行尺寸标注。

技术要求
1. 铸件不得有气孔、裂纹等缺陷。
2. 粗加工后进行人工时效处理。
3. 加工面线性尺寸未注公差按GB 1804-m处理。

图12-82 修剪结果

(39) 切换到"细实线"图层,再执行"插入块"命令(I),插入"粗糙度符号"到图形相应位置,最终效果如图12-47所示。

(40) 至此,该尾座绘制完成,按"Ctrl+S"组合键对其文件进行保存。

形位公差表示形状、轮廓、方向、位置和跳动的允许偏差,可以通过特征控制框来添加形位公差,这些框中包含单个标注的所有公差信息。

特征控制框至少由两个组件组成,第一个特征控制框包含一个几何特征符号,表示应用公差的几何特征,如位置、轮廓、形状、方向和跳动。形位公差控制直线、平面度、圆度和圆柱度;轮廓控制直线和表面,如图12-83所示。

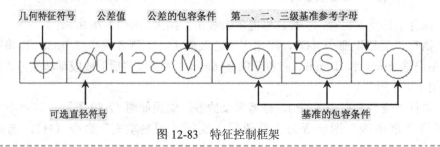

图12-83 特征控制框架

第12章 箱体类零件的绘制

箱体类零件的分类，若按照箱体的功能进行分类，可分为以下几类。

- ◆ 传动箱体。如减速器、汽车变速箱及机床主轴箱等的箱体，主要功能是包容和支承各传动件及其支承零件，这类箱体要求有密封性、强度和刚度。
- ◆ 机壳类箱体。如齿轮泵的泵体，各种液压阀的阀体，主要功能是改变液体流动方向、流量大小或改变液体压力。这类箱体除有对前一类箱体的要求外，还要求能承受箱体内液体的压力。
- ◆ 支架箱体。如机床的支座、立柱等箱体零件，要求有一定的强度、刚度和精度，这类箱体在设计时要特别注意刚度和外观造型。

若按照箱体的制造方法进行分类，可分为以下几类。

- ◆ 铸造箱体。常用的材料是铸铁，有时也用铸钢、铸铝合金和铸铜等。铸铁箱体的特点是结构形状可以较复杂，有较好的吸振性和机加工性能，常用于成批生产的中小型箱体。
- ◆ 焊接箱体。由钢板、型钢或铸钢件焊接而成，结构要求较简单，生产周期较短。焊接箱体适用于单件小批量生产，尤其是大件箱体，采用焊接件可大大降低成本。
- ◆ 其他箱体。如冲压和注塑箱体，适用于大批量生产的小型、轻载和结构形状简单的箱体。

不管采用哪种分类方法，其最常见的箱体类零件如图12-84所示。

（a）座体零件图　　（b）固定钳身零件图　　（c）轴承底座零件图　　（d）泵体零件图

（e）底座零件图　　（f）箱体零件图　　（g）箱体零件图　　（h）箱盖零件图

图12-84　常见箱体类零件

12.3 升降机箱体的绘制

视频\12\升降机箱体的绘制.avi
案例\12\升降机箱体.dwg

首先绘制作图基线，执行直线、偏移、修剪、圆、圆角等命令来绘制主视图；其次根据主视图绘制平行投影线，执行直线、偏移、修剪、圆、圆角等命令来完成左视图的绘制；最后进行图案填充、尺寸标注,结果如图 12-85 所示。

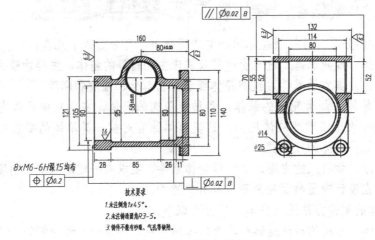

图 12-85　升降机箱体

（1）启动 AutoCAD 2013 软件,在"快速访问工具栏"中,单击"打开"按钮,将"案例\12\机械样板.dwt"文件打开,再单击"另存为"按钮,将其另存为"案例\12\升降机箱体.dwg"文件。

（2）在"常用"选项卡的"图层"面板中,选择"中心线"图层,使之成为当前图层。

（3）执行"直线"命令（L）,绘制长为 190mm 的水平线。

（4）切换到"粗实线"图层,执行"矩形"命令（REC）,分别绘制 146mm×110mm、14mm×140mm 对齐的矩形,与前面水平线段垂直居中对齐,如图 12-86 所示。

（5）执行"分解"命令（X）,将矩形打散;再执行"偏移"命令（O）,将矩形上、下水平线段各向外偏移 5mm,再将左垂直线段向右偏移 28mm,并将垂直线段进行拉长处理,如图 12-87 所示。

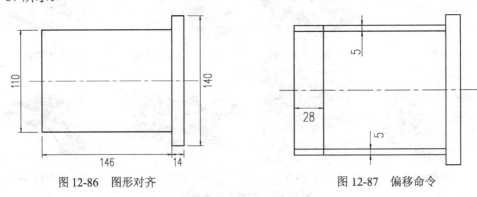

图 12-86　图形对齐　　　　　　　　图 12-87　偏移命令

（6）执行"修剪"命令（TR）,修剪多余的线条,效果如图 12-88 所示。

（7）执行"圆角"命令（F）,将上、下凹槽右侧直角进行半径为 2mm 的圆角处理,对左侧直角进行半径为 3mm 的圆角,如图 12-89 所示。

（8）执行"复制"命令（CO）,选择上、下凹槽右侧垂直线段和圆弧,向左移动复制距离为 2mm,如图 12-90 所示。

（9）执行"偏移"命令（O）,将水平中心线向上、下侧各偏移 40mm、45mm 和 47.5mm,并转换为"粗实线"图层,如图 12-91 所示。

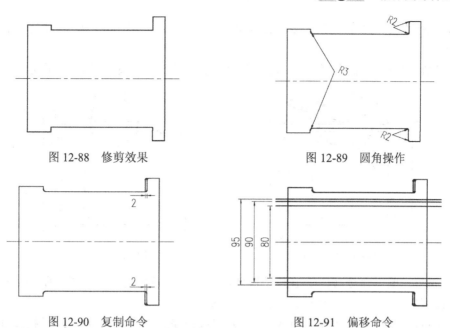

图 12-88 修剪效果　　　　　　　　图 12-89 圆角操作

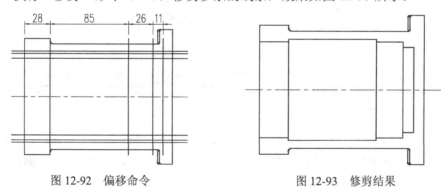

图 12-90 复制命令　　　　　　　　图 12-91 偏移命令

（10）执行"偏移（O）"命令，左垂直线段向右分别偏移 28mm、85mm、26mm 和 11mm，如图 12-92 所示。

（11）执行"修剪"命令（TR），修剪多余的线条，效果如图 12-93 所示。

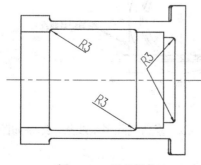 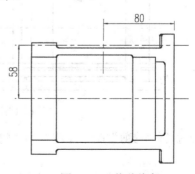

图 12-92 偏移命令　　　　　　　　图 12-93 修剪结果

（12）执行"圆角"命令（F），如图 12-94 所示，将指定直角进行半径为 3mm 的圆角操作。

（13）执行"偏移"命令（O），将水平中心线向上偏移 58mm，将右侧垂直线段向左偏移 80mm，并转换为"中心线"图层，如图 12-95 所示。

图 12-94 圆角操作　　　　　　　　图 12-95 偏移线条

（14）执行"圆"命令（C），拾取交点绘制半径 35mm、27.5mm 和 26mm 的同心圆，如图 12-96 所示。

（15）执行"修剪"命令（TR），修剪多余线条及圆弧，结果如图 12-97 所示。

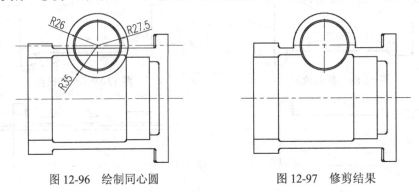

图 12-96　绘制同心圆　　　　　图 12-97　修剪结果

（16）执行"圆"命令（C），在修剪圆弧和水平线段相交处绘制相切半径 10mm 的圆，再执行"修剪"命令（TR），修剪结果如图 12-98 所示。

（17）执行"构造线"命令（XL），绘制水平投影线，切换到"中心线"图层，执行"直线"命令（L），绘制垂直中心线段，如图 12-99 所示。

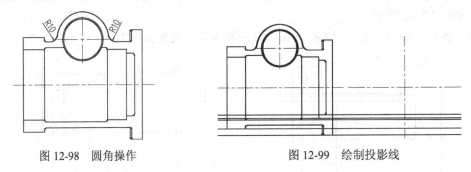

图 12-98　圆角操作　　　　　图 12-99　绘制投影线

（18）切换到"粗实线"图层，执行"圆"命令（C），捕捉中心点为圆心，以向下拖动到垂直中心线上的各个交点为半径，绘制同心圆；再执行"直线"命令（L），捕捉大圆左、右象限点向下绘制垂直线段，如图 12-100 所示。

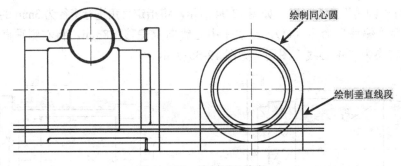

图 12-100　绘制圆及线段

（19）执行"修剪"命令（TR）和"删除"命令（E），修剪删除多余线条，结果如图 12-101 所示。

（20）执行"圆"命令（C），在下侧两个直角处绘制相切半径 12.5mm 的圆；并执行"修剪"命令（TR），进行相应的修剪，结果如图 12-102 所示。

（21）执行"圆"命令（C），分别拾取两个圆心点，绘制半径 7mm 的圆；再执行"直线"命令（L），绘制经过圆象限点的垂直线段，并转换为"中心线"图层，如图 12-103 所示。

图 12-101　修剪结果　　图 12-102　绘制修剪圆　　图 12-103　绘制圆

（22）执行"构造线"命令（XL），绘制主视图的平行投影线；再执行"偏移"命令（O），将上侧构造线向下偏移 70mm，再将垂直中心线各向左、右侧各偏移 66mm，并转换为"粗实线"图层，如图 12-104 所示。

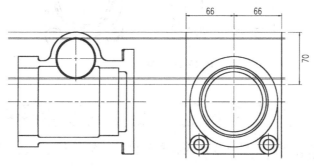

图 12-104　绘制平行线

（23）执行"修剪"命令（TR），修剪多余线条，如图 12-105 所示。

（24）执行"圆角"命令（F），在修剪圆弧左右角绘制相切半径 3mm 的圆；并执行"修剪"命令（TR），进行修剪结果如图 12-106 所示。

（25）执行"偏移"命令（O），将水平中心线向左、右侧各偏移 40mm、15mm 和 2mm，并转换为"粗实线"图层，如图 12-107 所示。

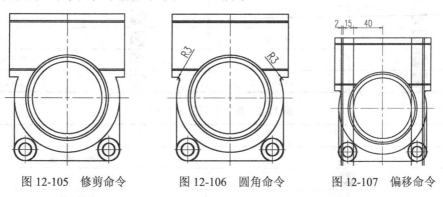

图 12-105　修剪命令　　图 12-106　圆角命令　　图 12-107　偏移命令

（26）执行"修剪"命令（TR），修剪多余线条，结果如图 12-108 所示。

（27）切换到文本图层，执行"多行文字"命令（T），在图形左下侧书写升降机箱体的技术要求内容，如图 12-109 所示。

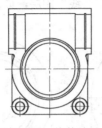

技术要求

1.未注倒角1x45°。

2.未注铸造圆角R3-5。

3.铸件不能有砂眼、气孔等缺陷。

图 12-108　修剪结果　　　　图 12-109　输入文字

（28）将"剖面线"图层置为当前图层，执行"图案填充"命令（H），选择样例为"ANSI-31"，比例为1，在指定位置进行图案填充操作，结果如图 12-110 所示。

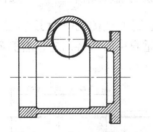 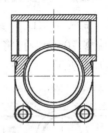

图 12-110　填充图案

在进行形位公差标注时，用户应掌握各种形位公差符号含义，以及附加符号的含义，如表 12-1、表 12-2 所示。

表 12-1　形位公差符号及其含义

符　号	含　义	符　号	含　义
—	直线度	○	圆度
⌒	线轮廓度	⌒	面轮廓度
//	平行度	⊥	垂直度
=	对称度	◎	同轴度
⌭	圆柱度	∠	倾斜度
▱	平面度	⊕	位置度
↗	圆跳度	↗↗	全跳度

表 12-2　附加符号及其含义

符　号	含　义
Ⓜ	材料的一般状况
Ⓛ	材料的最大状况
Ⓢ	材料的最小状况

(29）切换到"尺寸线"图层，对图形分别执行"线性标注"命令（DLI）、"直径标注"命令（DDI）、"角度标注"命令（DAN）、"公差标注"命令（TOL）、"编辑标注"命令（ED），对绘制完成的升降机箱体进行尺寸标注。

（30）切换到"粗实线"图层，再执行"插入块"命令（I），将表示粗糙度的图块依次插入到图形中相应位置，最终效果如图12-85所示。

（31）至此，该升降机箱体绘制完成，按"Ctrl+S"组合键对其文件进行保存。

在进行箱体类零件的尺寸测量时，主要通过以下几方面来进行测量。

- ◆ 中心高度尺寸测量。如图 12-111 所示，首先用高度游标卡尺测出心轴顶端跟小平台面的高度 H；再用游标卡尺测得心轴直径 D；最后则算出中心距 $h=H-D/2$。
- ◆ 两孔中心距尺寸测量。如图 12-112 所示，首先用游标卡尺测出两孔外端距离 A；再用游标卡尺测出孔的直径 D；最后则算出两孔中心距 $L=A-D$。
- ◆ 小圆弧半径尺寸测量。如图 12-113 所示，首先测出两外圆弧距离 B；则可算出小圆半径 $R=(B-L)/2$（L 为两孔中心距）。
- ◆ 大圆弧半径尺寸测量。首先用如图 12-114 所示的拓印方法；再在圆弧上任取 3 点 A、B、C，两两相连，并作垂直平分线，求得圆弧的圆心 D；然后测得半径 r 值。

图 12-111　测中心距尺寸

图 12-112　测两孔中心距

图 12-113　测小圆弧半径尺寸

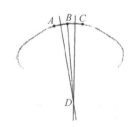

图 12-114　测大圆弧半径尺寸

12.4 变速箱下箱体的绘制

视频\12\变速箱下箱体的绘制.avi
案例\12\变速箱下箱体.dwg

首先绘制作图基准线，执行直线、偏移、圆、修剪等命令来绘制主视图；其次执行直线、圆、偏移、修剪等命令来绘制俯视图；再次执行直线、偏移、修剪等命令来绘制剖视图；最后进行文字输入、图案填充、尺寸标注、插入图块，从而完成对变速箱下箱体的绘制，如图12-115所示。

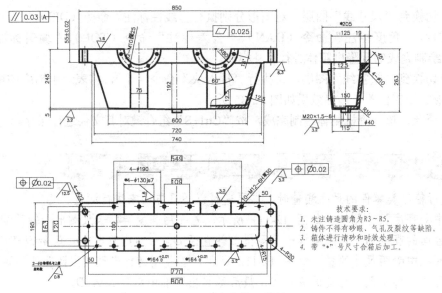

图 12-115 变速箱下箱体

（1）启动 AutoCAD 2013 软件，在"快速访问工具栏"中，单击"打开"按钮，将"案例\12\机械样板.dwt"文件打开，再单击"另存为"按钮，将其另存为"案例\12\变速箱下箱体.dwg"文件。

（2）在"图层"工具栏的"图层控制"组合框中选择"中心线"图层，使之成为当前图层。

（3）执行"直线"命令（L），绘制长 860mm 和高 270mm 互相垂直的基准线，如图 12-116 所示。

（4）切换到"粗实线"图层。执行"偏移"命令（O）将垂直中心线段向左、右侧各偏移 10mm、300mm、360mm、370mm 和 425mm，将水平中心线段向上各偏移 13mm、5mm、190mm 和 55mm，如图 12-117 所示。

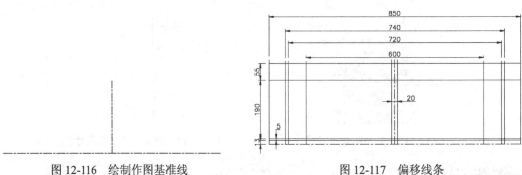

图 12-116 绘制作图基准线   图 12-117 偏移线条

（5）执行"修剪"命令（TR），修剪多余的线条，结果如图 12-118 所示。

（6）执行"直线"命令（L），捕捉相应的交点，绘制斜线段，如图 12-119 所示。

（7）执行"修剪"命令（TR），修剪多余的线条，如图 12-120 所示。

（8）执行"偏移"命令（O），将垂直中心线段向左、右两侧分别偏移 126.5mm、37.5mm 和 37.5mm，如图 12-121 所示。

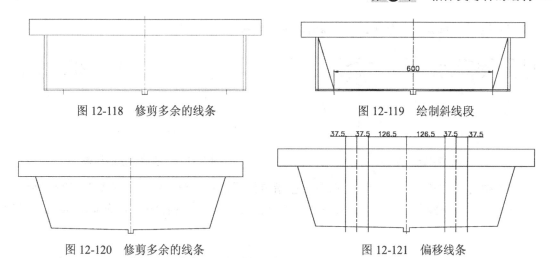

图 12-118 修剪多余的线条　　　　　图 12-119 绘制斜线段

图 12-120 修剪多余的线条　　　　　图 12-121 偏移线条

（9）执行"圆"命令（C），捕捉相应的交点，绘制半径为 80mm 的圆，如图 12-122 所示。

（10）执行"修剪"命令（TR），修剪多余的线条，如图 12-123 所示。

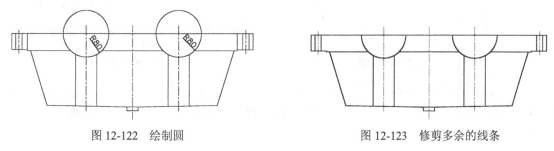

图 12-122 绘制圆　　　　　　　　图 12-123 修剪多余的线条

（11）执行"偏移"命令（O），将半径为 80mm 的圆弧向内、向侧各偏移 15mm，结果如图 12-124 所示。

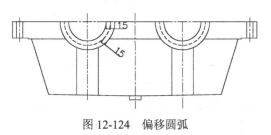

图 12-124 偏移圆弧

（12）执行"直线"命令（L），绘制 15°、60°、105°、165°的斜线段，如图 12-125 所示。

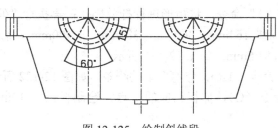

图 12-125 绘制斜线段

（13）执行"圆"命令（C），捕捉相应的交点，绘制直径为 10mm 的圆，如图 12-126 所示。

(14）执行"修剪"命令（TR），修剪多余的线条，如图 12-127 所示。

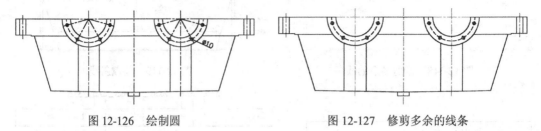

图 12-126　绘制圆　　　　　　　图 12-127　修剪多余的线条

（15）执行"样条曲线（SPL）"命令，在指定位置绘制一样条曲线，如图 12-128 所示。

（16）执行"偏移"命令（O），在样条曲线位置将斜线段向内各偏移 12.5mm，如图 12-129 所示。

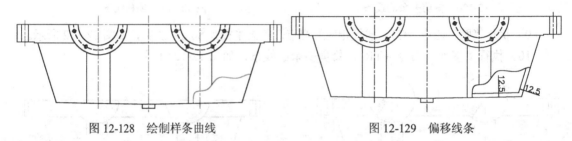

图 12-128　绘制样条曲线　　　　　　　图 12-129　偏移线条

（17）执行"矩形"命令（REC），绘制 850mm×195mm 的矩形；再执行"直线"命令（L），绘制水平及垂直中心线，且垂直中心线及主视图中垂直中心线对齐，结果如图 12-130 所示。

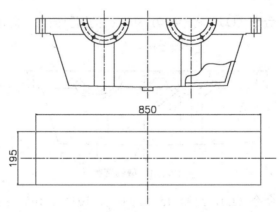

图 12-130　绘制矩形及中心线

（18）执行"分解（X）"命令，将矩形进行打散操作；再执行"偏移"命令（O），将垂直中心线向左、右侧各偏移 164mm、360mm、385mm 和 400mm，将水平中心线向上、下侧各偏移 50mm、60mm 和 81.5mm，如图 12-131 所示。

（19）执行"修剪"命令（TR），修剪多余的线条，如图 12-132 所示。

（20）执行"圆"命令（C），捕捉相应的交点，绘制直径为 12mm 和 22mm 的圆，如图 12-133 所示。

（21）执行"偏移"命令（O），将垂直中心线段向左、右侧各偏移 54.5mm、126.5mm、201.5mm、274.5mm 和 350mm，如图 12-134 所示。

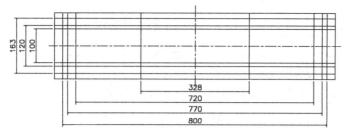

图 12-131　偏移线条

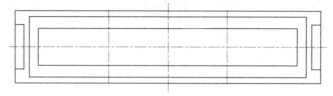

图 12-132　修剪多余的线条

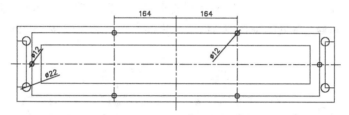

图 12-133　绘制圆

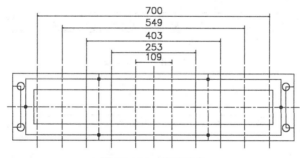

图 12-134　偏移线条

（22）执行"修剪"命令（TR），修剪多余的线条，如图 12-135 所示。

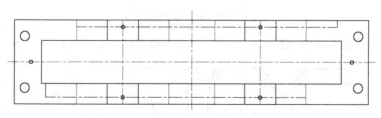

图 12-135　修剪多余的线条

（23）执行"圆"命令（C），捕捉相应的交点，绘制直径为 8mm、12mm 和 20mm 的圆，如图 12-136 所示。

（24）执行"圆角（F）"命令，对内、外矩形状图形分别进行半径为 15mm 和 20mm 的圆角操作，结果如图 12-137 所示。

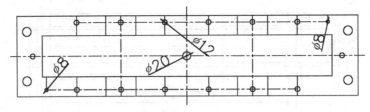

图 12-136　绘制圆

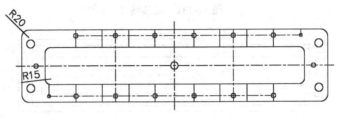

图 12-137　圆角操作

（25）执行"偏移"命令（O），将最上侧的水平线段向上偏移 5mm，将最下侧的水平线段向下偏移 5mm，将❶与❷处的垂直中心线段分别向左、右侧各偏移 95mm，结果如图 12-138 所示。

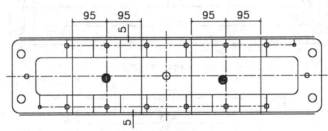

图 12-138　偏移线条

（26）执行"修剪"命令（TR），修剪多余的线条，结果如图 12-139 所示。

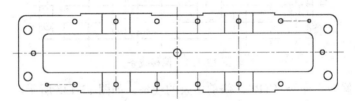

图 12-139　修剪多余的线条

（27）执行"直线"命令（L），向右侧绘制水平投影线，如图 12-140 所示。

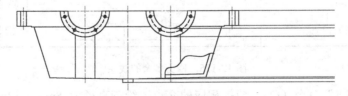

图 12-140　绘制水平投影线

（28）执行"直线"命令（L），在图形右侧绘制垂直线段；再执行"偏移"命令（O），将绘制的垂直线段向左侧偏移 205mm，如图 12-141 所示。

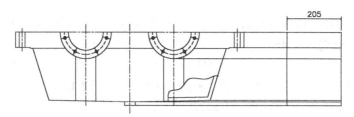

图 12-141 绘制及偏移线条

（29）执行"修剪"命令（TR），修剪多余的线条，如图 12-142 所示。

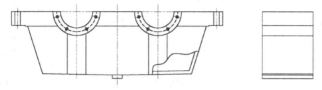

图 12-142 修剪多余的线条

（30）执行"偏移"命令（O），将垂直中心线段向左、右两侧各偏移 10mm、20mm、50mm、62.5mm 和 75mm，如图 12-143 所示。

（31）执行"修剪"命令（TR），修剪多余的线条，如图 12-144 所示。

（32）执行"偏移"命令（O），将垂直中心线段向左、右侧各偏移 57.5mm，如图 12-145 所示。

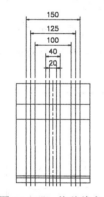
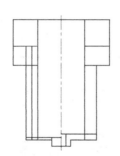
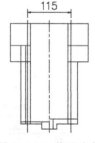

图 12-143 偏移线条　　图 12-144 修剪多余的线条　　图 12-145 偏移线条

（33）执行"直线"命令（L），绘制斜线段，如图 12-146 所示。

（34）执行"修剪"命令（TR），修剪多余的线条，如图 12-147 所示。

（35）执行"直线"命令（L），绘制斜线段，如图 12-148 所示。

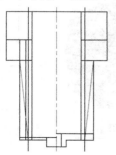
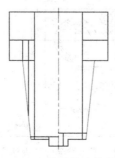
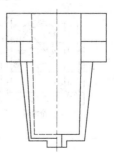

图 12-146 绘制斜线段　　图 12-147 修剪多余的线条　　图 12-148 绘制斜线段

(36) 执行"偏移"命令（O），将右上侧的垂直线段向左侧偏移 19mm；再执行"直线"命令（L），绘制夹角为 45°的斜线段，如图 12-149 所示。

(37) 执行"偏移"命令（O），将绘制的斜线段向上、下各偏移 5mm，如图 12-150 所示。

(38) 执行"修剪"命令（TR），修剪多余的线条，如图 12-151 所示。

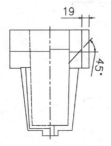
图 12-149 偏移及绘制斜线段

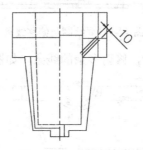
图 12-150 偏移线条

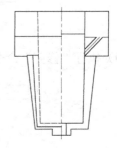
图 12-151 修剪线条

(39) 切换到"尺寸线"图层，对图形分别执行"线性标注"命令（DLI）、"半径标注"命令（DRA）、"公差标注"命令（TOL）、"编辑标注"命令（ED），对绘制好的变速箱下箱对象进行尺寸标注，如图 12-115 所示。

(40) 至此，该尾座绘制完成，按"Ctrl+S"组合键对其文件进行保存。

提示 注意 技巧 专业技能 软件知识

箱体类零件一般经多种工序加工而成，因而主视图主要根据形状特征和工作位置确定。由于零件结构较复杂，常需三个以上的图形，并广泛地应用各种方法来表达，如图 12-152 所示中包含有俯视图、前视图、侧视图、剖面图等。

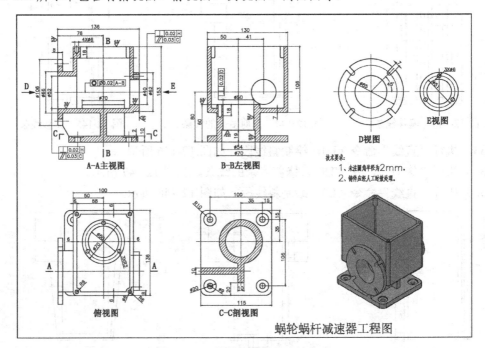
图 12-152 箱体类零件的表达方式

第13章

机械零件轴测图的绘制

本章导读

轴测图是反映物体的三维形状和二维图形,它富有立体感,能帮人们更快捷更清楚地认识产品结构。绘制一个零件的轴测图是在二维平面图中完成,相对三维图形更简洁方便。

由于轴测图是用平行投影法得到的,因此,空间相互平行的直线,它们的轴测投影互相平行;立体上凡是与坐标轴平行的直线,在其轴测图中也必与轴测互相平行;立体上两平行线段或同一直线上的两线段长度之比,在轴测图上保持不变。

主要内容

- ☑ 掌握轴测图中直线的绘制方法
- ☑ 掌握轴测图中平行线的绘制方法
- ☑ 掌握轴测图中圆或圆弧的绘制方法
- ☑ 掌握轴测图中螺纹的绘制方法
- ☑ 掌握轴测图的尺寸标注方法

效果预览

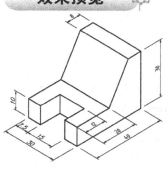 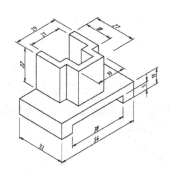 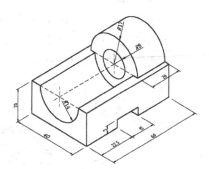

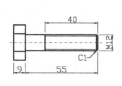  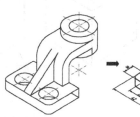 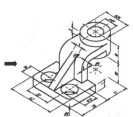

13.1 轴测图中直线的绘制

视频\13\轴测图中绘制直线.avi
案例\13\轴测图中绘制直线.dwg

首先打开"轴测图样板文件.dwt",并另存为新的文件;然后执行直线命令,并按"F5"键切换到顶轴测图,绘制下侧的直线段;其次将其绘制的对象垂直向上复制,以及复制水平线段,并进行修剪;再次连接直线段,以及进行修剪;最后绘制最顶侧的线段,以及进行直线连接和修剪,从而完成整个轴测图的绘制,结果如图13-1所示。

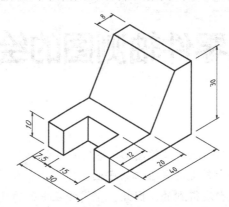

图 13-1　轴测图中绘制直线

在 AutoCAD 环境中要绘制轴测图形,首先应进行激活设置才能进行绘制。执行"草图设置"命令(SE),在打开的"草图设置"对话框中切换至"捕捉和栅格"选项卡,选择"等轴测捕捉"单选项,然后单击"确定"按钮即可激活。

另外,用户也可以在命令行中输入"snap",再根据命令行的提示选择"样式(S)"选项,再选择"等轴测(I)"选项,最后输入垂直间距为1,其命令行如下。

命令:snap
指定捕捉间距或 [开(ON)/关(OFF)/纵横向间距(A)/样式(S)/类型(T)] <10.0000>: s
输入捕捉栅格类型 [标准(S)/等轴测(I)] <S>: i
指定垂直间距 <10.0000>: 1

当用户激活等轴测模式时,用户在对三个等轴面进行切换时,可按"F5"或"Ctrl+E"依次切换上、右、左三个面,其光标指针的形状如图13-2所示。

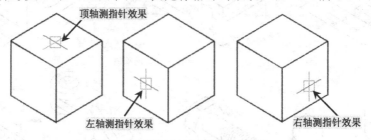

图 13-2　轴测图下的光标指针效果

(1) 启动 AutoCAD 2013 软件,在"快速访问工具栏"中,单击"打开"按钮,将"案例\13\轴测图样板文件.dwt"文件打开,再单击"另存为"按钮,将其另存为"案例\13\轴测图中绘制直线.dwg"文件。

(2) 将"粗实线"图层置为当前图层,按"F5"键切换到顶轴测图,按"F8"键切换到"正交"模式,执行"直线"命令(L),按照"确定起点→光标指向右下并输入 7.5→光标指向右上并输入 12→光标指向右下并输入 15→光标指向左下并输入 12→光标指向右下并输入 7.5→光标指向右上并输入 40→光标指向左上并输入 30→按 C 键与起点闭合",其绘制的效果如图 13-3 所示。

(3) 按"F5"键切换到右轴测图,执行"复制"命令(CO),将上一步所绘制的直线段全部垂直向上复制 10mm 的距离,如图 13-4 所示。

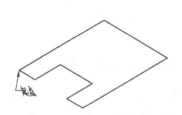
图 13-3 绘制的直线段

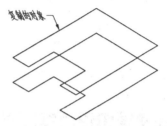
图 13-4 垂直向上复制

(4) 按"F5"键切换到顶轴测图,执行"复制"命令(CO),将右上侧的水平线段向左下侧复制 20mm 的距离,如图 13-5 所示。

(5) 执行"修剪"命令(Tr),将多余的线段进行修剪,如图 13-6 所示。

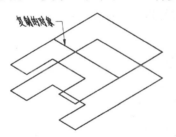
图 13-5 复制的线段

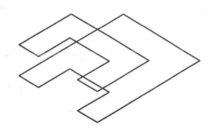
图 13-6 修剪的效果

(6) 按"F5"键切换到右轴测图,执行"直线"命令(L),连接相应的垂线段,如图 13-7 所示。

(7) 执行"修剪"命令(Tr),将多余的线段进行修剪,如图 13-8 所示。

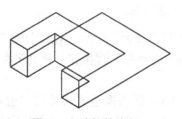
图 13-7 连接的线段

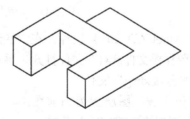
图 13-8 修剪的效果

(8) 按"F5"键切换到右轴测图,执行"直线"命令(L),捕捉右上角点作为起点,光标指向上并输入 30,再按"F5"键切换到顶轴测图,光标指向左上并输入 30→光标指向左下并输入 8→光标指向右下并输入 30→光标指向右上并输入 8→按回车键确认，如图 13-9 所示。

（9）执行"直线"命令（L），按"F8"键取消"正交"模式，连接相应的交点；再执行"修剪"命令（TR），将多余的线段进行修剪，如图 13-10 所示。

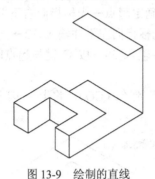

图 13-9 绘制的直线　　　　　　　　图 13-10 连接线段并修剪

（10）至此，该轴测图绘制完成，按"Ctrl+S"组合键对其文件进行保存。

13.2 轴测图中平行线的绘制

视频\13\轴测图中绘制平行线.avi
案例\13\轴测图中绘制平行线.dwg

首先打开"轴测图样板文件.dwt"文件，并将其另存为新的"轴测图中绘制平行线.dwg"文件；其次根据要求绘制右轴测图，将该对象向左复制，并连接直线段并将多余线段进行修剪，再绘制顶轴测图，将该对象向上复制，并连接直线段和进行修剪；再次将最上侧的顶轴测图对象向内分别复制；最后连接直线段并进行修剪，如图 13-11 所示。

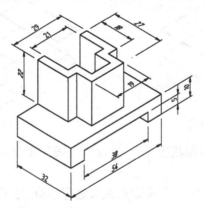

图 13-11 轴测图中绘制平行线

（1）启动 AutoCAD 2013 软件，在"快速访问工具栏"中，单击"打开" 按钮，将"案例\13\轴测图样板文件.dwt"文件打开，再单击"另存为"按钮，将其另存为"案例\13\轴测图中绘制平行线.dwg"文件。

（2）将"粗实线"图层置为当前图层，按"F5"键切换至右轴测图（光标指针呈状），按"F8"键切换到"正交"模式，执行"直线"命令（L），按照"指定起点→光标指向右上并输入 54→光标指向下并输入 10→光标指向左下并输入 8→光标指向上并输入 5→光标指向左下并输入 38→光标指向下并输入 5→光标指向左下并输入 8→指向上，按 C 键闭合"，如图 13-12 所示。

(3)按"F5"键切换至左轴测图 ⊞ ,执行"复制"命令(CO),将绘制的右轴测图向左上侧复制,复制的距离为32mm,如图13-13所示。

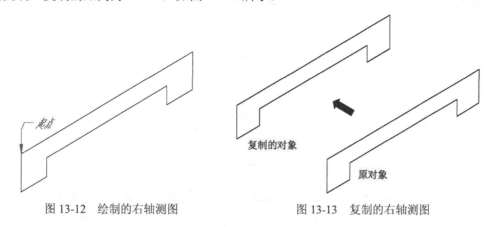

图13-12 绘制的右轴测图　　　　图13-13 复制的右轴测图

(4)执行"直线"命令(L),分别捕捉相应的交点连接直线段,然后执行"修剪"命令(TR),将多余的线段进行修剪,如图13-14所示。

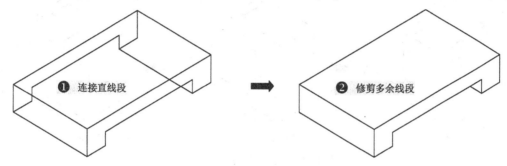

图13-14 连接直线段并修剪

(5)按"F5"键切换至顶轴测图 ⊠ ,执行"直线"命令(L),按照"指定起点→光标指向右下并输入 18→光标指向右上并输入 5→光标指向右下并输入 9→光标指向右上并输入 19→光标指向左上并输入 9→光标指向右上并输入 5→光标指向左上并输入 18→光标指向左下并按 C 键闭合";再执行"移动"命令(M),将绘制的顶轴测图对象移动到指定的位置,其中点对齐,如图13-15所示。

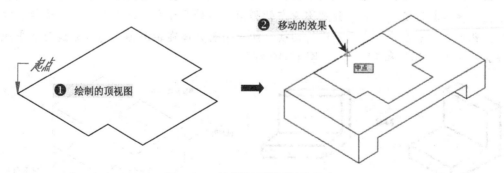

图13-15 绘制的顶轴测图并移动

(6)执行"复制"命令(CO),将上侧的顶轴测图垂直向上复制,复制的距离为22mm,再执行"直线"命令(L),捕捉相应的交点连接直线段,然后执行"修剪"命令

(TR)，将多余的线段进行修剪，如图 13-16 所示。

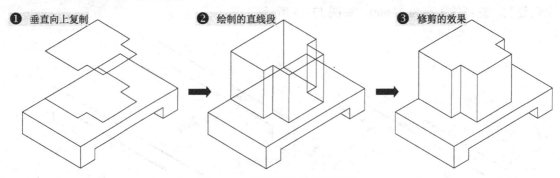

图 13-16　复制并修剪顶轴测图

（7）执行"复制"命令（CO），将最上面的顶轴测对象分别向内复制 4mm，再执行"直线"命令（L），捕捉相应的交点绘制直线段，然后执行"修剪"命令（TR），将多余的线段进行修剪，如图 13-17 所示。

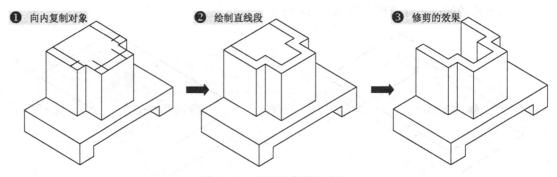

图 13-17　复制并修剪的效果

（8）至此，该轴测图绘制完成，按"Ctrl+S"组合键对其文件进行保存。

轴测图分为正轴测图和斜轴测图，如图 13-18 所示。一个实体的轴测投影只有三个可见平面，为了便于绘图，应将这三个面作为画线、找点等操作的基准平面，并称它们为轴测平面，根据其位置的不同，分别称为左轴测面、右轴测面和顶轴测面。当激活轴测模式之后，就可以分别在这三个面间进行切换。如一个长方体在轴测图中的可见边与水平线夹角分别是 30°、90° 和 120°，如图 13-19 所示。

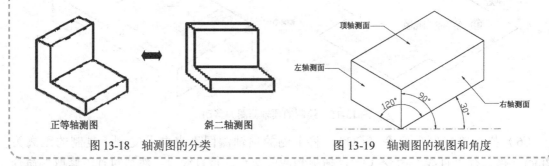

图 13-18　轴测图的分类　　　　　　　图 13-19　轴测图的视图和角度

13.3 轴测图中圆的绘制

视频\13\轴测图中绘制圆.avi
案例\13\轴测图中绘制圆.dwg

首先打开"轴测图样板文件.dwt"文件，并将其另存为新的"轴测图中绘制圆.dwg"文件；其次绘制左侧的轴测图对象，并将其向右复制；第三连接直线段，并删除多余的线段；第四通过"椭圆"命令（EL），并选择"等轴测圆(I)"项来绘制圆对象；第五进行直线连接和删除多余的线段；第六将指定的线段进行打断，并转换为"细虚线"图层；最后绘制另外两条中心线对象，从而完成整个轴测图的绘制，如图 13-20 所示。

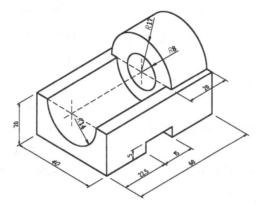

图 13-20　轴测图中绘制圆

（1）启动 AutoCAD 2013 软件，在"快速访问工具栏"中，单击"打开" 按钮，将"案例\13\轴测图样板文件.dwt"文件打开，再单击"另存为" 按钮，将其另存为"案例\13\轴测图中绘制圆.dwg"文件。

（2）将"粗实线"图层置为当前图层，按"F5"键切换至左轴测图 ，按"F8"键切换到"正交"模式，执行"直线"命令（L），按照"指定起点→光标指向右下并输入 20→光标指向右下并输入 40→光标指向上并输入 20→按 C 键闭合"，如图 13-21 所示。

（3）按"F5"键切换到右轴测图 ，执行"复制"命令（CO），将上一步所绘制的直线段向右上侧复制，复制的间距为 60mm，如图 13-22 所示。

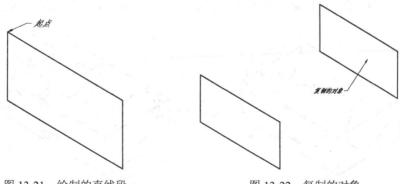

图 13-21　绘制的直线段　　　　图 13-22　复制的对象

（4）执行"直线"命令（L），连接相应的端点；再执行"删除"命令（E），将多余的线段删除，如图 13-23 所示。

(5) 执行"复制"命令(CO),将指定的垂线段向右上侧复制 22.5mm 和 15mm,将水平线段向上复制 5mm,如图 13-24 所示。

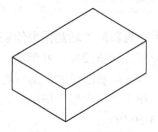

图 13-23 连接的线段

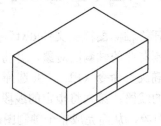

图 13-24 复制的线段

(6) 执行"修剪"命令(TR),将多余的线段进行修剪,如图 13-25 所示。

(7) 按"F5"键切换至左轴测图,执行"椭圆"命令(EL),按照如下命令行提示来绘制半径为 14mm 的圆对象,如图 13-26 所示。

命令: ELLIPSE	\\ 执行"椭圆"命令
指定椭圆轴的端点或 [圆弧(A)/中心点(C)/等轴测圆(I)]: I	\\ 选择"等轴测圆(I)"项
指定等轴测圆的圆心:	\\ 捕捉直线段中点
指定等轴测圆的半径或 [直径(D)]: 14	\\ 输入圆半径为 14

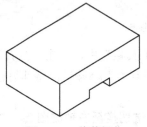

图 13-25 修剪操作

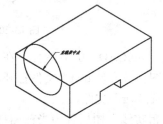

图 13-26 绘制的圆

(8) 同样,执行"椭圆"命令(EL),根据命令行提示选择"等轴测圆(I)"项,捕捉右侧直线段的中点,来绘制半径为 8mm 和 17mm 的两个同心圆对象,如图 13-27 所示。

(9) 按"F5"键切换到顶轴测图,执行"复制"命令(CO),选择上一步所绘制的两个同心圆对象和直线段,将其向左侧复制,复制的间距为 20mm,如图 13-28 所示。

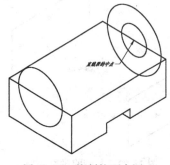

图 13-27 绘制的两个圆

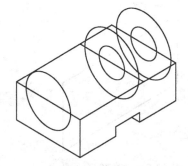

图 13-28 复制的对象

(10) 执行"修剪"命令(Tr)和"删除"命令(E),按照如图 13-29 所示对多余的线段进行修剪和删除。

（11）再执行"复制"命令（CO），将左侧的半圆弧对象向右侧复制 40mm，如图 13-30 所示。

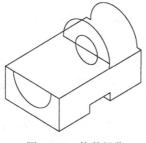
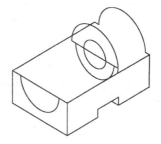

图 13-29　修剪操作　　　　　　　　图 13-30　复制的半圆弧

（12）执行"直线"命令（L），按照如图 13-31 所示连接相应的直线段。

在连接两个对的切线段时，应捕捉圆的象限点进行连接。

（13）执行"修剪"命令（Tr）和"删除"命令（E），将多余的线段、圆弧等进行修剪，如图 13-32 所示。

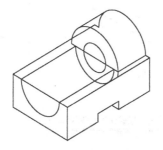
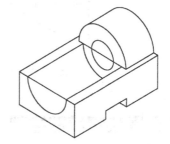

图 13-31　连接的直线段　　　　　　图 13-32　修剪操作

（14）执行"打断"命令（BR），将指定的直线段打开，并将其转换为"细虚线"图层，如图 13-33 所示。

（15）执行"直线"命令（L），并按"F8"键切换到"正交"模式，分别过圆心点绘制另外两条直线段，使其成为中心线，如图 13-34 所示。

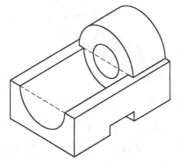
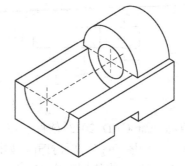

图 13-33　转换为细虚线　　　　　　图 13-34　绘制的中心线

（16）至此，该轴测图绘制完成，按"Ctrl+S"组合键对其文件进行保存。

圆的轴测投影是椭圆，当圆位于不同的轴测面时，投影椭圆长、短轴的位置是不相同的。

首先激活轴测图模式，再按"F5"键选定画圆的投影面，再执行"椭圆"命令（EL），并根据命令行提示选择"等轴测圆（I）"选项，再指定圆心点，最后指定椭圆的半径即可。

但是，绘圆之前一定要利用面转换工具，切换到与圆所在的平面对应的轴测面，这样才能使椭圆看起来像是在轴测面内，否则将显示不正确。

在轴测图中经常要画线与线间的圆滑过渡，如倒圆角，此时过渡圆弧也得变为椭圆弧。方法：在相应的位置上画一个完整的椭圆，然后使用修剪工具剪除多余的线段，如图 13-35 所示。

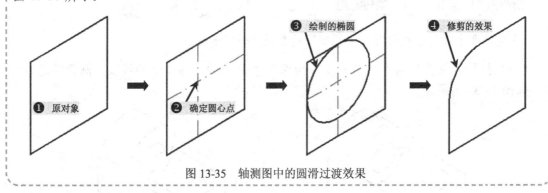

图 13-35　轴测图中的圆滑过渡效果

13.4 轴测图中螺纹的绘制

视频\13\轴测图中绘制螺纹.avi
案例\13\轴测图中绘制螺纹.dwg

首先打开"螺纹平面图.dwg"文件，并将其另存为新的"螺纹等轴测图.dwg"文件；其次绘制两个同心的等轴测圆对象，再将小等轴测圆对象向右移动 1mm，然后将多余的圆弧进行修剪，从而完成一个螺线对象；最后执行阵列命令将该螺丝对象阵列 20 次，完成整个螺纹的绘制，并在右侧绘制六角螺帽对象，如图 13-36 所示。

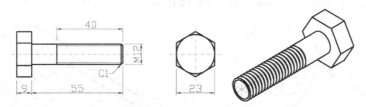

图 13-36　螺纹等轴测图效果

（1）启动 AutoCAD 2013 软件，在"快速访问工具栏"中，单击"打开" 按钮，将"案例\13\螺纹平面图.dwg"文件打开，如图 13-37 所示。再单击"另存为" 按钮，将其另存为"案例\13\轴测图中绘制螺纹.dwg"文件。

（2）将"粗实线"图层置为当前图层，按"F5"键切换至左轴测图。执行"椭圆"命令（EL），并选择"等轴测圆（I）"选项，分别绘制等轴测圆的直径为 12mm 和 10mm 的同心轴测圆对象；再执行"移动"（M），将直径为 10mm 的等轴测圆对象向右移动，移动的距离为 1mm；再执行"修剪"命令（TR），将多余的圆弧进行修剪，从而完成牙底圆和牙顶圆效果，如图 13-38 所示。

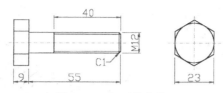

图 13-37 打开的文件

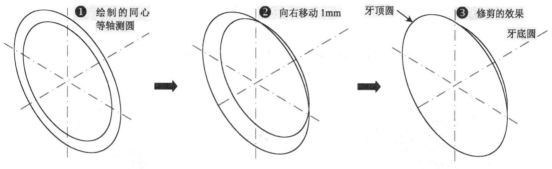

图 13-38 绘制的长方体

（3）执行"阵列"命令（AR），根据命令行提示，选择"矩形（R）"选项，设置"计数（C）"选项，再设置行数为 1，列数为 20，列间距为 30，如图 13-39 所示。

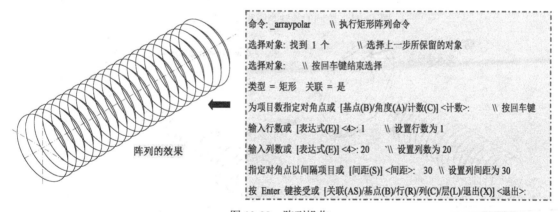

图 13-39 阵列操作

（4）执行"修剪"命令（TR），将多余的圆弧对象进行修剪操作；再执行"复制"命令（CO），将指定的辅助中心线向右侧进行复制，复制的距离为 55mm，如图 13-40 所示。

（5）执行"椭圆"命令（EL），选择"等轴测圆（I）"选项，指定复制的辅助中心线的交点为圆心点，绘制直径分别为 12mm 和 26.6mm 的两个同心等轴测圆对象，再执行"复制"命令（CO），将指定的辅助中心线分别向两侧各复制 13.3mm 和 11.5mm，如图 13-41 所示。

（6）执行"多段线"命令（PL），捕捉相应的交点连接多段线，然后将多余的圆弧及直线段进行修剪和删除；再执行"复制"命令（CO），将绘制的闭合多段线对象向右复制，复制的距离为 9mm，如图 13-42 所示。

（7）执行"直线"命令（L），捕捉相应的交点进行连接；再执行"修剪"命令（TR），将多余的线条及圆弧进行修剪，再执行"椭圆"命令（EL），在螺纹左端绘制直径为 10mm 的等轴测圆对象，如图 13-43 所示。

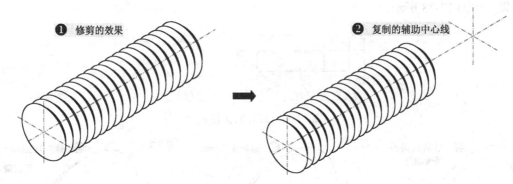

图 13-40　修剪圆弧并复制辅助中心线

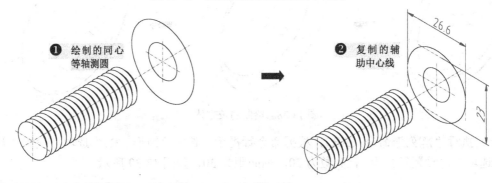

图 13-41　绘制的等轴测圆和复制中心线

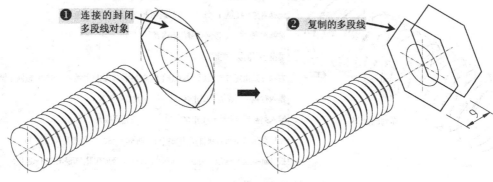

图 13-42　连接的多段线并复制

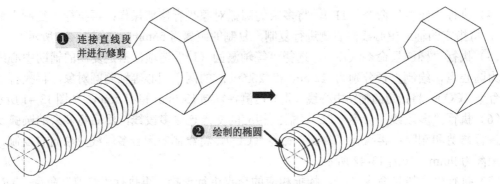

图 13-43　连接并修剪的直线段

(8) 至此，该轴测图绘制完成，按"Ctrl+S"组合键对其文件进行保存。

13.5 轴测图的尺寸标注

视频\13\轴测图的尺寸标注.avi
案例\13\轴测图的尺寸标注.dwg

首先打开"无尺寸标注的轴测图.dwg"文件，并将其另存为新的"轴测图的尺寸标注.dwg"文件；然后将"尺寸标注"图层置为当前图层，并设置尺寸和文字的当前样式，根据要求对其进行对齐标注；最后分别对指定的标注对象进行倾斜操作，并改变标注的样式，如图 13-44 所示。

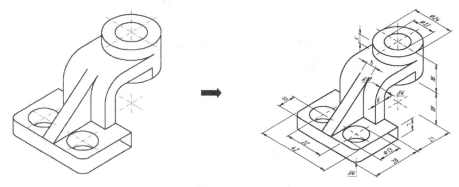

图 13-44　轴测图的尺寸标注效果

> 在轴测图上进行尺寸标注时，应按照国标（GB4458.3-84)中的如下规定进行标注。
> ① 轴测图的线性尺寸，一般应沿轴测轴方向标注，尺寸数值为机件的基本尺寸。
> ② 尺寸线必须和所标注的线段平行；尺寸界线一般应平行于某一轴测轴；尺寸数字应按相应的轴测图形标注在尺寸线的上方。当在图形中出现数字字头向下时，应用引出线引出标注，并将数字按水平位置书写。
> ③ 标注角度的尺寸时，尺寸线应画成与坐标平面相应的椭圆弧，角度数字一般写在尺寸线的中断处，字头向上。
> ④ 标注圆的直径时，尺寸线和尺寸界线应分别平行于圆所在平面内的轴测轴。标注圆弧半径或较小圆的直径时，尺寸线可从（或通过）圆心引出标注，但注写尺寸数字的横线必须平行于轴测轴。

（1）启动 AutoCAD 2013 软件，在"快速访问工具栏"中，单击"打开" 按钮，将"案例\13\无尺寸标注的轴测图.dwg"文件打开，如图 13-45 所示。再单击"另存为"按钮，将其另存为"案例\13\轴测图的尺寸标注.dwg"文件。

（2）将"尺寸标注"图层置为当前图层，将"倾斜 30d"标注样式和"倾斜 30d"文字样式也置为当前样式，如图 13-46 所示。

图 13-45　打开的文件

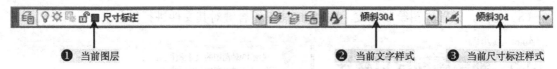
❶ 当前图层　　❷ 当前文字样式　　❸ 当前尺寸标注样式

图 13-46　设置当前尺寸标注环境

在轴测面上进行文字标注时，其各轴测面上文本的倾斜规律如下：
① 在左轴测面上，文本需采用-30°倾斜角，同时旋转-30°角。
② 在右轴测面上，文本需采用30°倾斜角，同时旋转30°角。
③ 在顶轴测面上，平行于 X 轴时，文本需采用-30°倾斜角，旋转角为 30°；平行于 Y 轴时需采用 30°倾斜角，旋转角为-30°，如图 13-47 所示。

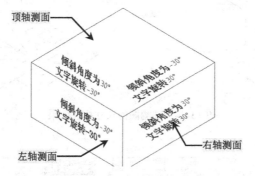

图 13-47　轴测面上文本的倾斜

值得注意的是，文字的倾斜角与文字的旋转角是不同的两个概念，前者在水平方向左倾（0～-90°）或右倾（0～90°）的角度，后者是绕以文字起点为原点进行 0～360°的旋转，也就是在文字所在的轴测面内旋转。

（3）在"标注"工具栏中单击"对齐"标注按钮，按"F8"键切换到"正交"模式，再对其进行对齐标注操作；再单击"标注"工具栏中的"编辑标注"按钮，选择"倾斜（O）"选项，选择数据为 22 和 42 的尺寸对象，再输入倾斜角度为 30，如图 13-48 所示。

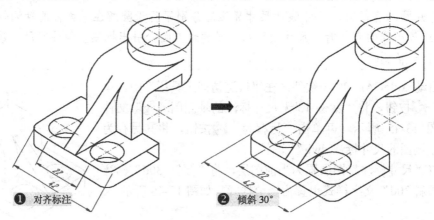

❶ 对齐标注　　❷ 倾斜 30°

图 13-48　对齐标注并倾斜 30°

等轴测图中，在对图形对象进行尺寸标注时，可按如下操作步骤。

① 首先进行对齐标注。在"尺寸标注"工具栏中单击"对齐标注"按钮，对图形进行对齐标注操作，此时不必选择什么文字样式，如图13-49所示。

② 其次倾斜尺寸。在"尺寸标注"工具栏中单击"编辑尺寸"按钮，根据命令行提示选择"倾斜（O）"选项，分别将尺寸为20的倾斜30°，将尺寸为30的倾斜90°，将尺寸为40的倾斜-30°，即可得到如图13-50所示的结果。

③ 然后修改标注文字样式。将尺寸分别为20、30和40的标注样式中的"文字样式"修改为"样式-30"，从而完成规范的等轴测图的尺寸标注，如图13-51所示。

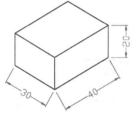
图13-49 对齐标注

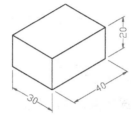
图13-50 编辑尺寸

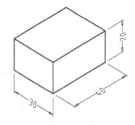
图13-51 修改标注的文字样式

（4）同样，单击"对齐"标注按钮，对其进行对齐标注操作；再单击"标注"工具栏中的"编辑标注"按钮，选择"倾斜（O）"选项，选择数据为10、13、28和21的尺寸对象，输入倾斜角度为-30，且标注样式为"倾斜-30d"，如图13-52所示。

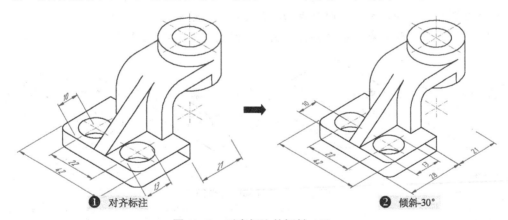

图13-52 对齐标注并倾斜-30°

（5）同样，单击"对齐"标注按钮，对其进行对齐标注操作；再单击"标注"工具栏中的"编辑标注"按钮，选择"倾斜（O）"选项，选择数据为13和24的尺寸对象，输入倾斜角度为30；选择数据为5、16和18的尺寸对象，输入倾斜角度为-30；选择数据为7的尺寸对象，输入倾斜角度为30，且标注样式为"倾斜-30d"；选择数据为6的尺寸对象，输入倾斜角度为90，如图13-53所示。

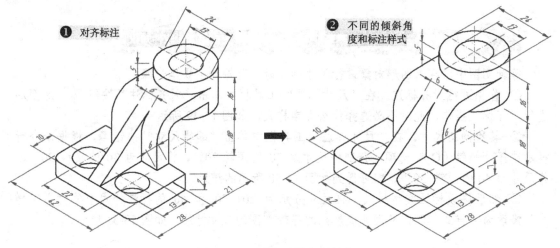

图 13-53 对齐标注并倾斜操作

由于圆和圆弧的等轴测图为椭圆和椭圆弧，不能直接用"尺寸标注"命令完成标注，可采用先画圆，然后标注圆的直径或半径，再修改尺寸数值来处理，达到标注椭圆的直径或椭圆弧的半径的目的。

带半圆弧形体的等轴测图尺寸标注方法如下。
（1）根据前面的方法，对其图形进行长、宽、高的尺寸标注。
（2）以椭圆的中心为圆心，以适当半径画辅助圆与椭圆弧相交于 O。
（3）标注圆的半径，箭头指向交点 O，并将辅助圆删除。
（4）选择半径标注对象，在"特性"面板中修改尺寸文字"R10"，如图 13-54 所示。

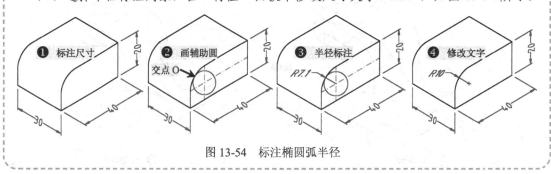

图 13-54 标注椭圆弧半径

（6）执行"圆"命令（C），捕捉圆角的圆心点绘制一个与圆角中点相交的圆对象；再单击"标注"工具栏中的"半径"标注按钮 对该圆进行半径标注，其标注的半径值为"R2.8"；选择该半径标注数据，按"Ctrl+1"键打开"特性"面板，在"文字替代"栏中输入实际半径值为"R4"，然后将圆对象删除，如图 13-55 所示。

（7）再按照同样的方法，对另一处圆角进行半径标注，如图 13-56、图 13-57 所示。

（8）分别选择标注数据为 13 和 24 的尺寸标注对象，在"特性"面板中进行修改，使之标注的对象成为直径标注对象，其完成后的最终效果如图 13-44 所示。

（9）至此，该轴测图形的尺寸标注完成，按"Ctrl+S"组合键对其文件进行保存。

第13章 机械零件轴测图的绘制

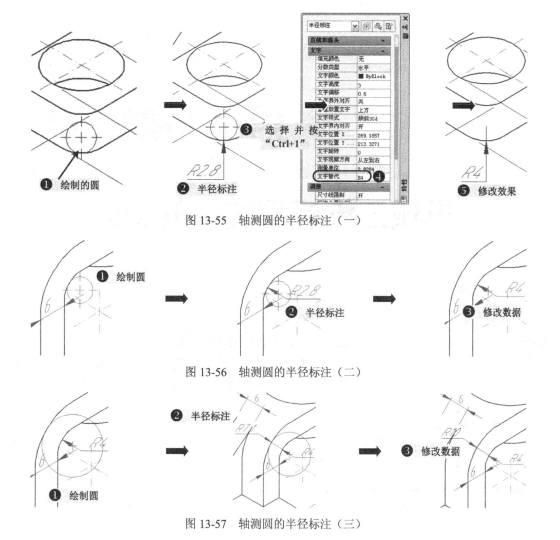

图 13-55 轴测圆的半径标注（一）

图 13-56 轴测圆的半径标注（二）

图 13-57 轴测圆的半径标注（三）

第14章

机械三维模型实体的创建

本章导读

在 AutoCAD 中不仅可以绘制二维图形，还可以绘制三维图形。AutoCAD 提供了强大的三维绘图功能，通过三维图形可以直观地表现出物体的实际形状，可根据不同的视图设置进行多个面的旋转以观察图形，使创建的模型更加形象。并且在建立三维模型后，可以方便地产生任意方向的平面投影和透视投影视图，通过剖切形体自动获得剖视、断面图。

主要内容

☑ 掌握圆柱头螺钉实体的创建方法
☑ 掌握曲柄实体的创建方法
☑ 掌握深沟球轴承实体的创建方法
☑ 掌握法兰盘实体的创建方法
☑ 掌握蜗杆轴实体的创建方法

效果预览

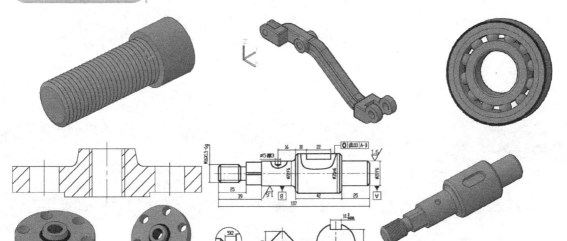

14.1 圆柱头螺钉的创建

视频\14\圆柱头螺钉的创建.avi
案例\14\圆柱头螺钉.dwg

首先切换到西南等轴测视图，分别创建一个圆柱体和正六边体对象，并进行差集操作，从而完成螺钉头的创建；其次通过直线、阵列、修剪等命令，绘制齿轮状平面图，并进行面域操作；再次通过实体旋转命令将该齿轮面域对象旋转 360°，从而完成螺纹圆柱体的创建；最后通过移动和并集命令，将螺纹圆柱体与螺钉头组合在一起，从而完成圆柱体螺钉实体的创建，效果如图 14-1 所示。

图 14-1　圆柱头螺钉效果

（1）启动 AutoCAD 2013 软件，在"快速访问工具栏"中，单击"另存为" 按钮，将其另存为"案例\14\圆柱头螺钉.dwg"文件。

（2）将视图切换至"西南等轴测"视图，在"实体"选项卡的"图元"面板中单击"圆柱体"按钮，绘制底面半径为 12mm，高度为 16mm 的圆柱体，如图 14-2 所示。

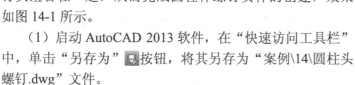

该圆柱体的底面圆心点的坐标为坐标原点（0,0,0）。

（3）执行"正多边形"命令（POL），捕捉圆柱体上侧面的圆心点来绘制以内切于圆半径为 7mm 的正六边形，如图 14-3 所示。

（4）在"实体"选项卡的"实体"面板中单击"拉伸"按钮，将正六边形进行向下拉伸 8mm，如图 14-4 所示。

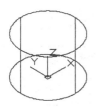 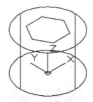 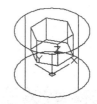

图 14-2　圆柱体　　　图 14-3　绘制的正六边形　　　图 14-4　拉伸的正六边形

用户在进行三维实体创建操作时，应将当前操作空间切换至"三维建模"环境中来进行操作。

（5）在"实体"选项卡的"布尔值"面板中单击"差集"按钮，对圆柱体和正六边形进行差集运算操作，从而形成螺帽实体，如图 14-5 所示。

（6）将视图切换至为"左视图"，执行"矩形"命令（REC），绘制 2mm×2mm 的一个矩形对象；再执行"多段线"命令（PL），捕捉下侧的两个角点和上侧的一水平线段的中点来绘制一个拐角对象,然后将矩形对象删除,如图14-6所示。

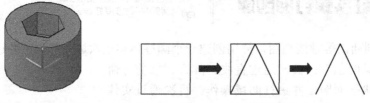

图14-5　差集效果　　　　　　　图14-6　绘制的拐角线段

(7) 执行"阵列"命令(AR),对上一步所保留的拐角线段进行矩形阵列,阵列的行数为1行,列数为25列,列间距为2,如图14-7所示。

(8) 执行"直线"命令(L),过左右侧多段线的端点向下绘制两条垂直线段,长度为8mm,再连接两条垂直线段的下侧端点,如图14-8所示。

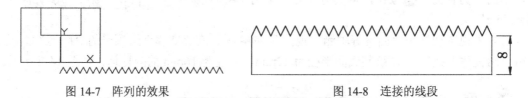

图14-7　阵列的效果　　　　　　　图14-8　连接的线段

(9) 执行"面域"命令(REG),对上一步所绘制的图形对象进行阵列操作,如图14-9所示。

当用户进行面域之后,应将其转换为"概念"视觉模式,以便更好的观察,如图14-10所示。

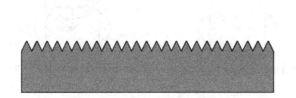

图14-9　面域的效果　　　　　　　图14-10　转换视图

(10) 在"实体"选项卡的"实体"面板中单击"旋转"按钮，捕捉下侧左右端点作为旋转的轴线点,对上一步所面域的对象进行360°旋转成实体对象,从而形成一个螺纹实体,如图14-11所示。

(11) 执行"三维旋转"命令(3drotate),对上一步所旋转的螺纹实体对象进行三维旋转,如图14-12所示。

(12) 执行"移动"命令(M),选择螺纹实体对象,再捕捉螺纹实体上侧面的中心点作为基点,再捕捉螺帽实体下侧面的中心点作为目标点,从而将两个实体重合,如图14-13所示。

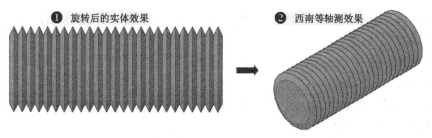

图 14-11　旋转实体效果

（13）在"实体"选项卡的"布尔值"面板中单击"并集"按钮，对螺帽和螺纹两个实体进行并集操作，从而形成一个整体，如图 14-14 所示。

（14）选择"视图"选项卡的"二维导航"面板中单击"自由动态观察"按钮，便于观察图形，如图 14-15 所示。

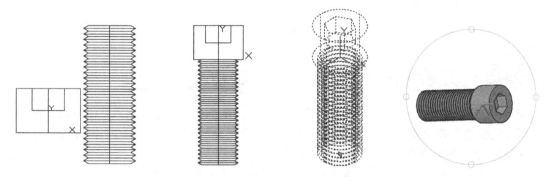

图 14-12　旋转的效果　　图 14-13　移动后效果　　图 14-14　并集操作　　图 14-15　自由动态观察

（15）至此，该圆柱头螺钉的绘制已完成，按"Ctrl+S"键将该文件进行保存。

14.2　曲柄实体的创建

视频\14\曲柄的创建.avi
案例\14\曲柄.dwg

首先使用圆、圆角、修剪、面域等命令来绘制二维轮廓，再通过实体拉伸和差集操作来完成曲柄第一部分实体的创建；然后切换至左视图中，使用矩形、偏移、圆、修剪和面域等命令，来绘制另一轮廓，以及使用直线、圆角、合并等命令来绘制一多段线，并通过实体拉伸操作，以路径拉伸的方式将其面域对象进行路径拉伸，从而完成第二部分实体的创建；最后按照相同的方法来创建曲柄的其他部分实体，如图 14-16 所示。

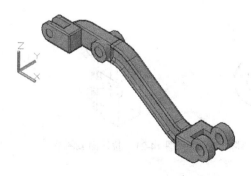

图 14-16　曲柄实体效果

（1）启动 AutoCAD 2013 软件，在"快速访问工具栏"中，单击"另存为" 按钮，将其另存为"案例\14\曲柄.dwg"文件。

（2）创建第一部分。执行"矩形"命令（REC），绘制一个 23mm×14mm 的矩形，如图 14-17 所示。

（3）执行"圆"命令（C），再以矩形右上角顶点为圆心，绘制两个半径分别为 4mm 和 8mm 的同心圆，如图 14-18 所示。

（4）执行"圆角"命令（F），对矩形右下角进行圆角，圆角半径为 12mm，如图 14-19 所示。

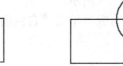
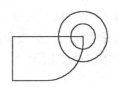

图 14-17 绘制的矩形　　　图 14-18 绘制同心圆　　　图 14-19 圆角矩形

AutoCAD 三维模型实体有许多的优点，能够完成许多在二维平面中无法做到的工作。

① 从物体形态上看：建立三维模型后，可以方便地产生任意方向的平面投影和透视投影视图，通过剖切形体自动获得剖视、断面图。

② 从物体观察上看：可从任意方向和角度观察物体的各个局部。

③ 从渲染效果表达上看：能上色，可通过材料赋值、设置灯光和场景得到十分逼真的渲染效果图。

④ 从物理分析上看：三维实体具有质量、重心等物理特性，可用专门软件进行受力、运动、热效应等分析。

（5）执行"修剪"命令（TR），修剪并删除多余的部分，如图 14-20 所示。

（6）执行"面域"命令（REG），对图形转换为两个面域。

（7）将当前视图切换至为"西南等轴测"视图 ，在"实体"选项卡的"实体"面板中单击"拉伸"按钮 ，将其面域拉伸 24mm，如图 14-21 所示。

（8）在"布尔值"面板中单击"差集"按钮 ，将两个拉伸实体进行差集操作，如图 14-22 所示。

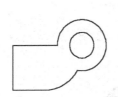
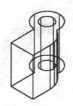

图 14-20 修剪并删除　　　图 14-21 拉伸面域图形　　　图 14-22 差集效果

在 AutoCAD 中，用户可以将二维图形对象进行面域操作后，沿着指定的路径进行拉伸，或者指定拉伸对象的倾斜角度，或者改变拉伸的方向来创建拉伸实体。
◆ 在"实体"选项卡的"实体"面板中单击"拉伸"按钮。
◆ 在命令行中输入或动态输入 EXTRUDE（快捷键为 EXT）。

执行拉伸实体命令后，根据如下提示进行操作，即可创建拉伸实体对象，如图 14-23 所示。

```
命令: _extrude                                          \\ 启动拉伸命令
当前线框密度: ISOLINES=4                                  \\ 显示当前线框密度
选择要拉伸的对象: 找到 1 个                               \\ 选择拉伸的面域对象
选择要拉伸的对象:                                         \\ 按回车键结束选择
指定拉伸的高度或 [方向(D)/路径(P)/倾斜角(T)] <60.0000>: 60  \\ 输入拉伸高度
```

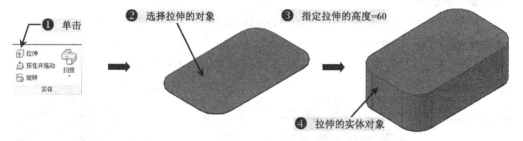

图 14-23　创建拉伸实体

在创建拉伸实体时，其各选项的含义介绍如下：
◆ 方向(D)：通过指定两点确定对象的拉伸长度和方向，如图 14-24 所示。

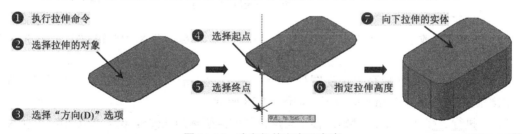

图 14-24　确定拉伸方向及高度

◆ 路径(P)：用于选择拉伸路径，拉伸路径可以是直线、圆、圆弧、椭圆、椭圆弧、多段线或样条曲线。路径既不能与轮廓共面，也不能具有高曲率的区域。拉伸实体始于轮廓所在的平面，终于路径端点处与路径垂直的平面。路径的一个端点应该在轮廓平面上，否则，AutoCAD 将移动路径到轮廓的中心，如图 14-25 所示。

◆ 倾斜角(T)：用于确定对象拉伸的倾斜角度。正角度表示从基准对象逐渐变细地拉伸，而负角度则表示从基准对象逐渐变粗地拉伸。但过大的斜角，将导致对象或对象的一部分在到达拉伸高度之前就已经汇聚到一点，如图 14-26 所示。

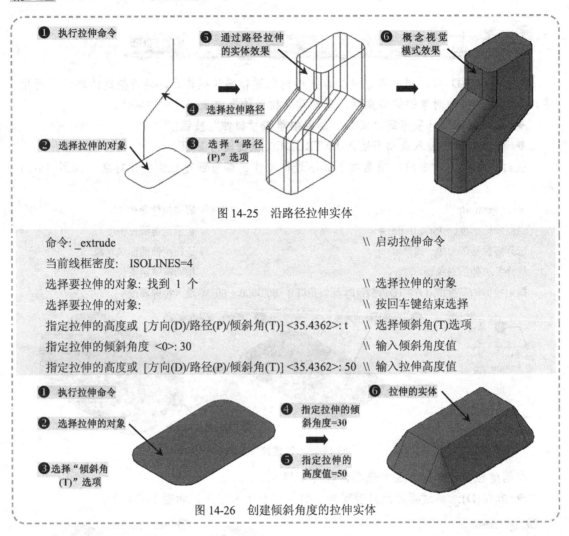

图 14-25 沿路径拉伸实体

```
命令: _extrude                                                \\ 启动拉伸命令
当前线框密度:  ISOLINES=4
选择要拉伸的对象: 找到 1 个                                    \\ 选择拉伸的对象
选择要拉伸的对象:                                             \\ 按回车键结束选择
指定拉伸的高度或 [方向(D)/路径(P)/倾斜角(T)] <35.4362>: t      \\ 选择倾斜角(T)选项
指定拉伸的倾斜角度 <0>: 30                                    \\ 输入倾斜角度值
指定拉伸的高度或 [方向(D)/路径(P)/倾斜角(T)] <35.4362>: 50    \\ 输入拉伸高度值
```

图 14-26 创建倾斜角度的拉伸实体

（9）选择"修改 | 三维操作 | 三维旋转"菜单命令，将实体沿 X 轴旋转 90°，如图 14-27 所示。

（10）将当前视图切换至"俯视图"，执行"矩形"命令（REC），然后捕捉左下角顶点绘制一个 23mm×12mm 的矩形，如图 14-28 所示。

（11）执行"移动"命令（M），移动矩形位移的点坐标为（@8，6），如图 14-29 所示。

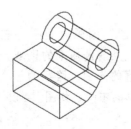

图 14-27 旋转后的效果

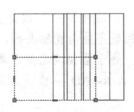

图 14-28 绘制矩形

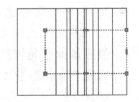

图 14-29 移动后的效果

（12）将当前视图切换至"西南等轴测"视图，在"实体"选项卡的"实体"面板中单击"拉伸"按钮，将上一步移动的移动对象拉伸 22mm，如图 14-30 所示。

(13) 在"布尔值"面板中单击"差集"按钮,对两个实体模型进行差集运算,如图 14-31 所示。

(14) 在"实体"选项卡的"实体编辑"面板中单击"圆角边"按钮,对实体的边缘 1~8 进行圆角,圆角半径为 1mm,如图 14-32 所示。

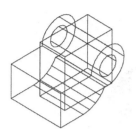
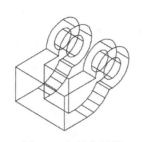
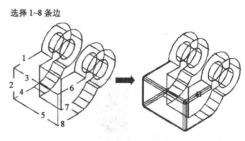

图 14-30 拉伸的矩形　　　图 14-31 差集运算　　　图 14-32 圆角实体模型

(15) 创建曲柄的第二部分。将当前视图切换至"左视图",首先绘制一个 5mm×14mm 的矩形,然后捕捉该矩形的左下角顶点继续绘制一个 9mm×14mm 的矩形,接着把 5mm×14mm 的矩形向右平移 2mm,如图 14-33 所示。

(16) 执行"偏移"命令(O),将 9mm×14mm 的矩形向内偏移 1mm,如图 14-34 所示。

(17) 执行"圆"命令(C),以偏移矩形的 4 个顶点为圆心绘制 4 个半径为 1mm 的圆,如图 14-35 所示。

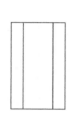
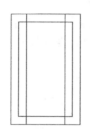
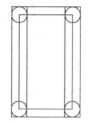

图 14-33 绘制的矩形　　　图 14-34 偏移的矩形　　　图 14-35 绘制的 4 个小圆

(18) 执行"圆"命令(C),选择"相切 相切 半径"选项,绘制与 5mm×14mm 的矩形和小圆相切的 4 个圆,切圆半径为 2mm,如图 14-36 所示。

(19) 执行"修剪"命令(TR),删除并修剪多余的线段,然后将修剪后的图形进行面域操作,如图 14-37 所示。

(20) 将当前视图切换至"前视图",执行"多段线"命令(PL),绘制坐标值为 (@8, 0)、(@51, -33)、(@8, 0) 的多段线,如图 14-38 所示。

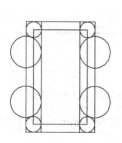
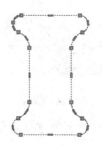
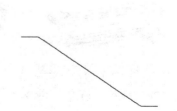

图 14-36 绘制的切圆　　　图 14-37 修剪图形并进行面域　　　图 14-38 绘制多段线

在绘图窗口的左上角位置，也可以通过"视图"或"视觉"控件来设置操作，如图 14-39 所示。

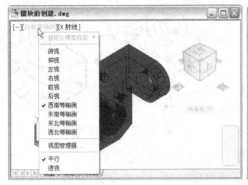 

图 14-39　通过控件来调整

（21）执行"圆角"命令（F），对多段线转角处进行圆角，圆角半径为 18mm，如图 14-40 所示。

（22）将当前视图切换至"西南等轴测"视图，打开中点捕捉功能，将拉伸路径的端点移动到截面的边线中点位置，如图 14-41 所示。

（23）执行"移动"命令（M），将拉伸的路径向 Y 轴负方向平移 7mm，如图 14-42 所示。

图 14-40　圆角多段线　　　图 14-41　移动多段线　　　图 14-42　移动多段线

（24）在"实体"选项卡的"实体"面板中单击"拉伸"按钮，沿路径拉伸截面，如图 14-43 所示。

（25）组合第一部分和第二部分实体模型，如图 14-44 所示。

（26）创建曲柄的第三部分。将当前视图切换至"俯视图"，执行"矩形"命令（REC），然后绘制一个 35mm×9mm 的矩形，如图 14-45 所示。

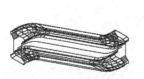 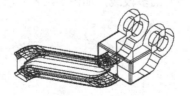 

图 14-43　创建的实体模型　　　图 14-44　组合实体模型　　　图 14-45　绘制的矩形

（27）执行"圆角"命令（F），对矩形左上角进行圆角操作，半径为 9mm，如图 14-46 所示。

（28）在"实体"选项卡的"实体"面板中单击"拉伸"按钮，将矩形拉伸为

14mm，如图14-47所示。

（29）将当前视图切换至"前视图" ，执行"圆"命令（C），然后以实体边线的中点为圆心，绘制半径分别为3.5mm和7mm的同心圆，如图14-48所示。

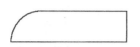
图14-46 圆角效果

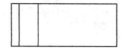
图14-47 拉伸矩形

图14-48 绘制的同心圆

（30）在"实体"选项卡的"实体"面板中单击"拉伸"按钮，再将两个圆拉伸-17mm，如图14-49所示。

（31）将当前视图切换至"俯视图" ，执行"移动"命令（M），移动点坐标为（@0，-4）移动两个圆柱体，如图14-50所示。

（32）将当前视图切换至"西南等轴测"视图 ，执行"圆角"命令（F），对实体边缘进行圆角，圆角半径为1mm，如图14-51所示。

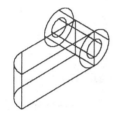
图14-49 创建实体模型

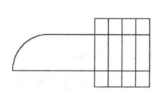
图14-50 移动实体模型

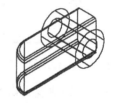
图14-51 圆角实体模型

（33）在"布尔值"面板中单击"并集"按钮，对圆角矩形实体和大的圆柱体进行并集运算；再在"布尔值"面板中单击"差集"按钮，然后再对小圆柱体进行差集运算，如图14-52所示。

并集运算是将两个或多个实体对象相加合并成一个整体。直接在"布尔值"面板中单击"并集"按钮，或者在命令行中输入UNION命令，然后根据命令行提示选择要合并的两实体即可，如图14-53所示。

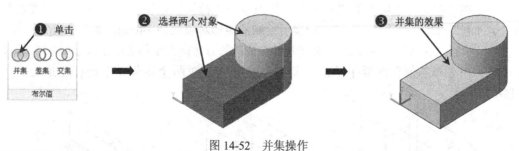
图14-52 并集操作

（34）通过捕捉边线上的中点进行对齐，将第三部分的实体模型与前两部分进行组合，如图14-54所示。

（35）创建第四部分的实体模型。将当前视图切换至"前视图" ，执行"矩形"命令（REC），绘制一个 18mm×14mm 的矩形，如图 14-55 所示。

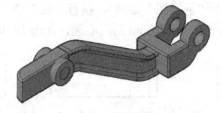

图 14-53　并集、差集效果　　　　图 14-54　组合实体模型　　　　图 14-55　绘制的矩形

（36）执行"圆"命令（C），然后捕捉矩形左侧垂直边的中点为圆心，绘制半径分别为 3mm 和 7mm 的同心圆，如图 14-56 所示。

（37）执行"修剪"命令（TR），删除并修剪多余的线段，如图 14-57 所示。

（38）执行"面域"命令（REG），并对上一步修剪并删除保留的图形进行差集运算，如图 14-58 所示。

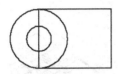
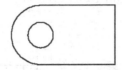
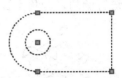

图 14-56　绘制的同心圆　　　图 14-57　修剪并删除的线段　　　图 14-58　创建的面域并差集运算

（39）将当前视图切换至"西南等轴测"视图 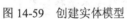，在"实体"选项卡的"实体"面板中单击"拉伸"按钮，将面域对象拉伸 12mm，如图 14-59 所示。

（40）将当前视图切换至"俯视图"，执行"矩形"命令（REC），以实体右下角顶点为起点绘制一个 17mm×6mm 的矩形，如图 14-60 所示。

（41）执行"移动"命令（M），然后将矩形向上平移 3mm，如图 14-61 所示。

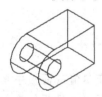
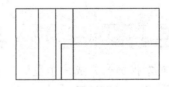
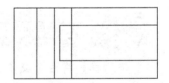

图 14-59　创建实体模型　　　　图 14-60　绘制的矩形　　　　图 14-61　移动的矩形

（42）在"实体"选项卡的"实体"面板中单击"拉伸"按钮，并将当前视图切换至"西南等轴测"视图，将上一步所绘制的矩形对象拉伸 14mm，如图 14-62 所示。

（43）执行"移动"命令（M），并将拉伸生成的长方体向左平移 8mm，如图 14-63 所示。

（44）在"布尔值"面板中单击"差集"按钮，对两个实体模型进行差集运算，如图 14-64 所示。

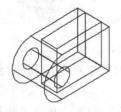
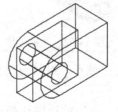
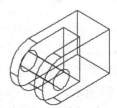

图 14-62　创建实体模型　　　　图 14-63　移动实体模型　　　　图 14-64　差集效果

（45）执行"圆角"命令（F），对实体边缘 1～8 进行圆角，圆角半径为 1mm，如图 14-65 所示。

（46）将当前视图切换至"东南等轴测"视图，捕捉第四部分右侧边线的中点和第三部分左侧的中点，将其组合，如图 14-66 所示。

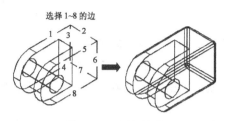 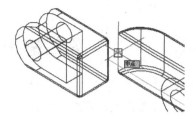

图 14-65　圆角效果　　　　　　　　　　图 14-66　组合实体模型

（47）执行"移动"命令（M），将实体移动，移动坐标点为（@8，0），如图 14-67 所示。

（48）最后完成曲柄的绘制，如图 14-68 所示。

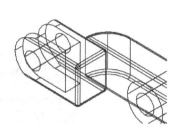 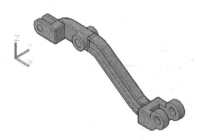

图 14-67　移动的实体模型　　　　　　　图 14-68　曲柄效果图

（49）至此，曲柄的绘制完成，按"Ctrl+S"组合键对该文件进行保存。

14.3　深沟球轴承实体的创建

视频\14\深沟球实体的创建.avi
案例\14\深沟球实体.dwg

首先，打开"机械实体样板"文件，并另存为一个新的文件，以及插入事先准备好的平面图文件，从而借助已有的平面图轮廓对象来进行操作；其次将多余的尺寸线图层隐藏，并删除多余的线段，只保留部分的轮廓；第三通过面域操作，将指定的封闭轮廓进行面域操作；第四将该面域对象进行三维旋转操作，从而形成轴承实体；最后创建球体对象以此作为深沟球体，再通过移动、三维阵列命令，将所创建的深沟球体对象阵列在轴承实体内，如图 14-69 所示。

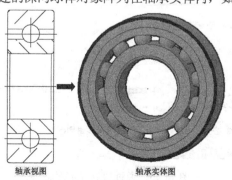

图 14-69　深沟球实体效果

（1）启动 AutoCAD 2013 软件，在"快速访问工具栏"中，单击"打开" 按钮，将"案例\14\机械实体样板.dwt"文件打开，再单击"另存为" 按钮，将其另存为"案例\14\深沟球实体.dwg"文件。

（2）执行"插入块"命令（I），将"案例\14\深沟球轴承平面图.dwg"文件插入到当前视图中，如图 14-70 所示。

用户此处所插入的文件是一个图块对象，是一个整体，这时用户应执行"分解"命令（X），将该图块对象进行打散操作。

（3）关闭尺寸线图层，并执行"修剪"、"删除"等命令，将其余部分对象进行整理，只保留少部分轮廓，如图 14-71 所示。

（4）在"常用"选项卡的"绘图"面板中单击"面域"按钮，对保留的轮廓对象进行面域操作，效果如图 14-72 所示。

图 14-70　打开的文件　　　图 14-71　保留的轮廓　　　图 14-72　轮廓面域

在"常用"选项卡的"绘图"面板中单击"边界"按钮，这时将弹出"边界创建"对话框，在"对象类型"列表框中选择"面域"选项，并单击"拾取点"按钮，这时在视图中选择一个封闭的区域，并按空格键确定，则这个封闭区域就建成了面域对象，如图 14-73 所示。

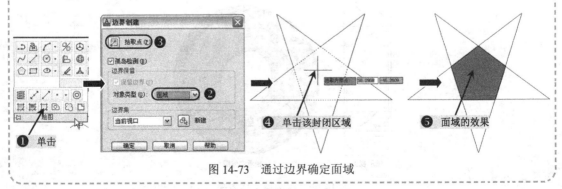

图 14-73　通过边界确定面域

(5)在"常用"选项卡的"建模"面板中单击"旋转"按钮,根据命令提示行提示选择旋转对象,并指定旋转轴线的起点和终点,再按回车键即可,如图14-74所示。

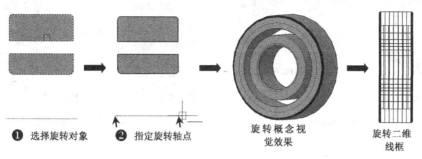

图14-74 轮廓旋转效果

(6)在"常用"选项卡的"建模"面板中单击"球体"按钮,根据命令提示在空白区域创建一半径为2mm的小球体对象,如图14-75所示。

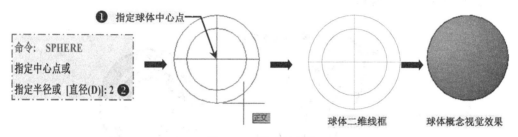

图14-75 滚珠的创建

用户所创建的三维实体,可通过ISOLINES变量来改变线框的数量,如图14-76所示。

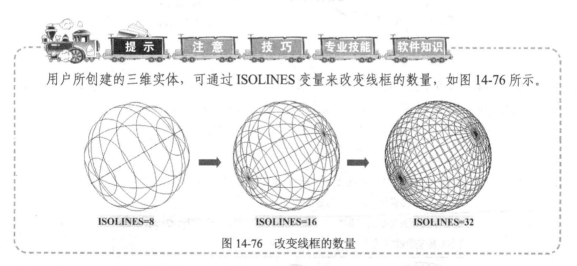

图14-76 改变线框的数量

(7)选择"左视"视口,再切换到"西南等轴测"视图,执行"圆"命令(C),过中心点绘制一直径为24mm的圆对象,如图14-77所示。

(8)执行"移动"命令(M),将绘制的小圆对象向Z轴方向移动5.5mm,如图14-78所示。

(9)切换到"二维线框"模式,再选择"西南等轴测"视图,继续执行"移动"命令(M),将创建好的小球体的中心点移动到所创建圆的上侧象限点位置处,如图14-79所示。

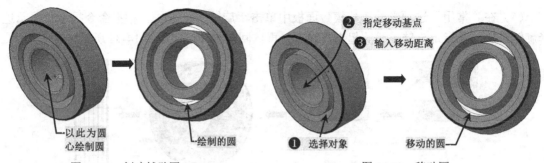

图 14-77 创建辅助圆　　　　图 14-78 移动圆

用户在实体中创建新的对象时,如果通过轴测投影方向不便于捕捉,或是其他的不方便,这时最好是用"动态观察"工具。

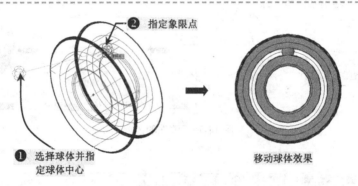

图 14-79 移动球体

（10）选择"修改｜三维操作｜三维阵列"菜单命令,在命令行提示下选择移动的球体对象进行环形阵列,阵列数目为 12,再删除辅助圆,其最终效果如图 14-80 所示。

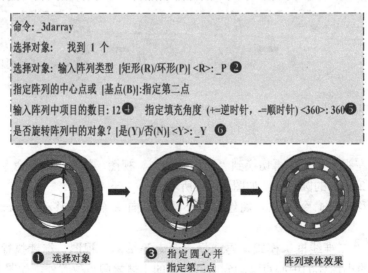

图 14-80 阵列轴承珠

（11）在"常用"选项卡的"实体编辑"面板中单击"并集"按钮，先选择外侧轮廓，再选择阵列的球体对象并按回车键，使整个轴承形成为一个整体效果，如图14-81所示。

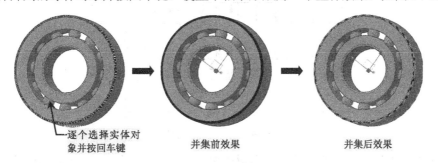

图14-81 轴承珠并集操作

（12）至此，深沟球轴承实体绘制完成，用户可直接按"Ctrl+S"组合键对该文件进行保存。

14.4 法兰盘实体的创建

视频\14\法兰盘实体的创建.avi
案例\14\法兰盘实体.dwg

首先打开"机械实体样板"文件，并另存为一个新的文件，以及插入事先准备好的平面图文件，从而借助已有的平面图轮廓对象来进行操作；其次将多余的尺寸线图层隐藏，并删除多余的线段，只保留部分的轮廓；第三通过面域操作，将指定的封闭轮廓进行面域操作；第四将该面域对象进行三维旋转操作，从而完成法兰盘主体的创建；第五创建圆柱体，并移至法兰盘的相应圆象限点上；第六进行三维阵列操作，将圆柱体进行环形阵列操作；第七进行差集操作，从而形成圆孔；最后绘制螺纹线及扫掠操作，完成螺纹的绘制，如图14-82所示。

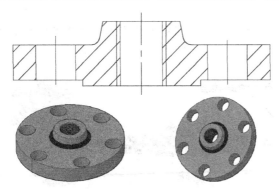

图14-82 法兰盘实体效果

（1）启动AutoCAD 2013软件，在"快速访问工具栏"中，单击"打开"按钮，将"案例\14\机械实体样板.dwt"文件打开，再单击"另存为"按钮，将其另存为"案例\14\法兰盘实体.dwg"文件。

（2）执行"插入块"命令（I），将"案例\14\法兰盘平面图.dwg"文件插入到当前视图中，如图14-83所示。

（3）执行"分解"命令（X），将插入的图块文件打散，并将平面图中的"尺寸线"图层关闭，再执行"修剪"、"删除"等命令，将其余部分对象进行整理，只保留少部分轮廓，如图14-84所示。

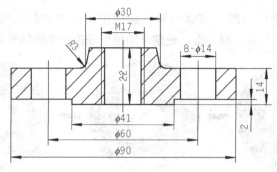

图 14-83　打开的文件

（4）在"常用"选项卡的"绘图"面板中单击"面域"按钮，对保留轮廓进行面域操作，如图 14-85 所示。

图 14-84　修剪保留轮廓　　　　　　图 14-85　面域效果

在进行实体拉伸或是旋转时前，最好进行面域操作，否则容易导致所创建的实体对象的内部是空心效果。

（5）在"常用"选项卡的"建模"面板中单击"旋转"按钮，根据命令提示行提示选择旋转对象，并指定旋转轴线的起点和终点，再按回车键即可，如图 14-86 所示。

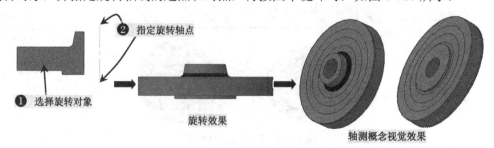

图 14-86　旋转效果

在 AutoCAD 中，可以通过绕轴旋转开放或闭合对象来创建实体或曲面。
◆ 在"实体"选项卡的"实体"面板中单击"旋转"按钮。
◆ 在命令行中输入或动态输入 REVOLVE（快捷键为 REV）。
执行旋转实体命令后，根据如下提示进行操作，即可创建旋转实体对象，如图 14-87 所示。

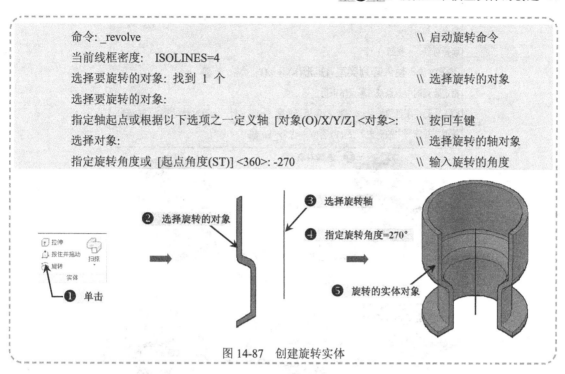

图 14-87　创建旋转实体

（6）选择"俯视"视口，再切换到"西南等轴测"视图，执行"圆"命令（C），捕捉相应的圆心绘制一直径为 60mm 的圆对象，如图 14-88 所示。

（7）在"常用"选项卡的"建模"面板中单击"圆柱体"按钮，在上一步绘制的圆对象上的象限点位置处创建一直径为 14mm、高度为 30mm 的圆柱体对象，如图 14-89 所示。

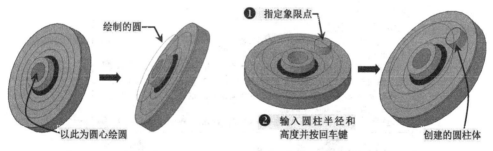

图 14-88　绘制圆　　　　　图 14-89　创建圆柱体

（8）选择"修改 | 三维操作 | 三维阵列"菜单命令，在命令行提示下选择盘上的圆孔，并进行环形阵列，在删除辅助圆，其最终效果如图 14-90 所示。

（9）在"常用"选项卡的"实体编辑"面板中单击"差集"按钮，在命令行提示下选择相应的实体对象创建盘上的光孔效果，如图 14-91 所示。

（10）先选择"俯视"视口，再切换到"西南等轴测"视图，在"常用"选项卡的"绘图"面板中单击"螺旋"按钮，根据命令提示行提示选择中心点并输入相应的尺寸，对法兰盘的内螺纹进行创建，如图 14-92 所示。

（11）执行"直线"命令（L），在空白区域绘制一个三角形对象，如图 14-93 所示。

（12）在"常用"选项卡的"绘图"面板中单击"面域"按钮，选择上一步绘制的三角形对象进行实体面域操作，如图 14-94 所示。

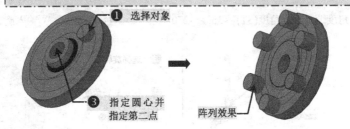

图 14-90　阵列效果

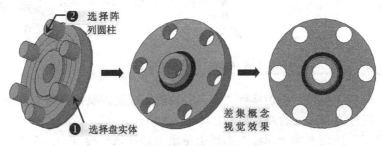

图 14-91　差集效果

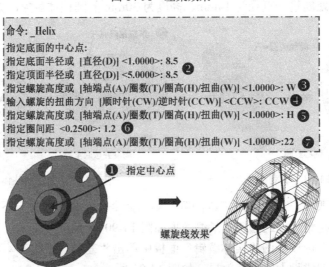

图 14-92　创建螺旋线

在创建螺纹的横截面形状（三角形）时，一定要按照截面三角形的具体方向来进行创建，外螺纹和内螺纹的齿底和齿顶的方向是相反的。

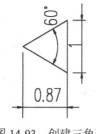

图 14-93　创建三角形　　　　　　　图 14-94　面域效果

（13）在"常用"选项卡的"建模"面板中单击"扫掠"按钮，再根据命令行提示对螺纹扫掠为实体，具体方法如图 14-95 所示。

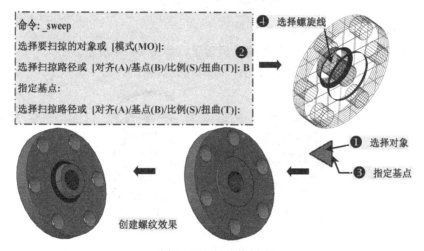

图 14-95　螺纹的创建

（14）至此，法兰盘实体绘制完成，用户可直接按"Ctrl+S"组合键对该文件进行保存。

扫掠（SWEEP）命令用于沿指定路径以指定轮廓的形状（扫掠对象）绘制实体或曲面。可以扫掠多个对象，但是这些对象必须位于同一平面中。

◆ 在"实体"标签下的"实体"面板中单击"扫掠"按钮。
◆ 在命令行中输入或动态输入 SWEEP。

执行扫掠实体命令后，根据如下提示进行操作，即可创建扫掠实体对象，如图 14-96 所示。

```
命令: _sweep                                           \\ 启动扫掠命令
当前线框密度：ISOLINES=4                               \\ 显示线框密度
选择要扫掠的对象：找到 1 个                             \\ 选择扫掠对象
选择要扫掠的对象：                                     \\ 按回车键结束选择
选择扫掠路径或 [对齐(A)/基点(B)/比例(S)/扭曲(T)]:      \\ 选择扫掠的路径
```

在创建扫掠实体时，其各选项的含义介绍如下。

◆ 对齐(A)：用于设置扫掠前是否对齐垂直于路径的扫掠对象。

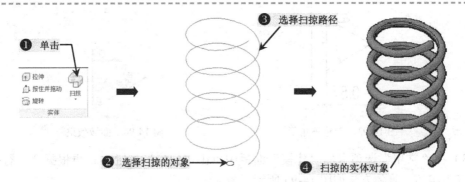

图 14-96　创建扫掠实体

- ◆ 基点(B)：用于设置扫掠基点。
- ◆ 比例(S)：用于设置扫掠的前后端比例因子，如图 14-97 所示。
- ◆ 扭曲(T)：用于设置扭曲角度或允许非平面扫掠路径倾斜。

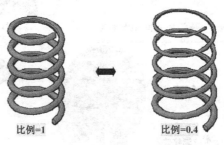

图 14-97　不同的扫掠比例因子

14.5　蜗杆轴实体的创建

视频\14\蜗杆轴实体的创建.avi
案例\14\蜗杆轴实体.dwg

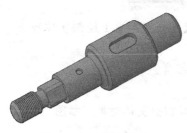

图 14-98　蜗杆轴实体

蜗杆轴实体的创建同前面创建法兰盘实体的创建方法一样，先是调用其平面图，并删除多余的对象，再分别对其指定的轮廓进行面域、旋转，从而完成蜗杆轴的主体；再绘制圆角四边形对象，并进行拉伸；从而完成蜗杆轴劲部的创建；再通过直线、修剪等命令来绘制螺纹轮廓，并进行面域和旋转操作，从而完成蜗杆尾部的创建；再在主体的指定位置绘制圆，再拉伸和差集操作，从而形成定位销；再绘制键轮廓，并拉伸和差集操作，从而形成键槽效果，如图 14-98 所示。

（1）启动 AutoCAD 2013 软件，在"快速访问工具栏"中，单击"打开"按钮，将"案例\14\机械实体样板.dwt"文件打开，再单击"另存为"按钮，将其另存为"案例\14\蜗杆轴实体.dwg"文件。

（2）执行"插入块"命令（I），将"案例\14\蜗杆轴平面图.dwg"文件插入到当前视图中，如图 14-99 所示。

（3）执行"分解"命令（X），将插入的图块文件打散，并将"尺寸线"图层关闭。

第 14 章 机械三维模型实体的创建

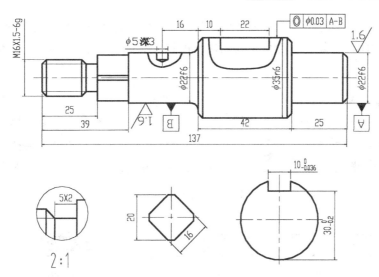

图 14-99 蜗杆轴平面图

（4）使用"修剪"、"删除"等命令，修剪或是删除蜗杆轴中心线下侧和左侧多余的线段，从而保留轴承外侧部分轮廓效果，如图 14-100 所示。

（5）将中心线图层转换为"粗实线"图层，再将两侧多余的线段进行修剪操作，如图 14-101 所示。

图 14-100 保留轴承轮廓　　　　　　　　图 14-101 线型编辑

（6）在"常用"选项卡的"绘图"面板中单击"面域"按钮，对蜗杆轴轮廓进行面域操作，如图 14-102 所示。

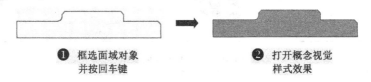

图 14-102 轮廓面域

（7）切换到"西南等轴测"视图，在"常用"选项卡的"建模"面板中单击"旋转"按钮，将选择所有轮廓，并以水平中心线两端作为旋转定位点，来创建轴承实体轮廓，如图 14-103 所示。

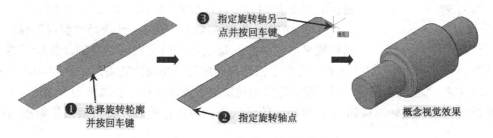

图 14-103 蜗杆轴承轮廓的旋转

（8）切换到"二维线框"模式和"左视"视口，再选择"西南等轴测"视图，执行"多边形"命令（POL），在轴承相应位置处创建一正四边形轮廓，如图14-104所示。

图14-104　绘制正四边形

要应用视觉样式观察操作，在"视图"选项卡的"视觉样式"面板中，单击"视觉样式"控制框，即可看到系统提供了一些事先设置好的视觉样式效果，如图14-105所示。

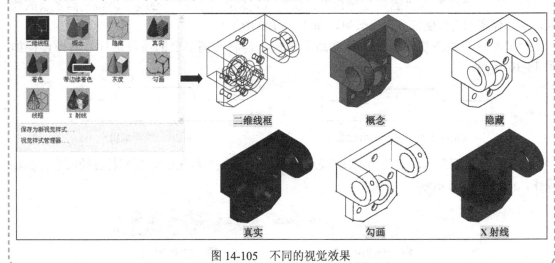

图14-105　不同的视觉效果

图14-106　四边形旋转并倒角

（9）执行"旋转"命令（RO），将正四边形旋转45°，然后执行"倒直角"命令（CHA），设置倒角距离为2，对绘制的矩形对象进行倒直角操作，如图14-106所示。

（10）在"实体"标签下的"实体"面板中单击"拉伸"按钮，将圆角四边形进行拉伸14mm，如图14-107所示。

（11）切换到"二维线框"模式，并选择"前视"视口，将蜗杆轴平面图中左侧螺纹部分向空白区域复制，并用"直线"、"偏移"等命令创建螺纹尾部的螺纹齿效果，如图14-108所示。

（12）执行"面域"命令，将创建的螺纹齿轮廓进行面域操作，在"常用"选项卡的"建模"面板中单击"旋转"按钮，将面域的螺纹齿轮廓进行旋转，旋转后效果如图14-109所示。

第 14 章　机械三维模型实体的创建

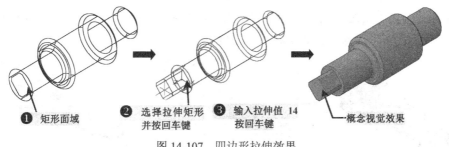

图 14-107　四边形拉伸效果

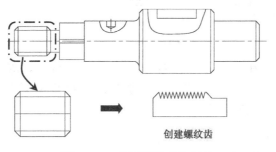

图 14-108　平面螺纹齿的创建

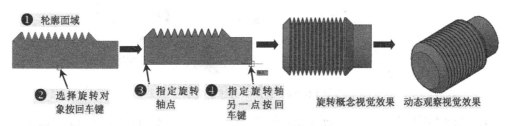

图 14-109　螺纹齿旋转效果

（13）轮换到"二维线框"模式，执行"移动"命令（M），将旋转的螺纹实体右侧中心轴点与轴承尾部四方体的中心轴点处重合，如图 14-110 所示。

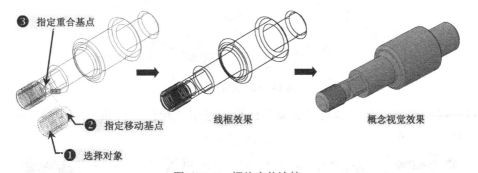

图 14-110　螺纹实体连接

用户在对其进行连接前，可以过四方形对角点绘制一条辅助线，在进行重合时以方便中心点的重合。

（14）在"常用"选项卡的"实体编辑"面板中单击"并集"按钮，根据命令行提示选择所有轮廓进行布尔运算，其效果如图 14-111 所示。

图 14-111 并集布尔运算

（15）由平面图可知，在轴承上有一定位孔，其直径为 5mm、深 3mm。选择"俯视"视口，并切换到"西南等轴测"视图，执行"复制"命令（CO），将蜗杆轴平面图中心线按指定基点进行复制，如图 14-112 所示。

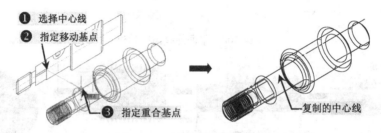

图 14-112 辅助中心线的复制

（16）执行"圆"命令（C），过复制辅助中心线的交点绘制一直径为 5mm 的圆对象，如图 14-113 所示。

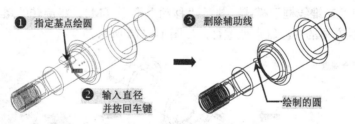

图 14-113 绘制的小圆

（17）在"实体"选项卡的"实体"面板中单击"拉伸"按钮，将绘制的圆拉伸 -3mm，如图 14-114 所示。

图 14-114 小圆拉伸效果

(18) 在"常用"选项卡的"实体编辑"面板中单击"差集"按钮，根据命令行提示选择轴承轮廓和小圆柱进行布尔运算，其效果如图 14-115 所示。

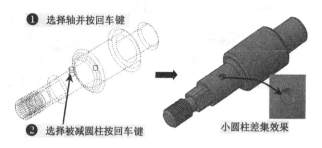

图 14-115　小圆柱盲孔的创建

差集运算是在一个实体中减去与之相交实体部分的运算。直接在"布尔值"面板中单击"差集"按钮，或者在命令行中输入 SUBTRACT 命令，根据命令行提示，选择主体，再选择要减去的实体，如图 14-116 所示。

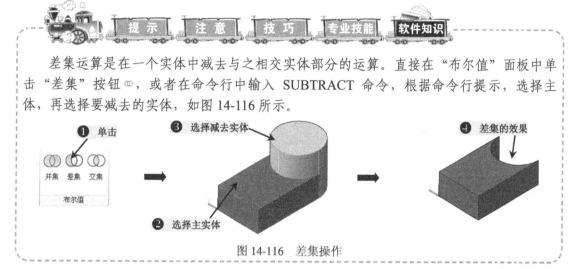

图 14-116　差集操作

(19) 转换到"俯视"视图，在用"直线"、"圆"等命令，创建一平面键槽效果，尺寸可由平面图和剖面图中所得，绘制出的效果如图 14-117 所示。

(20) 采用前面相同的方法，将键轮廓移动到轴承的相应位置处，并删除辅助线，如图 14-118 所示。

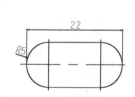

图 14-117　键轮廓的创建

图 14-118　键的移动

(21) 执行"面域"命令，对键轮廓进行面域操作；再执行"拉伸"命令，将其键轮廓拉伸-5mm，如图 14-119 所示。

(22) 在"常用"选项卡的"实体编辑"面板中单击"差集"按钮，根据命令行提示选择轴承轮廓和键槽进行布尔运算，其效果如图 14-120 所示。

(23) 至此，整个的蜗杆的实体图绘制完成，用户直接按"Ctrl+S"组合键对该文件进行保存。

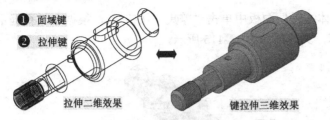
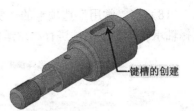

图 14-119　键槽拉伸效果　　　　　　　图 14-120　键槽的创建